普通高等教育“十一五”国家级规划教材　计算机系列教材

高等学校计算机教材建设立项项目

蒋本珊　马忠梅　郑宏　编著

计算机体系结构简明教程

清华大学出版社
北京

内容简介

本书系统地讲述了计算机体系结构的基本概念、基本原理、基本结构和基本分析方法，同时还介绍了ARM公司RISC嵌入式处理器体系结构和Intel公司嵌入式处理器和多核处理器等新内容。

全书共分7章，第1章讲述计算机系统结构的基本概念，第2章讲述数据表示与指令系统，第3章讲述输入/输出系统，第4章讲述存储体系，第5章讲述流水线和向量处理机，第6章讲述并行处理机和互连网络，第7章讲述多处理机和多计算机。

本书内容简明，通俗易懂，每章都附有学习指南和习题。

本书可作为高等院校计算机及相关专业的教材，也可以作为参加各类相关考试考生的参考用书。

图书在版编目 CIP 数据

计算机体系结构简明教程/蒋本珊，马忠梅，郑宏编著.--北京：清华大学出版社，2015(2021.3重印)
计算机系列教材
ISBN 978-7-302-39117-3

I. ①计… II. ①蒋… ②马… ③郑… III. ①计算机体系结构－高等学校－教材 IV. ①TP303

中国版本图书馆 CIP 数据核字(2015)第017672号

责任编辑：张瑞庆 薛 阳
封面设计：常雪影
责任校对：时翠兰
责任印制：杨 艳

出版发行：清华大学出版社
网　　址：http://www.tup.com.cn，http://www.wqbook.com
地　　址：北京清华大学学研大厦A座　**邮　　编**：100084
社 总 机：010-62770175　**邮　　购**：010-83470235
投稿与读者服务：010-62776969，c-service@tup.tsinghua.edu.cn
质量反馈：010-62772015，zhiliang@tup.tsinghua.edu.cn
印 装 者：三河市龙大印装有限公司
经　　销：全国新华书店
开　　本：185mm×260mm　**印　　张**：16.5　**字　　数**：380千字
版　　次：2015年4月第1版　**印　　次**：2021年3月第7次印刷
定　　价：39.00元

产品编号：058886-02

《计算机体系结构简明教程》前言

计算机体系结构又称计算机系统结构。计算机体系结构是高等院校计算机专业本科生的必修内容，学习目的是以全面、系统的观点来认识计算机系统，掌握分析和设计计算机系统的方法，同时加强对其他专业知识的理解。

目前，对于计算机体系结构课程的设置，国内高校有两种情况：

(1) 单独设课，其前导课程为计算机组成原理，课程学时数一般不多。

(2) 不单独设课，内容与计算机组成原理课程合并，统称为计算机组成与结构。

《计算机体系结构简明教程》一书针对单独设课的情况，主要围绕"研究软硬件功能分配，以及如何最佳、最合理地实现分配给硬件的功能"这个中心，着重介绍基本概念、基本原理、基本结构和基本分析方法。

本书共分7章，包括计算机系统结构基础、数据表示与指令系统、输入/输出系统、存储体系、流水线和向量处理机、并行处理机和互连网络、多处理机和多计算机等章节，力求反映近几十年来在体系结构上的重要进展和现代计算机系统的发展中的一些新技术和新的分析、设计方法。

目前国内计算机体系结构方面的教材不少，但教材内容普遍偏多、偏深、偏难，随着教学课时的减少，教材内容与教学学时之间差距较大。本书强调"简明"两字，尽可能压缩内容，突出计算机系统结构的经典内容，以适应大多数学校的教学要求。同时，由于"计算机系统结构"是计算机领域中一个重要的二级学科，本书的相关内容在硕士学位研究生入学的综合考试中多有涉及。本书尽可能通俗易懂，适合自学，以适应相关考生的需要。

本书的最大特色和创新点在于，首次将移动终端广泛使用的ARM公司RISC嵌入式处理器体系结构实例内容加入书中，还增加了Intel公司嵌入式处理器和多核处理器等新内容。随着移动互联网的发展，移动终端和多核处理器已经普及，这些新内容的加入使得本书不仅具有先进性，同时具有实用性。本书的每一章前都增加了学习指南，可以帮助读者了解各章的学习要求和重点、难点。

本书的第1～3章由蒋本珊编写，第4～6章由马忠梅编写，第7章由郑宏编写。本书在写作过程中还得到了Intel和ARM公司大学计划和工程师的大力支持，在此表示衷心的感谢。

由于作者的水平有限，书中难免存在着疏误或不妥之处，恳请读者批评指正。

编　者

2014年12月

目 录

第1章　计算机系统结构的基本概念

本章着眼于建立和掌握计算机系统结构设计应具备的基本知识和概念，为进一步深入学习后续各章打好基础。

1.0　学习指南

1. 知识点和学习要求

• 计算机系统的多级层次结构。

了解多级层次结构以及各机器级所处的相对位置。

了解实际机器和虚拟机器的概念。

领会翻译和解释两种机器级语言实现方法的特点。

• 计算机系统结构、组成和实现。

掌握计算机系统结构、计算机组成和计算机实现三者的定义，各自研究的方面和内容。

理解计算机系统结构、计算机组成和计算机实现的相互影响。

领会透明性概念，能从不同角度判断具体问题的透明性。

• 软硬件的取舍与计算机系统的设计思路。

掌握在功能分配中软件、硬件取舍的基本原则。

领会计算机系统"由上往下"和"由下往上"设计的方法和问题以及"由中间开始"设计的方法和优点。

• 系统结构的评价标准。

掌握 Amdahl 定律和衡量计算机系统性能的主要指标。

了解计算机系统的性能评价方法。

• 软件对系统结构的影响。

理解软件的可移植性定义及实现途径。

掌握采用统一高级语言、系列机、模拟和仿真三种技术途径实现软件移植的各自方法、适用场合、存在问题和应采取的对策。

领会软件向前、向后、向上、向下兼容的定义，系列机对软件兼容的要求。

• 系统结构中的并行性。

领会并行性的定义，并行性的二重含义和开发并行性的三种途径。

掌握各种并行性等级的划分和并行性级别高低的顺序。

了解计算机系统沿三种不同的并行性发展途径开发出的多机系统的类型与特点。

了解多机系统的耦合度概念。

• 计算机系统的分类。

掌握计算机系统的弗林(Flynn)分类法,了解库克、冯泽云、汉德勒等分类法。

2. 重点与难点

本章的重点:

• 计算机系统结构、计算机组成和计算机实现三者的定义及所包含的内容;
• 有关的透明性问题判断;
• 软件和硬件的功能分配原则;
• 软件可移植性的技术途径、方法、适用场合、存在问题;
• 与并行性有关的概念;
• 系统结构中开发并行性的途径和类型等。

本章的难点:透明性的判断与分析。

1.1 计算机系统的多层次结构

现代计算机系统是一个硬件与软件组成的综合体,可以把它看成按功能划分的多级层次结构,如图 1-1 所示。对于一个具体的计算机系统,层次的多少会有所不同。

第 0 级是硬级联(简称硬联)逻辑级,由门、触发器等逻辑电路组成。

第 1 级是微程序级。这级的机器语言是微指令集,用微指令编写的微程序一般是直接由硬件执行的。

第 2 级是传统机器级。这级的机器语言是该计算机的指令集,用机器指令编写的程序可以由微程序进行解释。

第 3 级是操作系统级。从操作系统的基本功能来看,一方面它要直接管理传统机器中的软硬件资源,另一方面它又是传统机器的延伸。

第 4 级是汇编语言级。这级的机器语言是汇编语言,完成汇编语言翻译的程序叫作汇编程序。

第 5 级是高级语言级。这级的机器语言就是各种高级语言,通常用编译程序来完成高级语言翻译的工作。

第 6 级是应用语言级。这一级是为了使计算机满足某种用途而专门设计的,因此这一级语言就是各种面向问题的应用语言。

把计算机系统按功能划分成多级层次结构,有利于正确理解计算机系统的工作过程,明确软件、硬件在计算机系统中的地位和作用。

在图 1-1 的多级层次结构中,对每一个机器级的用户来说,都可以将此机器级看成一台独立的使用自己特有的“机器语言”的机器。实际机器是指由硬件或固件实现的机器,如图 1-1 中的第 0～第 2 级所示,这里所说的固件(Firmware)是一种具有软件功能的硬件,例如微程序固化在只读存储器中就是一种固件。虚拟机器(简称虚拟机)是指用软件或以软件为主实现的机器,如图 1-1 中的第 3～第 6 级。

所谓虚拟计算机是指这个计算机只对该级的观察者存在。对某一层次的观察者来

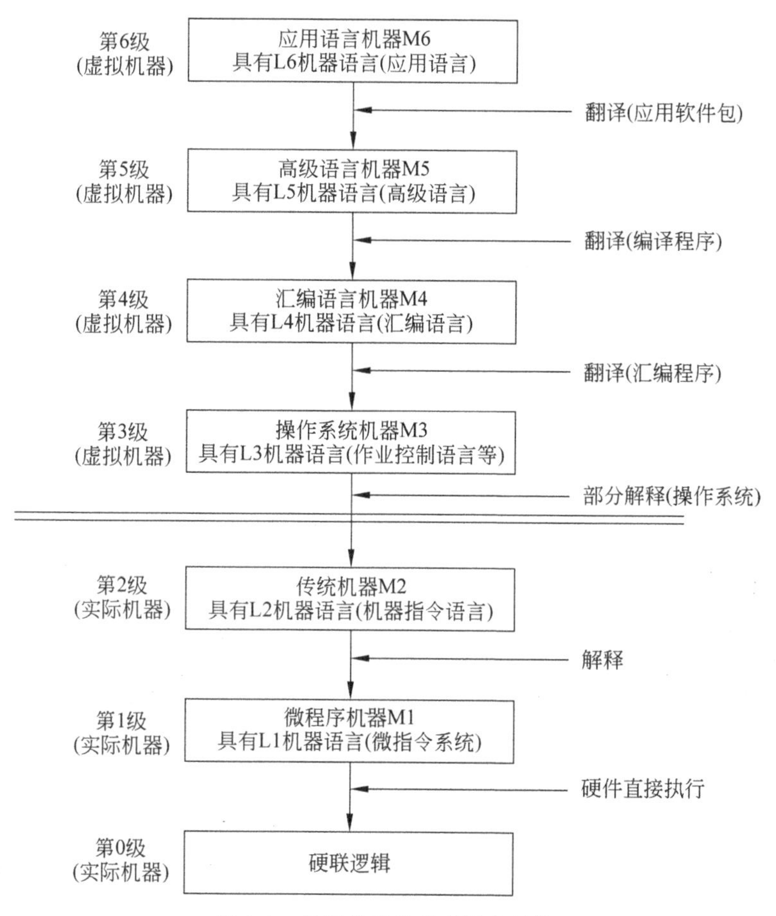

图 1-1　计算机系统的多层次结构

说，它只能是通过该层次的语言来了解和使用计算机，至于下层是如何工作和实现的就不必关心了。

各机器级的实现主要靠翻译或解释，或者是这两者的结合。翻译(Translation)是先用转换程序将高一级机器级上的程序整个地变换成低一级机器级上可运行的等效程序，然后再在低一级机器上实现的技术。解释(Interpretation)则是在低一级机器级上用它的一串语句或指令来等效高一级机器上的一条语句或指令的功能，通过对高一级机器语言程序中的每条语句或指令逐条解释来实现的技术。一般来说，解释执行比翻译花的时间多，但占用的存储空间较少。

在多层次结构中，通常第 1、第 2 级是用解释方法实现的，而第 3 级或更高级则用翻译方法实现。

软件和硬件在逻辑功能上是等效的。软件的功能可用硬件或固件完成，硬件的功能也可用软件模拟完成，只是性能、价格、实现的难易程度不同而已。具有相同功能的计算机系统，其软件、硬件功能分配比例可以在很宽的范围内变化，如图 1-2 所示。这种分配比例随不同时期及同一时期的不同机器动态地改变。

计算机系统结构设计者的主要任务就是要确定软硬件的分界；软件、硬件和固件的功能分配。

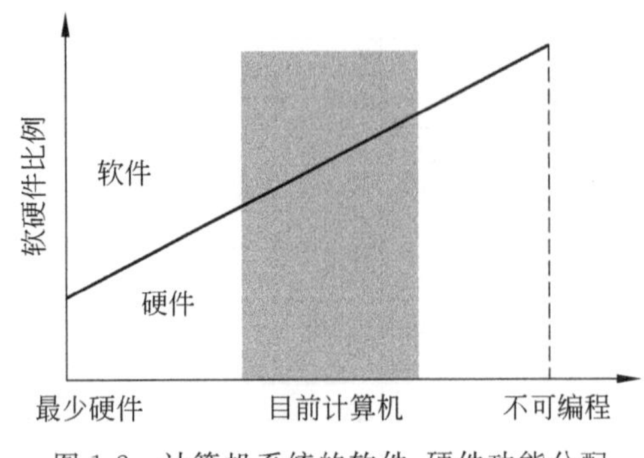

图 1-2 计算机系统的软件、硬件功能分配

1.2 计算机系统结构、组成与实现

1.2.1 计算机系统结构、组成、实现的定义

计算机体系结构(Computer Architecture)俗称计算机系统结构。经典的计算机系统结构定义是 1964 年 Amdahl 在介绍 IBM 360 系统时提出的：计算机系统结构是程序员看到的计算机的属性，即概念性结构与功能特性，实际上就是计算机系统的外特性。

对于这一定义，计算机界是有争议的，主要争议点基于这样一个事实，即由于计算机系统是包括软硬件乃至固件的较复杂系统，因此处于不同级别的使用者(各级程序员)所看到的计算机具有不同的属性。例如，用高级语言编程的程序员，可以把 IBM PC 与 Apple Ⅱ 两种机器看成同一属性的机器；但对使用汇编语言编程的程序员来说，IBM PC 与 Apple Ⅱ 是两种截然不同的机器。

事实上，Amdahl 提出的系统结构定义中的程序员指的是机器语言程序员或编译程序设计者，他们所看到的计算机属性，是传统机器级所具有的属性，即硬件系统的概念性结构和功能特性。计算机系统结构的实质是计算机系统中软硬件界面的确定，界面之上的功能包括操作系统级、汇编语言级、高级语言级和应用语言级中所有软件的功能，界面之下的功能是硬件和固件的功能。

就通用机而言，计算机系统结构的属性包括：

(1) 硬件能直接识别和处理的数据类型和格式等的数据表示；

(2) 最小可寻址单位、寻址种类、地址计算等的寻址方式；

(3) 通用/专用寄存器的设置、数量、字长、使用约定等的寄存器组织；

(4) 二进制或汇编级指令的操作类型、格式、排序方式、控制机构等的指令系统；

(5) 内存的最小编址单位、编址方式、容量、最大可编址空间等的存储系统组织；

(6) 中断的分类与分级、中断处理程序功能及入口地址等的中断机构；

(7) 系统机器级的管态和用户态的定义和切换；

(8) 输入输出设备的连接、使用方式、流量、操作结束、出错指示等的机器级 I/O

结构；

(9) 系统各部分的信息保护方式和保护机构。

可以看出，机器级内部的数据流和控制流的组成，逻辑设计和器件设计等都不包括在计算机系统结构中。

计算机组成(Computer Organization)指的是计算机系统结构的逻辑实现，包括机器级内的数据流和控制流的组成以及逻辑设计等。它着眼于机器级内各事件的排序方式与控制机构、各部件的功能及各部件间的联系。计算机组成设计要解决的问题是在所希望达到的性能和价格下，怎样最佳、最合理地把各种设备和部件组织成计算机，以实现所确定的系统结构。

计算机实现是指计算机组成的物理实现，包括处理机、内存的物理结构，器件的集成度和速度等。它主要着眼于器件技术和微组装技术，其中器件技术在实现技术中起着主导作用。

所谓透明性是指在计算机技术中，本来客观存在的事物或属性，从某种角度看似乎不存在。这与日常生活中的“透明”的含义正好相反。日常生活中的“透明”是要公开，让大家看得到，而计算机中的“透明”，则是指看不到的意思，实际上就是指那些不属于自己管的部分。

对于计算机系统结构而言，前述的属性是它需要了解和研究的内容，所以是不透明的，而全部由硬件实现的，或是在机器语言、汇编语言编程中不会出现和不需要了解的部分都是透明的。

由于不同机器级所看到的计算机的属性是不同的，所以对是否透明的分析也不同。例如：浮点数表示、乘法指令，对高级语言程序员、应用程序员透明，对汇编语言程序员、机器语言程序员不透明。再例如：数据总线宽度、微程序对汇编语言程序员、机器语言程序员透明，对硬件设计者、计算机维修人员不透明。

区分计算机系统结构与计算机组成这两个概念是十分重要的。

计算机体系结构是指机器语言程序员所看到的传统机器的属性，包括指令集、数据类型、存储器寻址技术、I/O机理等，大都属于抽象的属性。

计算机组成是指如何实现计算机系统结构所体现的属性，它包含了许多对程序员来说是透明的(即程序员不知道的)硬件细节。

下面通过举例来说明什么是计算机系统结构和计算机组成。

指令系统的确定属于计算机系统结构；指令的实现，如取指令、分析指令、取操作数、运算、送结果等的操作安排和排序属于计算机组成。因此，当两台机器指令系统相同时，只能认为它们具有相同的结构。至于这两台机器如何实现其指令，完全可以不同，则认为它们的组成方式是不同的。

确定指令系统中是否要设置乘法指令属于计算机系统结构；乘法指令是采用专门的高速乘法器实现，还是靠用加法器和移位器经时序信号控制其相加和移位来实现属于计算机组成。

内存容量与编址方式(按位、按字节还是字访问等)的确定属于计算机系统结构；而为达到性能价格要求，内存速度应多快，采用何种逻辑结构则属于计算机组成。

不论是过去还是现在，区分计算机系统结构与计算机组成这两个概念都是十分重要的。计算机制造商可能会向用户提供一系列系统结构相同的计算机，而它们的组成却有相当大的差别，即使是同一系列不同型号的机器，其价格和性能也是有极大差异的。例如，有三台计算机，一台计算机没有 Cache，另一台计算机有单级 CPU 片外 Cache，第三台计算机既有 CPU 片内 Cache，又有片外 Cache。这三台计算机具有不同的组成，但它们的系统结构可能是相同的。因此，只知其结构，不知其组成，就选不好性能价格比最合适的机器。此外，一种机器的系统结构可能维持许多年，但机器的组成却会随着计算机技术的发展而不断变化。

如果两个计算机具有不同的计算机组成和相同的计算机系统结构，那么在其中一个计算机上编译后的目标程序，拿到另一个计算机上也能运行，但两者的运行时间可能不同。

1.2.2 计算机系统结构、组成和实现的相互关系

计算机系统结构、组成、实现三者互不相同，但又互相影响。相同系统结构的计算机，可以因速度不同而采用不同的组成。同样，一种组成可以采用多种不同的实现方法。例如，指令间既可以顺序执行，也可以重叠执行以提高性能。乘法指令既可以用专门的乘法器实现，也可以用加法器、移位器等经重复加、移位实现。

系统结构不同会使可能采用的组成技术不同，反过来，组成也会影响结构，如果没有组成技术的进步，系统结构的进展是不可能的。

系统结构的设计必须结合应用考虑，为软件和算法的实现提供更多更好的支持，同时要考虑可能采用和准备采用的组成技术。系统结构设计应避免过多或不合理的限制各种组成、实现技术的采用与发展。

组成设计向上决定于系统结构，向下受限于实现技术。组成与实现之间可以折中权衡，例如为了达到所要求的速度，可以用较简单的组成，但却是复杂的实现技术；也可用复杂的组成，但却是一般速度的实现技术。实现是物质基础。

计算机系统结构、组成和实现所包含的具体内容随不同时期及不同的计算机系统会有差异。在某些系统中作为结构的内容，在另一些系统中可能是组成和实现的内容。软件的硬化和硬件的软化都反映了这一事实。VLSI 的发展更使系统结构、组成和实现融合于一体，难以分开。

1.3 软硬件取舍与计算机系统的设计思路

1.3.1 软硬件取舍的基本原则

计算机系统结构设计主要是进行软硬件功能分配，为此先看一下软硬件取舍的原则。

一般来说，提高硬件功能的比例可提高解题速度，减少程序量，但会增加硬件成本，降低计算机系统的灵活性、适应性；而提高软件功能的比例可降低硬件成本，提高系统的灵活性和适应性，但解题速度会下降，所需存储器用量要增加。

确定软硬件功能分配的第一个基本原则是，考虑在现有硬件条件下，系统要有高的性能价格比，主要从实现费用、速度和其他性能要求来综合考虑。

确定软硬件功能分配的第二个基本原则是，要考虑到准备采用和可能采用的组成技术，使它尽可能不要过多或不合理地限制各种组成、实现技术的采用。

确定软硬件功能分配的第三个基本原则是，不能仅从"硬"的角度去考虑如何便于应用组成技术的成果和发挥器件技术的进展，还应从"软"的角度把如何为编译和操作系统的实现以及为高级语言程序的设计提供更多更好的硬件支持放在首位。

研究软硬件功能分配，最佳、最合理地实现分配给硬件的功能。

1.3.2 计算机系统的设计思路

从多级层次结构出发，计算机系统的设计思路可以有由上往下、由下往上和从由中间开始三种不同的设计思路。

1. 由上往下设计

由上往下设计是先从层次结构的最上面一级开始，首先确定应用级机器的属性，然后再逐级往下设计，每一级都考虑优化上一级的实现。

这种方法设计的计算机系统完全是面向特定的应用优化设计的，所以很适合于专用机的设计，而不适合通用机的设计。

2. 由下往上设计

由下往上设计从层次结构的最下面一级开始，逐层往上设计各层的机器。根据当前的硬件技术水平先把硬联逻辑级、微程序级和传统机器级设计出来，然后再为不同的应用配置不同的操作系统和编译器。

采用这种方法时，软件技术完全处于被动状态，这会造成软件和硬件的脱节，使整个系统的效率降低。在硬件技术飞速发展，而软件技术发展相对缓慢的今天，这种设计方法已经难以适应计算机系统的设计要求，很少被采用了。

3. 由中间开始设计

由上往下和由下往上设计方法的共同缺点是软硬设计分离和脱节，要解决这个问题，就必须综合考虑软硬件的分工，从中间开始设计。这里"中间"指的是层次结构中的软硬交界面，即在传统机器级与操作系统机器级之间，如图1-3所示。采用这种方法时，首先要进行软硬件功能分配，确定好这个界面。然后软件设计者开始往上设计操作系统级、汇编语言级、高级语言级和应用语言级，硬件设计者开始往下设计传统机器级、微程序机器级、硬联逻辑级。软硬件并行设计可以缩短研制周期，设计过程中硬件和

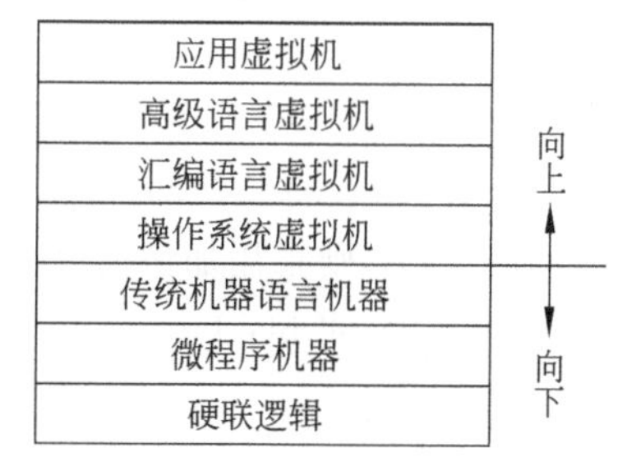

图1-3 从中间开始设计

软件设计人员之间可以交流协调，是一种很好的交互式设计方法。

进行软硬件功能分配时，既要考虑所要采用的硬件和器件，又要考虑应用软件所需要的算法和数据结构，然后对这个界面进行详尽的功能描述，确定哪些功能由硬件实现，哪些功能由软件实现。同时还要考虑硬件应对操作系统、编译系统提供什么样的支持。

1.4 计算机设计的量化准则

1.4.1 计算机系统设计的定量原理

1. Amdahl 定律

Amdahl 定律指出：当对一个系统中的某个部件进行改进后，所能获得的整个系统性能的提高，受限于该部件的执行时间占总执行时间的比例。

首先，Amdahl 定律定义了加速比的概念。假设对机器进行某种改进，那么机器系统的加速比为

$$\text{加速比} = \frac{\text{改进后的性能}}{\text{改进前的性能}} = \frac{\text{改进前的总执行时间}}{\text{改进后的总执行时间}}$$

系统加速比告诉人们改进后的机器比改进前的快多少。Amdahl 定律使人们能快速得出改进所获得的效益。系统加速比依赖于以下两个因素：

可改进比例(Fe)，它总是小于 1 的。

$$\text{Fe} = \frac{\text{可改进部分占用的时间}}{\text{改进前整个任务的执行时间}}$$

性能提高比(Se)，它总是大于 1 的。

$$\text{Se} = \frac{\text{改进前改进部分的执行时间}}{\text{改进后改进部分的执行时间}}$$

某部件改进后，整个任务的执行时间为

$$T_n = T_0 \times \left(1 - \text{Fe} + \frac{\text{Fe}}{\text{Se}}\right)$$

其中，T_0 为改进前的整个任务的执行时间。

改进后整个系统的加速比为

$$S_n = \frac{T_0}{T_n} = \frac{1}{(1 - \text{Fe}) + \dfrac{\text{Fe}}{\text{Se}}}$$

其中 1－Fe 为不可改进比例。

例 1-1 假设将某一部件的处理速度加快到 10 倍，该部件的原处理时间仅为整个运行时间的 40%，则采用加快措施后能使整个系统的性能提高多少？

解：由题意可知：Fe=0.4，Se=10，根据 Amdahl 定律，加速比为

$$S_n = \frac{1}{(1 - \text{Fe}) + \dfrac{\text{Fe}}{\text{Se}}} = \frac{1}{(1 - 0.4) + \dfrac{0.4}{10}} = \frac{1}{0.64} \approx 1.56$$

例 1-2 某计算机系统采用浮点运算部件后，浮点运算速度提高到原来的25倍，而系统运行某一程序的整体性能提高到原来的4倍，试计算该程序中浮点操作所占的比例。

解：由题意可知：Se=25，S_n=4，根据Amdahl定律，有

$$4=\frac{1}{(1-\text{Fe})+\frac{\text{Fe}}{25}}$$

由此可得：Fe≈78.1%。

实际上，Amdahl定律还表达了一种性能增加的递减规则：如果仅仅对计算机中的一部分做性能改进，则改进越多，系统获得的效果越小。Amdahl定律的一个重要推论是：如果只针对整个任务的一部分进行优化，那么所获得的加速比不大于

$$\frac{1}{1-\text{Fe}}$$

例 1-3 求浮点数(FP)平方根的不同实现方法在性能上可能有很大的差异。假设在程序中求浮点平方根(FPSQR)操作时间占总执行时间的20%，一种方法是增加专门的FPSQR硬件，可提高速度10倍；另一种方法是提高所有FP指令的速度，FP指令执行时间占总执行时间的50%，FP指令的速度提高为原来的1.6倍。试比较这两种方法。

解：

$$S_{n(\text{FPSQR})}=\frac{1}{(1-0.2)+\frac{0.2}{10}}=\frac{1}{0.82}=1.22$$

$$S_{n(\text{FP})}=\frac{1}{(1-0.5)+\frac{0.5}{1.6}}=\frac{1}{0.8125}=1.23$$

2. CPU 性能公式

程序执行的CPU时间为

$$\text{CPU 执行时间}=\frac{\text{CPU 时钟周期数}}{\text{时钟频率}}=\frac{\text{指令数}\times\text{CPI}}{\text{时钟频率}}$$

这个公式通常称为CPU性能公式。它的三个参数反映了与系统结构相关的三种技术。

① 时钟频率：反映了计算机实现技术、生产工艺和计算机组织。

② CPI：反映了计算机实现技术、计算机系统的结构和组织。

③ 指令数(IC)：反映了计算机指令级的结构和编译技术。

其中，CPI(Cycles Per Instruction)就是每条指令执行所用的时钟周期数，即

$$\text{CPI}=\frac{\text{CPU 时钟周期数}}{\text{IC}}$$

由于不同指令的功能不同，造成指令执行时间不同，也即指令执行所用的时钟数不同，所以CPI是一个平均值。在现代高性能计算机中，由于采用各种并行技术，使指令执行高度并行化，常常是一个系统时钟周期内可以处理若干条指令，所以CPI参数经常用IPC(Instructions Per Cycle)表示，即每个时钟周期执行的指令数。

$$\mathrm{IPC} = \frac{1}{\mathrm{CPI}}$$

假设计算机系统有 n 种指令，其中第 i 种指令的处理时间为 CPI_i，在程序中第 i 种指令出现的次数为 I_i，则有：

$$\mathrm{CPI} = \frac{\sum_{i=1}^{n} \mathrm{CPI} \times I_i}{\mathrm{IC}} = \sum_{i=1}^{n} \mathrm{CPI}_i \times \frac{I_i}{\mathrm{IC}}$$

1.4.2 衡量计算机系统性能的主要标准

1. 吞吐率和响应时间

吞吐率和响应时间是描述计算机系统性能常用的参数，也是用户所关心的。吞吐率是指计算机系统在单位时间内处理请求的数量。响应时间是指系统对请求做出响应的时间，响应时间包括 CPU 时间(运行一个程序所花费的时间)与等待时间(用于磁盘访问、存储器访问、I/O 操作、操作系统开销等时间)的总和。

2. 运算速度

1) MIPS

MIPS(Million Instructions Per Second)表示每秒执行多少百万条指令。对于一个给定的程序，MIPS 定义为

$$\mathrm{MIPS} = \frac{指令条数}{执行时间 \times 10^6} = \frac{主频}{\mathrm{CPI}} = 主频 \times \mathrm{IPC}$$

例 1-4 计算 Pentium Ⅱ 450 处理机的运算速度。

解：由于 Pentium Ⅱ 450 处理机的 IPC=2(或 CPI=0.5)，主频 F_z=450MHz，因此，

$$\mathrm{MIPS}_{\mathrm{Pentium\ II\ 450}} = F_z \times \mathrm{IPC} = 450 \times 2 = 900(\mathrm{MIPS})$$

例 1-5 微机 A 和 B 是采用不同主频的 CPU 芯片，片内逻辑电路完全相同。

(1) 若 A 机的 CPU 主频为 8MHz，B 机为 12MHz，则 A 机的 CPU 时钟周期为多少？

(2) 如 A 机的平均指令执行速度为 0.4MIPS，那么 A 机的平均指令周期为多少？

(3) B 机的平均指令执行速度为多少？

解：

(1) A 机的 CPU 主频为 8MHz，所以 A 机的 CPU 时钟周期=1÷8MHz=0.125μs。

(2) A 机的平均指令执行速度为 0.4MIPS，所以 A 机的平均指令周期=1÷0.4MIPS=2.5μs。

(3) A 机平均每条指令时钟周期数=2.5μs÷0.125μs=20。

而微机 A 和 B 片内逻辑电路完全相同，所以 B 机平均每条指令的时钟周期数也为 20。

B 机的平均指令执行速度=主频÷ CPI=12 ÷20MIPS=0.6MIPS。

2）MFLOPS

MFLOPS(Million Floating-point Operations Per Second)表示每秒执行多少百万次浮点运算。对于一个给定的程序，MFLOPS定义为

$$\text{MFLOPS} = \frac{\text{浮点操作次数}}{\text{执行时间} \times 10^6}$$

随着计算机运算速度的不断提升，衡量运算速度的指标也在不断提升，出现了GFLOPS、TFLOPS、PFLOPS，它们之间的关系为

一个MFLOPS(MegaFLOPS)等于每秒1百万($=10^6$)次的浮点运算；

一个GFLOPS(GigaFLOPS)等于每秒10亿($=10^9$)次的浮点运算；

一个TFLOPS(TeraFLOPS)等于每秒1万亿($=10^{12}$)次的浮点运算；

一个PFLOPS(PetaFLOPS)等于每秒1千万亿($=10^{15}$)次的浮点运算。

3. 等效指令速度：吉普森法

$$\text{等效指令执行时间 } T = \sum_{i=1}^{n}(W_i \times T_i)$$

$$\text{等效指令速度 MIPS} = 1/\sum_{i=1}^{n}\frac{W_i}{\text{MIPS}_i}$$

$$\text{等效 CPI} = \sum_{i=1}^{n}(\text{CPI}_i \times W_i)$$

其中，W_i：指令使用频度，i：指令种类。

静态指令使用频度：在程序中直接统计指令的使用频度。

动态指令使用频度：在程序执行过程中统计指令的使用频度。

在计算机发展的早期，用加法指令的运算速度来衡量计算机的速度。通常，加、减法50%，乘法15%，除法5%，程序控制15%，其他15%。

例1-6 我国最早研制的小型计算机DJS-130，定点16位，加法每秒50万次，但没有硬件乘法和除法指令，用软件实现乘法和除法，速度低100倍左右。求等效速度。

解：

$$\text{等效指令速度 MIPS} = 1\Big/\left(\frac{0.80}{0.5} + \frac{0.20}{0.5/100}\right) = 0.02\text{MIPS}$$

例1-7 假设在程序中浮点开平方操作FPSQR的比例为2%，它的CPI为100；其他浮点操作FP的比例为23%，它的CPI=4.0；其余75%指令的CPI=1.33，计算该处理机的等效CPI。如果FPSQR操作的CPI也为4.0，重新计算等效CPI。

解：

$$\text{等效 CPI}_1 = 100 \times 2\% + 4 \times 23\% + 1.33 \times 75\% = 3.92$$

$$\text{等效 CPI}_2 = 4 \times 25\% + 1.33 \times 75\% = 2.00$$

由于改进了仅占2%的FPSQR操作的CPI，使等效速度提高了近一倍。

1.4.3 计算机性能的比较

为了能更好地比较不同计算机的性能，下面举例说明。表1-1是两个程序在三台计

算机上的执行时间。

表 1-1 程序 P1 和程序 P2 在三台计算机中的执行时间

	计算机 A	计算机 B	计算机 C
程序 P1/s	1	10	20
程序 P2/s	1000	100	20
总计/s	1001	110	40

从表 1-1 可以看出：

A 机执行程序 P1 的速度是 B 机的 10 倍。

B 机执行程序 P2 的速度是 A 机的 10 倍。

A 机执行程序 P1 的速度是 C 机的 20 倍。

C 机执行程序 P2 的速度是 A 机的 50 倍。

B 机执行程序 P1 的速度是 C 机的 2 倍。

C 机执行程序 P2 的速度是 B 机的 5 倍。

这种假设的情况是可能发生的。例如计算机 A 的 CPU 最快，但 Cache 最小，B 和 C 的 CPU 慢一些但 Cache 大一些。P1 是一个小矩阵运算，在 A 的 Cache 中放得下，而 P2 是一个大矩阵运算，在 A 的 Cache 中放不下。以上 A、B、C 三台计算机，从程序 P1 的角度出发，A 最快，C 最慢，从程序 P2 的角度出发，A 最慢，C 最快，从 P1 和 P2 总执行时间的角度出发，也是 A 最慢，C 最快。显然，根据程序的执行时间无法综合地反映这三台计算机之间的性能比较。

1. 总执行时间

最简单的办法是直接用计算机所有测试程序的总时间来进行比较，因此就有：

B 机执行程序 P1 和程序 P2 的速度是 A 机的 9.1 倍。

C 机执行程序 P1 和程序 P2 的速度是 A 机的 25.025。

C 机执行程序 P1 和程序 P2 的速度是 B 机的 2.75 倍。

也可以采用平均执行时间来替代总执行时间。平均执行时间是各测试程序执行时间的算术平均值，即

$$S_m = \frac{1}{n}\sum_{i=1}^{n} T_i$$

其中 T_i是第 i 个程序的执行时间。

2. 加权执行时间

为每一个程序赋予一个权重值 W_i，将各个程序的权重值与执行时间的乘积加起来。

$$A_m = \sum_{i=1}^{n} W_i \times T_i$$

其中 W_i是第 i 个测试程序在测试程序组中所占的比重，$\sum_{i=1}^{n} W_i = 1$。T_i 是该程序的执行

时间。表 1-2 列出了表 1-1 中数据的加权值。

表 1-2 加权执行时间

	计算机 A	计算机 B	计算机 C	W_1	W_2	W_3
程序 P1	1.00	10.00	20.00	0.5	0.909	0.999
程序 P2	1000.00	100	20.00	0.5	0.091	0.001
加权算术平均 W1	500.50	55.00	20.00			
加权算术平均 W2	91.91	18.19	20.00			
加权算术平均 W3	2.00	10.09	20.00			

3. 归一化执行时间

将执行时间对一台参考机器归一化，然后取归一化执行时间的平均值。平均归一化执行时间可以表示成算术平均值，也可以表示成几何平均值。

几何平均速度为

$$G = \sqrt[n]{\prod_{i=1}^{n} \mathrm{ETR}_i}$$

其中，ETR(Execution Time Ratio)是程序标准化为参考机器后的时间。

因为加权算术平均中的权是在一台给定机器上按比例给定的，所以它不仅要受在任务中使用频度的影响，而且还要受具体机器及输入量的制约，而标准化执行时间的几何平均是和程序的执行时间无关的，而且与使用的机器也无关。所以算术平均值因参考机器不同而不同，几何平均值不随参考机器的变化而变化。表 1-3 为归一化的执行时间。

表 1-3 归一化的执行时间

	以 A 归一化			以 B 归一化			以 C 归一化		
	A	B	C	A	B	C	A	B	C
程序 P1	1.0	10.0	20.0	0.1	1.0	2.0	0.05	0.5	1.0
程序 P2	1.0	0.1	0.02	10.0	1.0	0.2	50.0	5.0	1.0
算术平均值	1.0	1.05	10.01	5.05	1.0	1.1	25.03	2.75	1.0
几何平均值	1.0	1.0	0.63	1.0	1.0	0.63	1.58	1.58	1.0
总时间	1.0	0.11	0.04	9.1	1.0	0.36	25.03	2.75	1.0

1.4.4 计算机系统的性能评价

性能评价是研究计算机的一个重要方面，越来越受到人们的关注。它涉及数学、概率统计、计算机软件和硬件各个领域，既有理论问题，又有工程实现问题，到目前已发展成为一门独立的学科。

用于评价计算机系统性能的程序称为评测程序(benchmark)。评测程序能够揭示计算机系统对于某类应用的优势或不足。下面几种评测程序按其评价的准确性递减排列。

(1) 真实程序:实际应用程序。例如:C语言的各种编译程序。

(2) 内核程序:从实际程序中抽取少量关键循环程序段,并以此来评价机器的性能。与实际程序不同,任何用户都不会真正运行这些核心程序,它们的存在只是用来评价性能。

(3) 合成程序:从应用程序中选取有代表性的操作,按比例组合成新的测试程序。

(4) 标准评测组件:由专业评测机构提供的针对系统某类特征的一组测试程序或测试软件。

目前,最常见的基准测试程序是SPEC和TPC。

1. SPEC

SPEC是标准性能评估公司(Standard Performance Evaluation Corporation)的简称。这是由计算机厂商、系统集成商、大学、研究机构、咨询等多家公司组成的非营利性组织,这个组织的目标是建立、维护及核准相关的标准化评测程序。

SPEC评测组件在计算机工业界和学术界都得到了广泛的应用,随着CPU性能的提高,SPEC CPU已经发展了5代,最早的SPEC CPU89于1989年发布,测试结果用SPECint'89和SPECfp'89表示。之后陆续推出SPEC CPU92、SPEC CPU95、SPEC CPU2000。SPEC CPU2006是SPEC组织推出的CPU子系统评估软件最新版,SPEC CPU2006包括了CINT2006和CFP2006两个子项目,前者由12个应用构成(其中9个用C编写的,3个用C++编写),用于评测整数计算性能;而后者由17个应用构成(其中6个用FORTRAN编写,3个用C编写,4个用C++编写,4个用C和FORTRAN编写),用于评测浮点计算性能。

2. TPC

TPC(Transaction Processing Council)即事务处理委员会,它是一个非营利性的评测组织,用于评测计算机的事务处理、数据库处理、企业管理与决策支持等方面的性能。1989年10月、1990年8月和1992年7月发表了TPC-A、TPC-B和TPC-C。

1.5 对系统结构的影响因素

1.5.1 软件对系统结构的影响

软件对系统结构的影响是多方面的,其中最重要是软件的可移植性问题。所谓软件的可移植性是指一个软件不用修改或只需少量加工就能由一台计算机搬到另一台计算机上运行,即同一软件可以应用于不同的环境,其差别只是执行时间不同而已。

提出软件可移植的原因是因为软件相对于硬件的成本越来越高,软件产量和可靠性的提高越来越困难,软件的排错比编写还困难,而已经积累的大量成熟的系统软件和应用软件如果不能继续在新型号的计算机上使用将是一个极大的浪费。因此，在新的计算机系统中必须解决软件的可移植性问题。

实现软件可移植性的常用方法有三种：统一高级语言，采用系列机，模拟与仿真。

1. 采用统一的高级语言方法

如果能采用一种不依赖于任何具体机器，可以满足各种应用需要的通用高级语言，用这种语言编写系统软件和应用软件，则软件可移植性问题就解决了。因此，采用统一的高级语言来实现软件移植是一种理想化的方法，它可以解决结构相同或完全不同的各种机器上的软件移植。

然而目前已有的几十种高级语言中，没有一种是对各种应用真正通用的高级语言，即使是同一种语言在不同的计算机上也不完全相同，所以这种方法短期内很难实现。

2. 采用系列机方法

所谓系列机是指同一厂家生产的具有相同的系统结构，但具有不同组成和实现的一系列不同型号的计算机。即在系统结构基本不变的基础上，根据不同性能的要求和当时的器件发展情况，设计出各种性能、价格不同的计算机系统。一种系统结构可以有多种组成，一种组成可以有多种物理实现。

最典型的系列机是 IBM 370，它有 370/115、125、135、145、158、168 等一系列从低速到高速的各种型号的计算机。它们具有相同的系统结构，而采用不同的组成和实现技术，有不同的性能和价格。它们有相同的指令系统，但在低档机上指令顺序运行，高档机上采用重叠、流水和并行处理方式。各档机器具有相同的 32 位字长，但从低档机到高档机，数据通道的宽度分别为 8 位、16 位、32 位、甚至 64 位。

采用系列机方法的主要优点有：系列机之间软件兼容，可移植性好；插件、接口等相互兼容；便于实现机间通信；便于维修、培训；有利于提高产量、降低成本。但随之而来的缺点是由于系统结构不准改变，限制了计算机系统结构的发展。

系列机从程序设计者的角度看是具有相同的机器属性的，即相同的系统结构。这里的相同是指在指令系统、数据格式、字符编码、中断系统、控制方式和输入/输出操作方式等多个方面保持统一，从而保证了软件的兼容。系列机的软件兼容分为向上兼容、向下兼容、向前兼容和向后兼容 4 种。向上(下)兼容指的是按某档次机器编制的程序，不加修改就能运行在比它更高(低)档的机器上；向前(后)兼容是指按某个时期投入市场的某种型号机器编制的程序，不加修改就能运行在它之前(后)投入市场的机器上。图 1-4 形象地说明了兼容性的概念。对系列机的软件向下和向前兼容可以不作要求，但必须保证向后兼容，力争做到向上兼容。

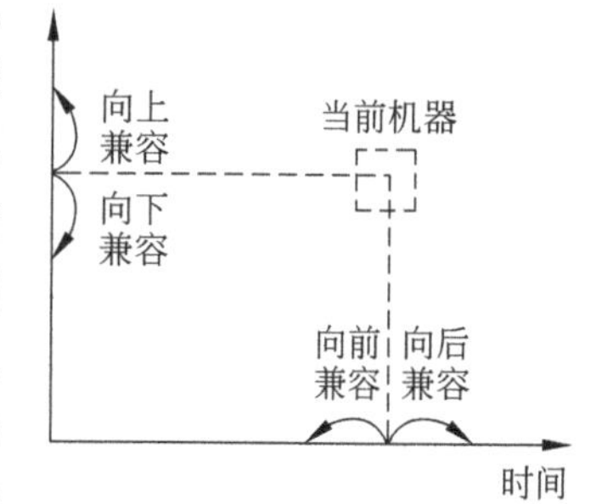

图 1-4 兼容性示意图

需要提到的另一个概念是兼容机，兼容机是指不同厂家生产的具有相同的系统结构的计算机系统。它的思想和系列机的思想是一致的。

3. 采用模拟与仿真方法

采用系列机的方法只能在具有相同系统结构的各种机器之间实现软件移植。为了实现软件在不同系统结构的计算机之间相互移植，就必须做到在一种机器的系统结构上实现另一种机器的系统结构。从指令系统的角度来看，就是在一台现有的计算机上实现另一台计算机的指令系统。这可以通过模拟和仿真两种方法来实现。

模拟是指用软件的方法在一台现有的计算机 A 上实现另一台计算机 B 的指令系统，如图 1-5 所示。A 机器称为宿主机，B 机器称为虚拟机。通常用解释方法实现，即虚拟机的每一条指令都用宿主机的一段程序进行解释执行。由于模拟采用纯软件解释执行的方法，因此运行速度较慢，性能较差。

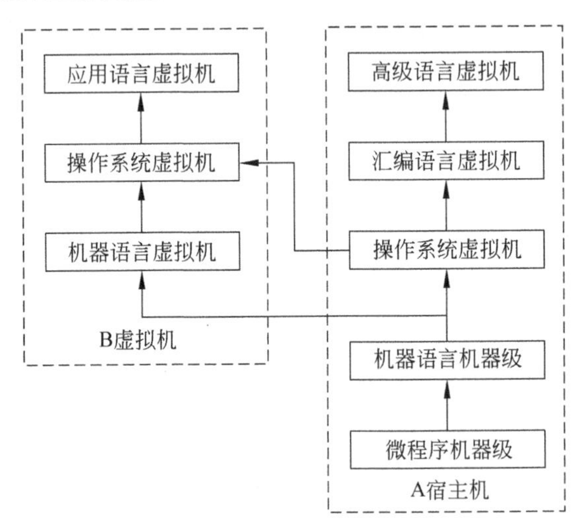

图 1-5 用模拟方法实现应用软件的移植

仿真是指用一台现有计算机 A 上的微程序去解释实现另一台计算机 B 的指令系统，如图 1-6 所示。A 机器称为宿主机，B 机器称为目标机。仿真需要硬件或固件的支持，故仿真的机器运行速度比模拟方法快，但灵活性较小。

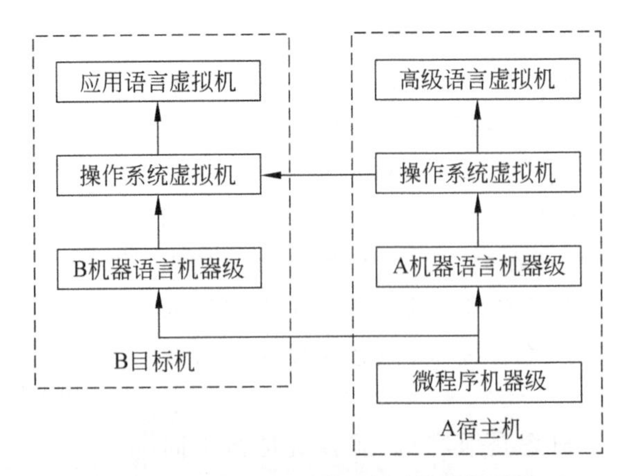

图 1-6 用仿真方法实现应用软件的移植

模拟和仿真的主要区别在于解释执行所用的语言。模拟是用机器语言程序解释执行的,模拟程序存放在主存中。仿真是用微程序解释执行的,解释程序存放在控制存储器中。仿真方法只能在系统结构差距不大的计算机之间使用,当两种计算机结构差别比较大时难以完全用仿真方法来实现软件移植,所以通常将模拟和仿真混合使用,对于使用频度较高的指令,尽可能用仿真方法以提高运行速度,而对于使用频度低且难以用仿真实现的指令则用模拟方法来实现。

1.5.2 器件和应用对系统结构的影响

1. 器件对系统结构的影响

器件的发展是推动系统结构和组成技术前进的关键因素,这是因为器件是组成计算机系统最基本的单元。系统结构和组成技术的新发展能否实际采用,其基础在于器件的发展能否提供这种可能。如果不是器件可靠性的大幅提高,就无法采用流水线技术;如果没有高速的半导体存储芯片,Cache是无法真正实现的;如果没有只读存储器(ROM)芯片的出现,微程序技术就无法真正得到广泛的使用。

最近几十年间, VLSI技术的发展速度很快,不管是集成度的提高还是器件速度的提高都是如此,著名的摩尔定律目前仍然有效。这使得越来越多的功能可以在一块芯片上实现,而且芯片的性能/价格比也越来越高。高性能系统结构从大型机向服务器甚至个人计算机下移。

系统结构设计者要密切了解器件的现状和发展趋势,关注和分析新器件的出现和集成度的提高会给系统结构的发展带来什么样的新途径和新方向。

2. 应用对系统结构的影响

应用对系统结构的发展有着重要的影响。不同的应用对计算机系统结构的设计提出了不同的要求,因此,应用需求是促使计算机系统结构发展最根本的动力。

对于计算机应用来说,系统的效率高低是关键,其中有一些要求是共同的,如程序可移植性、高性能价格比、高可靠性、便于使用等。如果能构造一台处理所有问题都很高效的通用计算机是最理想的结果,然而事实上有些特殊的领域,目前已有的通用计算机可能满足不了其应用要求,所以也出现了部分针对特定应用领域设计的专用计算机。

依据性能和价格处理的两种途径:

① 维持价格不变,充分利用器件等技术的进展,不断提高机器的性能。

② 在性能基本不变的基础上,利用器件等技术的进展不断降低机器的价格。

总之,软件、应用、器件对系统结构的发展有很大的影响, 反过来,系统结构的发展又会对软件、应用、器件的发展提出新的要求,促使其有更大的发展。计算机系统结构设计者不仅要了解结构、组成、实现的关系,还要充分了解掌握软件、应用、器件发展的现状、趋势和发展要求,只有这样,才能对系统的结构进行有成效的设计、研究和探索。

1.6 系统结构中的并行性

1.6.1 并行性概念

1. 并行性的含义与并行性级别

所谓并行性，是指计算机系统在同一时刻或者同一时间间隔内进行多种运算或操作。只要在时间上相互重叠，就存在并行性。并行性包含同时性和并发性两重含义。

同时性——两个或多个事件在同一时刻发生。

并发性——两个或多个事件在同一时间间隔内发生。

从计算机系统中执行程序的角度来看，并行性等级从低到高可以分为5级，它们分别是：

指令内部并行——一条指令内部各个微操作之间的并行。

指令级并行——多条指令的并行执行。

线程级并行——并行执行两个或两个以上的线程。

任务或进程间并行——多个任务或程序段的并行执行。

作业或程序间并行——多个作业或多道程序的并行。

从计算机系统中处理数据的并行性来看，并行性等级从低到高可以分为：

位串字串——同时只对一个字的一位进行处理，这是最基本的串行处理方式，没有并行性。

位并字串——同时对一个字的全部位进行处理，不同字之间是串行。这通常是指传统的并行单处理机，开始出现并行性。

位片串字并——同时对许多字的同一位（称为位片）进行处理，这种方式具有较高的并行性，开始进入并行处理领域。

全并行——同时对许多字的全部或部分位进行处理。这是最高一级的并行。

并行性是贯穿于计算机信息加工的各个步骤和阶段的，从这个角度来看，并行性等级又可分为：

存储器操作并行——可以采用单体多字、多体单字或多体多字方式在一个存储周期内访问多个字，进而采用按内容访问方式在一个存储周期内用位片串字并或全并行方式实现对存储器中大量字的高速并行比较、检索、更新、变换等操作。典型的例子就是并行存储器系统和以相联存储器为核心构成的相联处理机。

处理器操作步骤并行——处理器操作步骤可以指一条指令的取指、分析、执行等操作步骤，也可指如浮点加法的求阶差、对阶、尾加、舍入、规格化等具体操作的执行步骤。处理器操作步骤并行是将操作步骤或具体操作的执行步骤在时间上重叠流水地进行。典型的例子就是流水线处理机。

处理器操作并行——为支持向量、数组运算，可以通过重复设置大量处理单元，让它们在同一控制器的控制下，按照同一条指令的要求对多个数据组同时操作。典型的例子就是阵列处理机。

指令、任务、作业并行——这是较高级的并行，虽然它也可包含如操作、操作步骤等较低等级的并行，但原则上与操作级并行是不同的。指令级以上的并行是多个处理机同时对多条指令及有关的多数据组进行处理，而操作级并行是对同一条指令及其有关的多数据组进行处理。因此，前者构成的是多指令流多数据流计算机，后者构成的则是单指令流多数据流计算机。典型的例子是多处理机系统。

2. 开发并行性的途径

计算机系统中提高并行性的措施可以归纳成以下三条途径：

1）时间重叠

在并行性概念中引入时间因素，让多个处理过程在时间上相互错开，轮流重叠地使用同一套硬件设备的各个部分，以加快硬件周转而赢得速度。如图 1-7 所示的指令内各操作步骤采用重叠流水就是最典型的例子。每条指令的“取指”、“分析”、“执行”轮流在相应硬件上实现，只需 $5\Delta t$ 就可解释完三条指令，加快了程序的执行速度。时间重叠基本上不必重复增加硬件设备就可提高计算机系统的性能价格比。

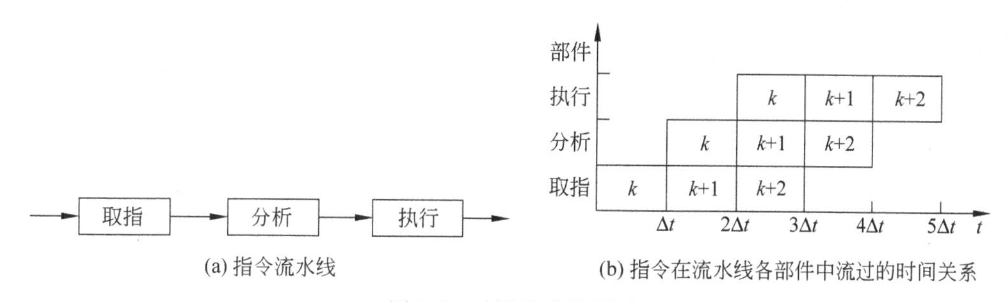

图 1-7　时间重叠的例子

2）资源重复

在并行性概念中引入空间因素，以数量取胜，通过重复设置硬件资源来提高可靠性或性能。图 1-8 中有 N 个完全相同的处理单元(PE)，在同一控制器(CU)控制下，给各处理单元分配不同的数据完成指令要求的同一种运算或操作，以提高速度性能。

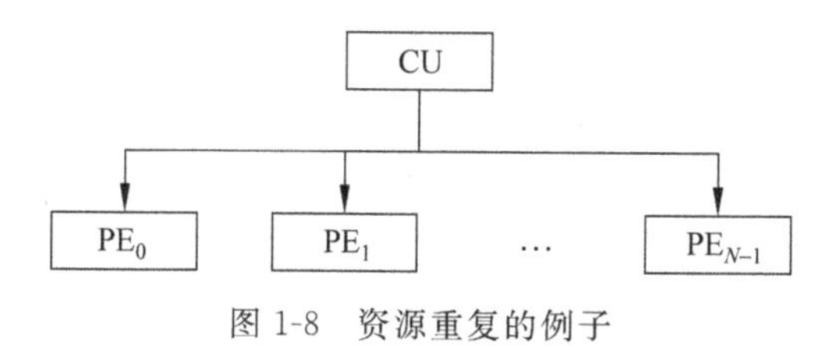

图 1-8　资源重复的例子

3）资源共享

利用软件的方法让多个用户按一定的时间顺序轮流地使用同一套资源，以提高利用率，这样也可以提高整个系统的性能。多道程序、分时系统就是遵循这一途径产生的。资源共享不只限于硬件资源的共享，也包括软件、信息资源的共享。

1.6.2 并行处理系统的结构与多机系统的耦合度

1. 并行处理计算机的结构

并行处理计算机是强调并行处理的系统，除了分布处理系统外，按其基本结构特征，可以分成流水线计算机、阵列处理机、多处理机系统和数据流计算机 4 种不同的结构。

流水线计算机主要通过时间重叠，让多个部件在时间上交错重叠地并行执行运算和处理，以实现时间上的并行。流水线计算机主要应解决好拥塞控制、冲突防止、分支处理、指令和数据的相关处理、流水线重组、中断处理、流水线调度以及作业顺序控制等问题、

阵列处理机主要通过资源重复，设置大量算术逻辑单元，在同一控制部件作用下同时运算和处理，以实现空间上的并行。相联处理机也可归属于这一类。由于各个处理器(机)是同类型的且完成同样的功能，所以主要是一种对称、同构型多处理器(机)系统。阵列处理机上主要解决处理单元间灵活而有规律的互连模式及互连网络的设计、存储器组织、数据在存储器中的分布，以及针对具体应用问题的高效并行算法等问题。

多处理机系统主要通过资源共享，让共享输入/输出子系统、数据库资源及共享或不共享主存的一组处理机在统一的操作系统全盘控制下，实现软件和硬件各级上相互作用，达到时间和空间上的异步并行。它可以改善系统的吞吐率、可靠性、灵活性和可用性。多处理机系统根据各处理机是否共享主存可分为紧耦合和松耦合两种不同的类别。多处理机系统主要解决的问题是，处理机机间的互连、存储器组织等硬件结构，存储管理、资源分配、任务分解、系统死锁的防止、进程间的通信和同步、多处理机的调度、系统保护等操作系统有关的问题，高效并行算法和并行语言的设计等问题。

上述所述的三种结构都属于传统控制驱动的控制流机，这三种并行处理方式既可以单独存在，也可以互相组合。例如，流水线计算机也可有阵列或多处理机结构，多处理机也可以由多台处理机互连成阵列，每台处理机又可用流水线方式工作。而数据驱动的数据流机不同于传统控制驱动的控制流机，它的结构比较特殊，在本书中不进行讨论。

2. 多机系统的耦合度

多机系统指的是多处理机系统和多计算机系统。多处理机系统与多计算机系统是有差别的。多处理机系统是由多台处理机组成的单一计算机系统，各处理机都可有自己的控制部件，可带自己的局部存储器，能执行各自的程序，它们都受逻辑上统一的操作系统控制，处理机间以文件、单一数据或向量、数组等形式交互作用，全面实现作业、任务、指令、数据各级的并行。多计算机系统则是由多台独立的计算机组成的系统，各计算机分别在逻辑上独立的操作系统控制下运行，机间可以互不通信，即使通信也只是经通道或通信线路以文件或数据集形式进行，实现多个作业间的并行。

为了反映多机系统中各机器之间物理连接的紧密程度和交叉作用能力的强弱，引入耦合度概念。多机系统的耦合度，可以分为最低耦合、松散耦合和紧密耦合等。

各种脱机处理系统是最低耦合系统(Least Coupled System)，其耦合度最低，除通过

某种中间存储介质之外，各计算机之间并无物理连接，也无共享的联机硬件资源。例如，独立外围计算机系统由主机和外围计算机组成，后者脱机工作，只通过磁带、软盘或纸带等对主机的输入/输出提供支持。

松散耦合系统又称间接耦合系统，一般通过通道或通信线路实现计算机之间的互连，可以共享某些如磁带、磁盘等外存，计算机之间的相互作用是在文件或数据集一级上进行的。松散耦合一般都是非对称的（由不同类型的计算机组成），并采用异步工作，结构比较灵活，系统容易扩展，但需花费辅助操作开销，且系统信息的传输频带较窄，难以满足任务一级的并行处理，因而适合于分布处理。

紧密耦合系统又称直接耦合系统。在这种系统中，计算机之间的物理连接的带宽较高，一般是通过总线或高速开关互连，可以共享主存。由于具有较高的信息传输率，因而可以快速地并行处理多个作业或任务。它可以是主辅机方式配合工作的非对称型系统，但更多的是对称型多处理机系统，在同一操作系统管理下取得各处理机的高效率和负载的均衡。

1.7 计算机系统的分类

从不同观点、不同角度，可对现有的计算机系统提出许多不同的分类方法。

通常把计算机系统按其性能与价格的综合指标分为巨型机、大型机、中型机、小型机、微型机等。但是，随着技术的不断进步，各种型号的计算机性能指标都在不断进步，以至于过去的一台大型计算机的性能甚至还比不上今天的一台微型计算机。可见按巨、大、中、小、微型机来划分的绝对性能标准是随时间变化而变化的。

计算机系统还可以按处理机个数和种类分，如分为单处理机、多处理机、并行处理机、相联处理机、超标量处理机、超流水线处理机、MPP（大规模并行处理机）等。

常见的计算机系统分类法有 Flynn 分类法、库克分类法、冯氏分类法和汉德勒分类法等。

1.7.1 Flynn 分类法

目前最流行的是 M. J. Flynn 教授 1966 年提出的 Flynn 分类法，它按照指令流和数据流的多倍性特征对计算机系统进行分类。Flynn 分类法中定义

指令流：计算机执行的指令序列。

数据流：由指令流调用的数据序列，包括输入数据和中间结果。

多倍性：在系统性能瓶颈部件上同时处于同一执行阶段的指令或数据的最大可能个数。

按照指令流和数据流的不同组织方式，可把计算机系统划分为以下 4 类（如表 1-4 所示）：

表 1-4 计算机系统的 Flynn 分类方法

指令流 \ 数据流	单	多
单	SISD	SIMD
多	MISD	MIMD

- 单指令流单数据流(Single Instruction stream Single Data stream,SISD);
- 单指令流多数据流(Single Instruction stream Multiple Data stream,SIMD);
- 多指令流单数据流(Multiple Instruction stream Single Data stream,MISD);
- 多指令流多数据流(Multiple Instruction stream Multiple Data stream,MIMD)。

表 1-4 给出了计算机系统的 Flynn 分类方法。图 1-9 给出了与这 4 类计算机系统相对应的基本框图,图中,

CU——控制单元;

PU——处理单元;

MM——主存模块;

SM——共享主存;

IS——指令流;

DS——数据流。

传统的单处理机属 SISD 类型,它每次只对一条指令译码,并只对一个操作部件分配数据,目前的传统计算机均属此类,见图 1-9(a)。

SIMD 类型以阵列处理机和并行处理机为代表,系统中有多个相同的处理单元(PU),但由单一的控制单元(CU)控制,多个各自的数据完成同一条指令规定的操作。从 CU 看,指令顺序(串行)执行,从 PU 看,数据并行执行,见图 1-9(b)。

MISD 类型,见图 1-9(c)。过去认为,与 MISD 类型对应的机器实际上并不存在,因为几条指令对同一个数据进行不同处理,它要求系统在指令级上并行,而在数据级上又不并行,这是不太现实的。但现在也有些学者有不同的看法,在有些文献中将超级标量机以及超长指令字计算机等看作 MISD 类型。

MIMD 类型是能实现作业、任务、指令、数组各级全面并行的多机系统,它包括了大多数多处理机及多计算机系统,见图 1-9(d)。

对于流水线处理机应该归于哪一类有不同的看法。不少人认为,标量流水线处理机划入 SISD,向量流水线处理机划入 SIMD 比较合适。

1.7.2 其他分类法

1. 库克分类法

1978 年由 D. J. Kuck 提出。按指令流和执行流分类,可分为 4 种类型。

(1) 单指令流单执行流(Single Instruction Single Executionstream,SISE):典型的单处理机。

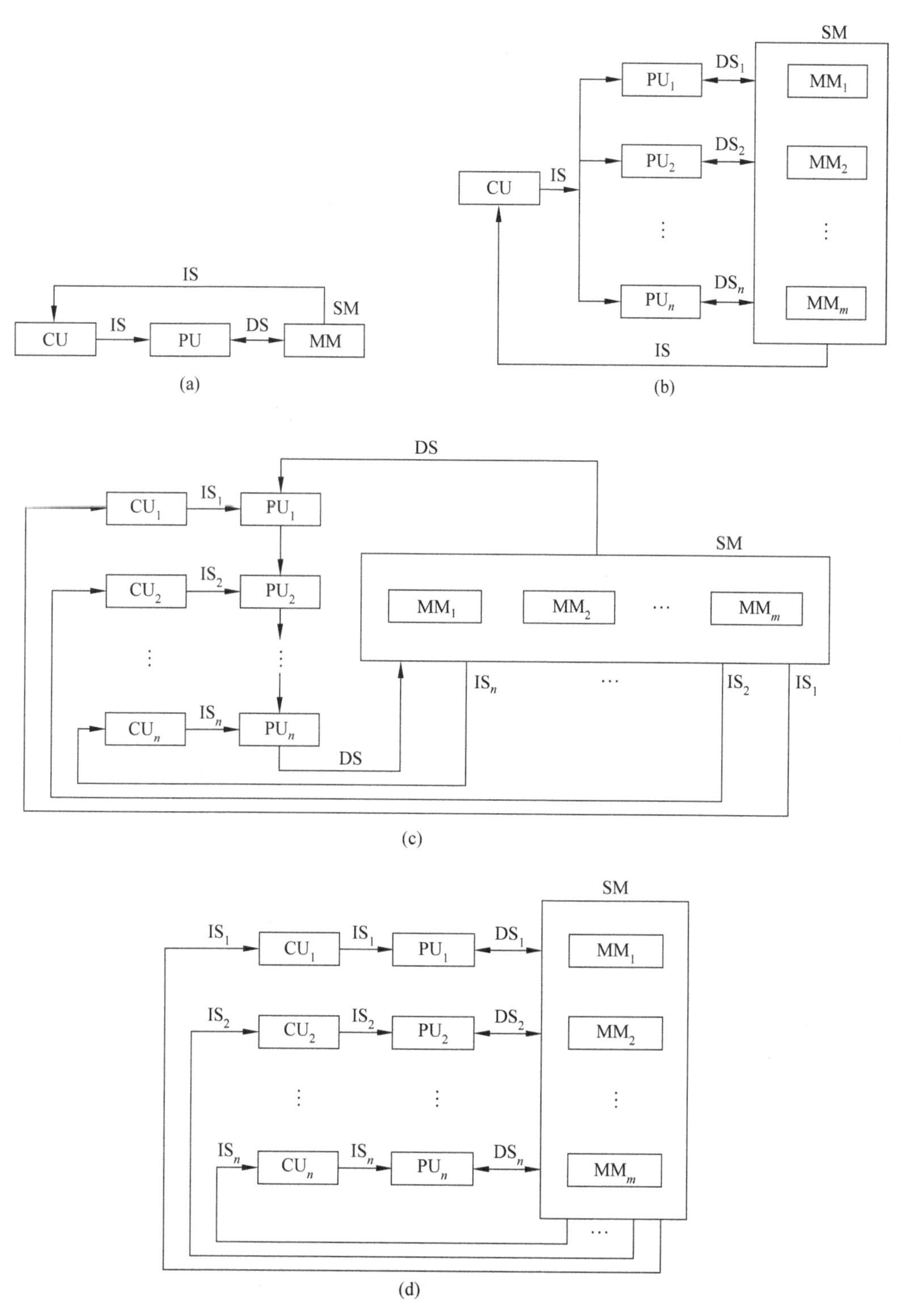

图 1-9　Flynn 分类法 4 种基本的系统结构

(2) 单指令流多执行流(Single Instruction Multiple Executionstream,SIME)：多功

能部件处理机、相联处理机、向量处理机、流水线处理机、超流水线处理机、超标量处理机和 SIMD 并行处理机。

(3) 多指令流单执行流(Multiple Instruction Single Executionstream,MISE):多道程序系统。

(4) 多指令流多执行流(Multiple Instruction Multiple Executionstream,MIME):典型的多处理机。

2. 冯泽云分类法

1972 年美籍华人冯泽云提出用最大并行度对计算机系统进行分类。最大并行度 P_{m} 是指计算机系统在单位时间内能够处理的最大二进制位数。假设同时处理的字宽为 n,位宽为 m,则最大并行度定义为

$$P_{\mathrm{m}} = m \times n$$

图 1-10 给出了最大并行度对计算机系统结构进行分类的方法。用平面直角坐标系中的一个点代表一个计算机系统,其横坐标代表字宽(n 位),即在一个字中同时处理的二进制的位数,纵坐标代表位片宽度(m 位),即在一个位片中能同时处理的字数。这样,$m \times n$(通过该点的水平线和垂直线与两坐标轴围成的矩形面积)就表示其最大的并行度。

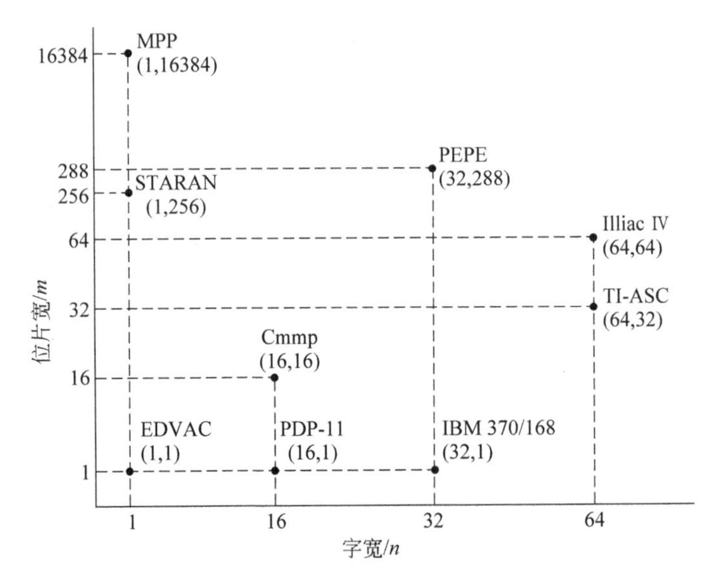

图 1-10 按最大并行度分类的冯氏分类法

由图 1-10 可得出 4 种类型的计算机系统:

(1) 字串位串(Word Serial and Bit Serial,WSBS),其中 $m=1,n=1$。这是第一代计算机发展初期的纯串行计算机,每次只处理一个字中的一位。

(2) 字串位并(Word Serial and Bit Parallel,WSBP),其中 $m=1,n>1$。这是传统的单处理机,同时处理单个字中的 n 位。

(3) 字并位串(Word Parallel and Bit Serial,WPBS),其中 $m>1,n=1$。同时处理 m 个字中的同一位(位片处理)。

(4) 字并位并(Word Parallel and Bit Parallel,WPBP),其中 $m>1,n>1$。这是全并行计算机,同时处理 m 个字,每个字为 n 位。

3. 汉德勒分类法

由 Wolfgan Hindler 于 1977 年提出,又称为 ESC(Erlange Classification Scheme)。根据并行度和流水线分类,计算机的硬件结构分成三个层次(程序级、操作级、逻辑级),并分别考虑它们的可并行性和流水处理程度。

一个计算机系统用公式 t(系统型号)=$(k,\ d,\ w)$表示,为了揭示流水线的特殊性,采用

$$t(\text{系统型号})=(k\times k',\ d\times d',\ w\times w')$$

其中,

k 表示程序控制部件(PCU)的个数;

d 表示算术逻辑部件(ALU)或处理部件(PE)的个数;

w 表示每个算术逻辑部件包含的基本逻辑线路(ELC)的套数;

k'表示宏流水线中程序控制部件的个数;

d'表示指令流水线中算术逻辑部件的个数;

w'表示操作流水线中基本逻辑线路的套数。

例如:Cray1 有 1 个 CPU,12 个相当于 ALU 或 PE 的处理部件,最多 8 级流水线,字长为 64 位,可以实现 1～14 位流水线,表示为

$$t(\text{Cray1})=(1,12\times 8,64\times(1\sim 14))$$

又例如:

$$t(\text{PEPE})=(1\times 3,288,32)$$

$$t(\text{TI-ASC})=(1,4,64\times 8)$$

习　题　1

1-1 有一个计算机系统可按功能划分成 4 级,每级的指令互不相同,每一级的指令都比其下一级的指令在效能上强 M 倍,即第 i 级的一条指令能完成第 $i-1$ 级的 M 条指令的计算量。现若需第 i 级的 N 条指令来解释第 $i+1$ 级的一条指令,而有一段第 1 级的程序需要运行 K 秒,问在第 2、第 3 和第 4 级的一段等效程序各需要运行多少时间?

1-2 硬件和软件在什么意义上是等效的?在什么意义上又是不等效的?试举例说明。

1-3 试以实例说明计算机系统结构、计算机组成与计算机实现之间的相互关系与相互影响。

1-4 在设计主存系统时,哪些属于计算机系统结构?哪些属于计算机组成?哪些属于计算机实现所要考虑的问题?

1-5 什么是透明性概念?对计算机系统结构,下列哪些是透明的?哪些是不透明的?

存储器的模 m 交叉存取;浮点数据表示;I/O 系统是采用通道方式还是外围处理机

方式；数据总线宽度；字符行运算指令；阵列运算部件；通道是采用结合型还是独立型；PDP-11 系列的单总线结构；访问方式保护；程序性中断；串行、重叠还是流水控制方式；堆栈指令；存储器最小编址单位；Cache 存储器。

1-6 从机器(汇编)语言程序员看，以下哪些是透明的？

指令地址寄存器；指令缓冲器；时标发生器；条件码寄存器；乘法器；主存地址寄存器；磁盘外设；先行进位链；移位器；通用寄存器；中断字寄存器。

1-7 下列哪些对系统程序员是透明的？哪些对应用程序员是透明的？

系列机各档不同的数据通路宽度；虚拟存储器；Cache 存储器；程序状态字；"启动 I/O"指令；"执行"指令；指令缓冲寄存器。

1-8 想在系列机中发展一种新型号机器，你认为下列哪些设想是可以考虑的，哪些则是不行的？为什么？

(1) 增加字符数据类型和若干条字符处理指令，以支持事务处理程序的编译。

(2) 为增强中断处理功能，将中断分级由原来的 4 级增加到 5 级，并重新调整中断响应的优先次序。

(3) 在 CPU 和主存之间增设 Cache 存储器，以克服因主存访问速率过低而造成的系统性能瓶颈。

(4) 为解决计算误差较大，将机器中浮点数的下溢处理方法由原来的恒置 1 法，改为用 ROM 存放下溢处理结果的查表舍入法。

(5) 为增加寻址灵活性和减少平均指令字长，将原有等长操作码指令改为有三类不同码长的扩展操作码；将源操作数寻址方式由操作码指明改成，如 VAX-11 那种设寻址方式位字段指明。

(6) 将 CPU 与主存间的数据通路宽度由 16 位扩展成 32 位，以加快主机内部信息的传送。

(7) 为减少公用总线的使用冲突，将单总线改为双总线。

(8) 把原 0 号通用寄存器改作堆栈指示器。

1-9 如果某一计算任务用向量方式求解比用标量方式求解快 20 倍，称可用向量方式求解部分所花费时间占总时间的百分比为可向量化百分比。写出加速比与可向量化比例两者的关系式。为达到加速比 2，可向量化的百分比应为多少？

1-10 用一台 40MHz 处理机执行标准测试程序，它含的混合指令数和相应所需的时钟周期数如下：

指令类型	指令数	时钟周期数
整数运算	45 000	1
数据传送	32 000	2
浮点	15 000	2
控制传送	8000	2

求有效 CPI、MIPS 速率和程序的执行时间。

1-11 假设在一台40MHz处理机上运行200 000条指令的目标代码，程序主要由4种指令组成。根据程序跟踪实验结果，已知指令混合比和每种指令所需的指令数如下：

指令类型	CPI	指令混合比
算术和逻辑	1	60%
高速缓存命中的加载/存储	2	18%
转移	4	12%
高速缓存缺失的存储器访问	8	10%

(1) 计算在单处理机上用上述跟踪数据运行程序的平均CPI。

(2) 根据(1)所得CPI，计算相应的MIPS速率。

第2章 数据表示与指令系统

本章着重讨论数据表示、寻址方式、指令系统设计与改进等内容。这些是计算机系统结构的主要属性。

2.0 学习指南

1. 知识点和学习要求

• 数据表示。

领会数据表示与数据结构的关系，带标志符数据表示的优点，带标志符数据表示与数据描述符的差别，向量数据表示（向量计算机）和堆栈数据表示（堆栈计算机）的基本特征。

理解确定和引入数据表示的一般原则。

• 寻址方式。

了解指令系统中三种面向主存、寄存器和堆栈寻址方式的优缺点，寻址方式在指令中的两种指明方式及其优缺点。

理解逻辑地址和物理地址的含义，程序的静态再定位和动态再定位的方法。

了解基址寻址和变址寻址的差别。

领会信息在主存中按整数边界存储的含义、编址要求、存在问题和适用场合。

• 指令系统的优化设计。

熟练掌握等长编码、Huffman编码、扩展操作码编码方法，求出各种编码方法的平均码长。

领会Huffman编码和扩展操作码编码中，短码不能是长码的前缀的概念。

根据具体要求设计出较优化的指令格式。

• 按CISC方向发展和改进指令系统。

领会分别按目标程序、高级语言、操作系统三个面向优化实现改进指令系统的目标和思路。

• 按RISC方向发展和改进指令系统。

了解CISC存在的问题和RISC的优点。

领会设计RISC机器的一般原则及基本技术。

2. 重点和难点

本章的重点：自定义数据表示方法（带标志符的数据表示法和数据描述符表示法）；寻址方式中的再定位技术；信息在存储器中按整数边界存储；指令格式的优化设计（操作码的优化）；Huffman编码和扩展操作码的区别；CISC指令系统的改进途径；RISC思想

及 RISC 的关键技术。

本章的难点：操作码的优化设计。

2.1 数据表示

2.1.1 数据表示与数据结构

数据表示指的是能由机器硬件直接识别和引用的数据类型。例如，当机器设置有定点加、减、乘、除、移位、比较等一系列定点运算指令和相应的运算硬件，可以直接对定点数进行各种处理时，机器就有了定点数据表示。当机器设置有逻辑加、逻辑乘、按位相加、逻辑移位等一系列逻辑运算指令和相应的逻辑运算硬件，可以直接对逻辑数进行各种处理时，机器就有了逻辑数据表示。同样，若机器设置有浮点运算指令（如浮点加、减、乘、除、比较等）和相应的运算硬件，可以直接对浮点数进行各种处理时，机器就有了浮点数据表示。

串、队、栈、向量、阵列、链表、树、图等是软件系统所要处理的各种数据结构，它们反映了面向应用所要用到的各种数据元素或信息单元之间的结构关系。数据结构是通过软件映像，将信息变换成机器中所具有的各种数据表示来实现的，可见，数据表示是构成数据结构的元素。不同的数据表示可以为数据结构的实现提供不同的支持，表现在实现的效率和方便性上不同。因此，数据结构和数据表示是软硬件的交界面。系统结构设计者在确定软硬件的功能分配时，应考虑在机器中设置哪些数据表示，以便对应用中所遇到的数据结构能有高的实现效率。当然，这是以花费适当的硬件为代价的。所以，数据表示的确定实质上是软硬件的取舍问题。

早期的计算机只有定点数据表示，浮点数要用阶码和尾数两个定点数一起来表示。这样，浮点数的运算就既不方便，也很低效。随着事务处理的需要，计算机经常大量处理十进制数，为此，在机器中增加了十进制运算指令和相应的运算硬件，能直接对二-十进制数进行运算和处理，这比起早先经过十进制转换二进制的子程序，将十进制数转换成二进制数后在机器上进行二进制运算，再将二进制的运算结果转换成十进制数输出就要方便和高效多了。

机器的运算类指令和运算器结构主要是按机器由什么样的数据表示来确定的。在通用机上，一般都有定点、浮点、逻辑、十进制、字符串等基本数据表示，但要想实现各种数据结构，不仅效率低，而且软件负担较重。因此，在确定数据表示时应考虑怎样为数据结构的实现进一步提供支持，即引入一些高级的数据表示。

2.1.2 高级数据表示

目前除了基本的数据表示外，根据应用环境，分别引入较复杂的高级数据表示，有自定义数据表示、向量数组数据表示和堆栈数据表示。

1. 自定义数据表示

自定义(Self-defining)数据表示包括带标志符的数据表示和数据描述符两类。

1) 带标志符的数据表示

高级语言使用类型说明语句指明数据的类型,让数据类型直接与数据本身联系在一起,运算符不反映数据类型,是通用的。例如 FORTRAN 程序中,实数(浮点数)I 和 J 的相加是采用如下的语句指明的:

```
REAL I, J
I=I+J
```

在说明 I、J 的数据为实型后,用通用的"+"运算符就可实现实数加法。可是,传统的机器语言程序却正好相反,它用操作码指明操作数的类型。如浮点加法指令中,由于操作码是"浮加",那么无论 I 和 J 是否是浮点数,总是按浮点数对待,进行浮点数加法。这样,编译时就需要把高级语言程序中的数据类型说明语句和运算符变换成机器语言中不同类型指令的操作码,并验证操作数的类型是否与运算符所要求的一致,若不一致,还需用软件进行转换,这些都增加了编译的负担。

为了缩短高级语言与机器语言的这种语义差距,可让机器中的每个数据如图 2-1 所示,即每个数据都带有类型标志符,以说明数据值究竟是二进制整数、十进制整数、浮点数、字符串还是地址字,将数据类型与数据本身直接联系在一起。这样,机器语言中的操作码也就和高级语言中的运算符一样,可以通用于各种数据类型的操作了。这种数据表示就称为带标志符数据表示。

标志符	数值

图 2-1 带标志符的数据表示方式

在采用带标志符数据表示的机器中,每个数据都带有标志符必定要加长数据的字长,数据的总存储量会增加,但由于指令只需指出操作类型,不需要指出数据类型,从而简化了指令系统,使得指令的字长可以缩短。只要设计合理,整个程序(包括指令和数据)的总存储量有可能不增反减,图 2-2 为在带标志符和不带标志符两种情况下程序所占存储空间的比较。

在图 2-2 中,两个实线框分别表示在不采用标志符的情况下,指令和数据分别占用的存储空间的大小,此时假设指令字长和数据字长是相等的。当数据带有标志符时,数据字长要加长,指令字长要缩短。图中左上方阴影部分面积表示因为指令字长的缩短,程序减少的存储空间,左下方阴影部分的面积表示因为数据字长的增加,数据增加的存储空间。由于一般程序中指令条数比数据条数多,即左上方阴影部分的高度必然大于左下方阴影部分的高度,即使指令字长缩短的位数少于数据字长加长的位数,只要设计合理,很可能使左上方阴影部分的面积(指令字长缩短的面积)大于左下方阴影部分的面积(数据字长加长的面积)。当数据带标志符时,整个程序占用的存储空间反而减少。

带标志符数据表示的主要优点为:

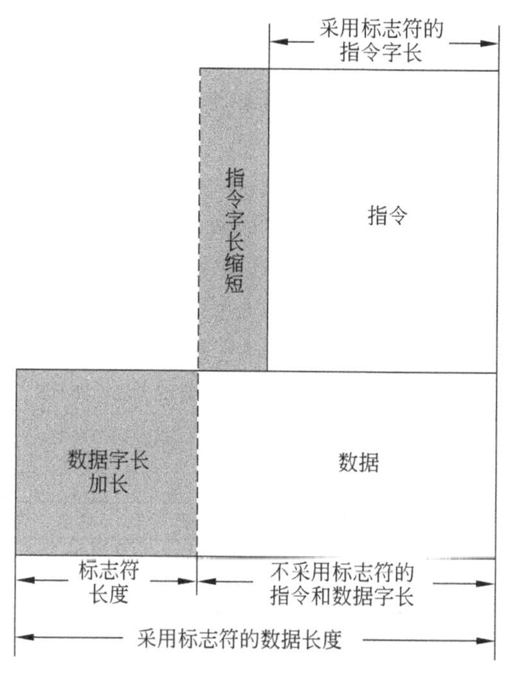

图 2-2 在两种情况下程序所占存储空间的比较

(1) 简化了指令系统和程序设计。由于指令通用于多种数据类型的处理，减少了指令系统中指令的种类，从而简化了程序设计。

(2) 简化了编译程序。在一般机器中，目标代码的形成需要进行细致的语义分析，而在带标志符的机器中，编译程序只需形成通用的加法指令，编译程序缩短，编译过程加快，编译效率提高。

(3) 便于实现一致性校验。可由机器硬件直接快速检测出多种程序设计错误，提供了类型安全环境。

(4) 能由硬件自动完成数据类型的变换。如果操作数相容但长度不一致时，硬件能自行转换，然后再运算。由于硬件或固件变换比软件变换快得多，可使解题时间缩短。

(5) 支持了数据库系统的实现与数据类型无关的要求。使程序不用修改即可处理多种不同类型的数据，而一般机器上要使程序与数据类型无关，实现起来是比较麻烦的。

(6) 为软件调试和应用软件开发提供了支持。可用软件定义的捕捉标志符设置断点，便于程序的跟踪和调试；而类型安全环境的提供，为应用软件开发提供了良好的支持。

采用带标志符数据表示带来了以下问题：

(1) 每个数据字因增设标志符，可能会使程序所占用的主存空间增加，但也不一定。

(2) 采用标志符会降低指令的执行速度。但从总体上看，程序的编制时间和调试时间缩短，故仅对微观性能(机器的运算速度)不利，而对宏观性能(解题总时间)是有利的。

(3) 数据和指令的长度可能不一致。

(4) 硬件复杂度增加。

2）数据描述符

为进一步减少标志符所占的存储空间，对于向量、数组、记录等多维或结构比较复杂的数据，由于每个元素具有相同的属性，没有必要让每个数据都带有标志符，为此发展出数据描述符。

数据描述符和标志符的区别在于，标志符用于描述单个数据的类型和属性（作用于一个数据），而描述符主要用于描述成块数据的特征（作用于一组数据）。所以，标志符通常与数据一起存放在同一个数据单元中，而描述符是和数据分开存放的，单独占据一个存储单元。描述符专门用来描述所要访问的数据是整块数据还是单个数据，访问该数据块或数据元素所需要的地址、长度以及其他特征信息等。

以 B-6700 的描述符为例，其数据描述符和数据的形式如图 2-3 所示。当最高三位为 101 时，表示这是一个数据描述符，最高三位为 000 时表示这是一个数据。

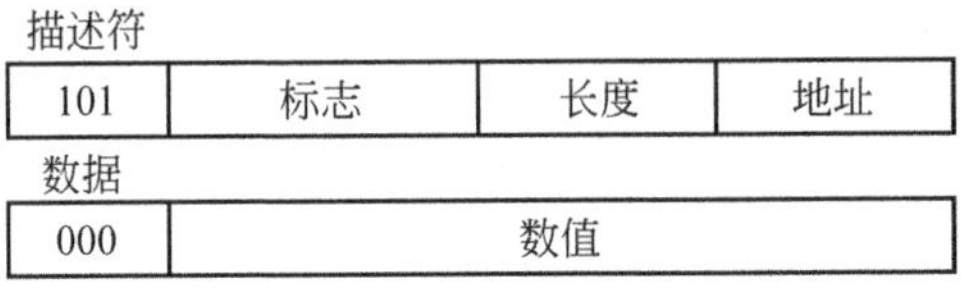

描述符

101	标志	长度	地址

数据

000	数值

图 2-3　B-6700 机的数据描述符表示方法

例如：用数据描述符表示方法表示一个 3×4 矩阵 **A**，如图 2-4 所示。

$$\mathbf{A}=\begin{bmatrix} a_{11} & a_{12} & a_{13} & a_{14} \\ a_{21} & a_{22} & a_{23} & a_{24} \\ a_{31} & a_{32} & a_{33} & a_{24} \end{bmatrix}$$

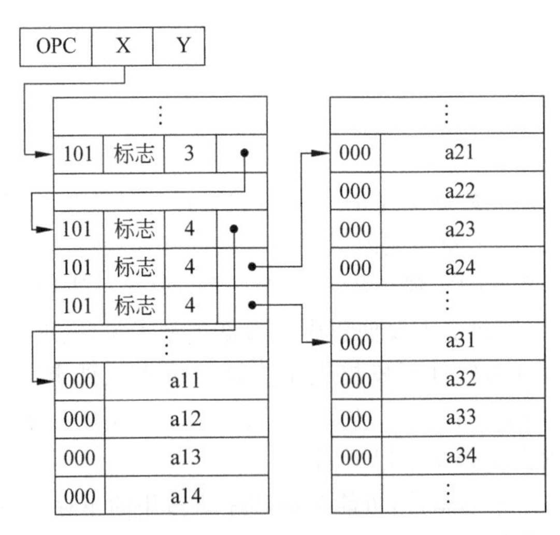

图 2-4　用数据描述符表示法表示一个 3×4 矩阵

指令中的一个地址 X 指向一个描述符，这个描述符的“标志”、“长度”和“地址”共同构成一个由三个描述符组成的描述符组，每个描述符描述一个数据块，每个数据块由 4 个数据组成。

采用数据描述符表示法的优缺点与带标志符数据表示法相同，但机器结构会比带标志符数据表示法更复杂。

2. 向量数组数据表示

为向量、数组数据结构的实现和快速运算提供更好的硬件支持的方法是增设向量、数组数据表示，组成向量机。

例如，要计算

$$c_i = a_{i+5} + b_i \quad i = 10, 11, \cdots, 1000$$

用FORTRAN语言写成的有关DO循环部分为

```
    DO  40  I=10, 1000
40  C(I)=A(I+5)+B(I)
```

在没有向量、数组数据表示的机器上经编译后需借助于变址操作实现。在具有向量、数组数据表示的向量处理机上，硬件上设置有丰富的向量或阵列运算指令，配置有以流水或阵列方式处理的高速运算器，只需用一条以下的向量加法指令：

向量加	***A***向量参数	***B***向量参数	***C***向量参数

就可以实现上述DO循环的功能。显然 ***A***、***B***、***C*** 这三个向量参数中应指明其基地址、位移量、向量长度和运算步距等。

3. 堆栈数据表示

堆栈数据结构在编译和子程序调用中很有用，为高效实现，不少机器设有堆栈数据表示。有堆栈数据表示的计算机称为堆栈机。

一般机器对堆栈数据结构的支持是比较差的，堆栈操作用的机器指令数量少，功能单一，堆栈置于存储器内，访问堆栈的速度低，通常只用于保存子程序调用时的返回地址。而堆栈计算机则不同，主要表现在：

(1) 由若干高速寄存器组成的硬件堆栈，并附加控制电路，让它与主存中的堆栈区在逻辑上组成一个整体，使堆栈的访问速度是寄存器的，堆栈的容量是主存的。

(2) 有很丰富的堆栈操作类指令且功能很强，直接可对堆栈中的数据进行各种运算和处理。

(3) 有力地支持高级语言程序的编译。假定有算术赋值语句

```
F=A*B+C/(D-E)
```

可以很容易通过用逆波兰表达式

```
AB*CDE-/+
```

作为编译时的中间语言，直接生成堆栈机器指令程序。简化了编译，显著缩小了高级语言和机器语言的语义差距。

(4) 有力地支持子程序的嵌套和递归调用。

2.1.3 引入数据表示的原则

遵循什么原则来确定机器的数据结构是一个比较复杂的问题，除去基本数据表示不可少外，其他高级数据表示的引入可从两个方面来衡量。

一方面是看系统的效率有否提高，即是否减少了实现时间和所需的存储空间。衡量实现时间是否减少，主要是看在主存和处理机之间传送的信息量有否减少。传送的信息量越少，其实现时间就会越少。

以A、B两个200×200的定点数二维数组相加为例，如果在没有向量数据表示的计算机系统上实现，一般需要6条指令，其中有4条指令要循环4万次。因此，CPU与主存储器之间的通信量为

取指令 2+4×40 000条，

读或写数据 3×40 000个，

共要访问主存储器 7×40 000次以上。

如果有向量数据表示，只需要一条指令 A+B 。

减少访问主存(取指令)次数：4×40 000次，缩短程序执行时间一倍以上。

是否引入某种高级数据表示的另一方面是看引入这种数据表示后，其通用性和利用率是否高。如果只对某种数据结构的实现效率很高，而对其他数据结构的实现效率很低，或者引入这种数据表示在应用中很少用到，那么为此所用的硬件过多却并未在性能上得到好处，必然导致性能价格比的下降，特别是对一些复杂的数据表示。

确定哪些数据类型用数据表示实现的原则是：

① 缩短程序的运行时间；

② 减少CPU与主存储器之间的通信量；

③ 这种数据表示的通用性和利用率是否高。

2.2 寻址方式

2.2.1 寻址方式分析

大多数计算机都将主存、通用寄存器、堆栈分类编址，因此就有分别面向寄存器、堆栈和主存的寻址方式。面向寄存器的寻址方式操作数可以取自寄存器或主存，结果大多保存在寄存器中，少量的送入主存。面向堆栈的寻址方式主要访问堆栈，少量访问主存或寄存器。面向主存的寻址方式主要访问主存，少量访问寄存器。三种寻址各有特点，不能简单地评价哪一种最好，因为不同的程序和不同的工作阶段会产生不同的结论。

由指令中给出的形式地址形成操作数有效地址的方式称为寻址方式。寻址方式有很多种，为了能区分出各种不同的寻址方式，必须在指令中给出标识。标识的方式通常有两种：显式和隐式。

显式的方法就是在指令中设置专门的寻址方式字段，用二进制代码来表明寻址方式

类型，如图 2-5(a)所示；隐式的方式是由指令的操作码字段说明指令格式并隐含约定寻址方式，如图 2-5(b)所示。

对于寻址方式，在“计算机组成原理”课程中已经进行过详细的讨论，这里仅从计算机体系结构的角度介绍寻址方式的设计思想和设计方法。

主要的寻址方式有立即数寻址、寄存器寻址、主存寻址和堆栈寻址。

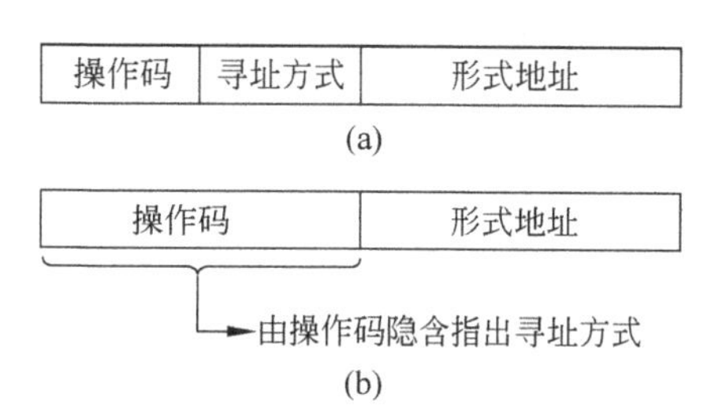

图 2-5 指令中寻址方式的表示

1. 立即数寻址

立即数寻址是一种特殊的寻址方式，指令中在操作码字段后面的部分不是通常意义上的操作数地址，而是操作数本身，也就是说数据就包含在指令中，只要取出指令，也就取出了可以立即使用的操作数。这种寻址方式的优点是不需要数据存储单元，指令执行速度快。缺点是只能用于源操作数寻址，数据的长度不能太长。

2. 寄存器寻址

指令在执行过程中所需要的操作数来源于寄存器，运算结果也写回寄存器中。这种寻址方式被广泛应用，目前，在一般计算机中通常都有几十个甚至数百个寄存器。

寄存器寻址的指令格式主要有：

```
OPC  R
OPC  R, R
OPC  R, R, R
OPC  R, M
```

前三种分别是一地址、二地址和三地址寄存器寻址指令，而第四种指令可以用于 Load 和 Store，也可以用于一般的运算指令。

寄存器寻址方式的主要优点是指令字长短，执行速度快，支持向量、矩阵运算。其主要缺点是不利于优化编译，现场切换困难，硬件复杂。

3. 主存寻址

主存寻址是所有计算机中都普遍采用的一类寻址方式，其寻址种类也最为复杂。主存寻址的指令格式主要有：

```
OPC M
OPC M, M
OPC M, M, M
```

主存寻址主要包括直接寻址、间接寻址、变址寻址等。直接寻址是在指令中直接给出操作数的有效地址。间接寻址在指令中给出操作数地址的地址，必须经过两次或两次以上的访存才能得到操作数。变址寻址在指令中要给出变址寄存器的编号和地址的偏移量，通过加法运算，得到操作数的有效地址。变址寻址还有两种特殊的形式，相对寻址和基址寻址。

4. 堆栈寻址

堆栈寻址方式的地址是隐含的，因此指令的长度很短，一般的形式有：

```
OPC
OPC M
```

前者是标准的堆栈寻址指令，参加运算所需要的操作数来自于堆栈；后者用来在栈顶与其他主存单元之间交换数据，即进栈或出栈指令。

对于以堆栈寻址方式为主的堆栈计算机，与以寄存器寻址方式为主和以主存寻址方式为主的计算机系统相比，在一定程度上缩小了高级语言和机器语言的差距。

堆栈计算机的主要优点是支持高级语言，有利于编译程序；程序的总存储量最短；支持程序的嵌套和递归调用，支持中断处理。其主要缺点是运算速度比较低。

2.2.2 间接寻址方式与变址寻址方式的比较

对于数组运算，通常要用一个循环程序对数组中的各个元素进行操作，这时必须通过修改操作数的地址才能实现。间接寻址和变址寻址的设计目标都是为了解决操作数地址的修改问题，以保证能做到不改变程序而修改操作数地址。

原则上，一种处理机中只需设置间接寻址方式与变址寻址方式中的任何一种即可，有些处理机两种寻址方式都设置。

在设计一个计算机系统时，如何选取间接寻址方式与变址寻址方式？下面通过一个例子，分析这两种寻址方式的特点及各自的优缺点。

例如：一个由 N 个元素组成的数组，已经存放在起始地址为 AS 的主存连续单元中，现要把它搬到起始地址为 AD 的主存连续单元中。不必考虑可能出现的存储单元的重叠问题。为了编程简单，采用一般的二地址指令编写程序。

解：用间接寻址方式编写程序如下：

```
start:  move asr,asi        ;保存源数组的起始地址
        move adr,adi        ;保存目标数组的起始地址
        move num, cnt       ;保存数据的个数
loop:   move @asi,@adi      ;用间址寻址方式传送数据
        inc  asi            ;源数组的地址增量
        inc  adi            ;目标数组的地址增量
        dec  cnt            ;个数减 1
        bgt  loop           ;测试 n 个数据是否传送完
        halt                ;停机
asr:    as                  ;源数组的起始地址
adr:    ad                  ;目标数组的起始地址
```

```
num:    n                       ;需要传送的数据个数
asi:    0                       ;当前正在传送的源数组地址
adi:    0                       ;当前正在传送的目的数组地址
cnt:    0                       ;剩余数据的个数
```

前三条指令用于初始化，从而程序具有可再入性。

用变址寻址方式编写程序如下：

```
start:  move as,x               ;源数组起址送变址寄存器
        move num, cnt           ;保存数据个数,保证再入性
loop:   move (x), ad-as(x)      ;ad-as 为地址偏移量,在汇编时计算
        inc  x                  ;增量变址寄存器
        dec  cnt                ;个数减 1
        bgt  loop               ;测试 n 个数据是否传送完成
        halt                    ;停机
num:    n                       ;需要传送的数据个数
cnt:    0                       ;剩余数据的个数
```

比较以上两个程序，可以明显看出，采用变址寻址方式编写的程序简单、易读。对于程序员，两种寻址方式的主要差别是：

间址寻址方式是将间接地址保存在主存储器中，没有偏移量。

变址寻址方式是将基地址保存在变址寄存器中，有偏移量。

两种寻址方式的主要优缺点比较如下。

(1) 实现的难易程度：间址寻址方式实现起来容易，而变址寻址方式需要增加较多的硬件。

(2) 指令的执行速度：采用间址寻址方式编写的程序执行速度慢，采用变址寻址方式编写的程序执行速度快。上例中 move @asi,@adi 指令，至少需要 5 次访存，第一次读取指令本身，第二、第三次访存读到源操作数，第四、第五次访存将数据送入主存的目标地址单元中；而 move(x), ad-as(x)指令只需要访存三次。

(3) 对数组运算的支持：变址寻址方式较好，间接寻址较差。这是因为变址寻址方式可以带有偏移量。

对于变址寻址和间接寻址，有以下几个问题需要注意：

(1) 变址寻址方式中的偏移量是带有符号的，通常用补码表示。不仅可以向前偏移，也可以向后偏移。偏移量的长度一般短于基地址的长度，在做加法时，一定要把偏移量的符号扩展，直至与基地址的长度相同。

(2) 自动变址。对数组运算，必须对地址进行增/减量。为了省去这些对地址进行增/减量的指令，在许多机器中，对间接寻址方式和变址寻址方式都增加了自动变址的功能。在上例中，对间接寻址方式编写的程序，将指令 move @asi,@adi 改为 move(as)+, (ad)+，紧接在下面的两条对 as 和 ad 指针做增量的指令就可以省去。同样，变址寻址方式编写的程序中，将指令 move(x), ad−as(x)改为 move(x), ad−as(x)+，紧跟其后的对变址寄存器做增量的指令就可以省去。

地址增/减量单位根据具体机器所采用的编址方式和数据元素的长度等关系来确定。对于字节编址的机器，如果数据元素的长度是16位，则增/量单位为2；如果数据元素的长度为32位，则增/减量单位为4。

另外，地址增/减量的先后次序也需要特别注意。最常见的先后次序是先用后增与先减后用方式，程序中的写法是：(X)+，-(X)。这种方式适用于堆栈，而且堆栈指针始终指向栈顶的满单元。如果堆栈指针始终指向栈顶的空单元，则先后次序需改为先增后用与先用后减，程序中的写法是：+(X)，(X)-。

(3) 前变址与后变址。在既有变址寻址，又有间址寻址方式的计算机系统中，先变址，还是先间址，需要事先定义。在指令中给出一个变址寄存器X和一个形式地址A。有效地址的计算方法有两种：

前变址寻址方式为 EA=((X)+A)

后变址寻址方式为 EA=(X)+(A)

2.2.3 程序在主存中的定位技术

逻辑地址指的是程序员编写程序时使用的地址，主存物理地址指的是程序在主存中的实际地址。早期，主存物理地址与逻辑地址是一致的，由逻辑地址构成的逻辑地址空间和由主存实地址构成的主存物理地址空间也是一致的。程序和数据存放在主存中的位置是由程序员编程时指明的，这种方式也可称为直接定位方式。

现在，主存物理地址是从0开始编址的一维线性空间，主存中可以存放多道程序，程序员事先无法知道程序装在主存的什么位置，因此，各道程序的逻辑地址都只能从0开始编址。这样，逻辑地址空间和物理地址空间是不一致的，当程序装入主存时，需要进行逻辑地址空间到物理地址空间的转换，即进行程序的定位。

程序需要定位的主要原因是：程序的独立性；程序的模块化设计；数据结构在程序运行过程中，其大小往往是变化的；有些程序本身很大，大于分配给它的主存物理空间。

根据程序的主存物理地址的确定时间，程序定位技术分为静态再定位和动态再定位。

静态再定位：在程序装入主存储器的过程中随即进行地址变换，确定指令和数据的主存物理地址的称为静态定位方式。

动态再定位：在程序执行过程中，当访问到相应的指令或数据时才进行地址变换，确定指令和数据的主存物理地址的称为动态定位方式。

寻址方式中有关物理地址空间的信息分布是一个值得注意的问题。通常一台机器同时存放宽度不同的多种信息，以IBM 370为例，信息有字节(8位)、半字(16位)、单字(32位)和双字(64位)等不同宽度。主存宽度64位，即一个存储周期可以访问8个字节。主存按字节编址如果允许不同宽度的信息任意存储，就会出现一个信息跨越两个存储字的情况，如图2-6(a)所示，此时尽管信息宽度小于或等于主存宽度，但却要花两个存储周期才能访问到，显著降低了访问速度。为了让任何时候所需的信息都只用一个存储周期访问到，就要求信息在主存中存放的地址必须是信息宽度(字节数)的整倍数，即按整数边界存储，如图2-6(b)所示。此时，各种信息在存储器中存放的地址必须是：

字节(8位)信息地址为 ×…××××;

半字(16位)信息地址为 ×…××× 0;

单字(32位)信息地址为 ×…×× 0 0;

双字(64位)信息地址为 ×…× 0 0 0。

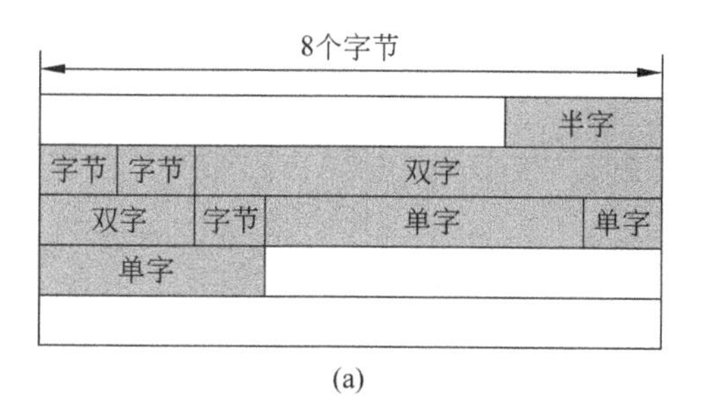

图 2-6 各种宽度信息的存储

信息在主存中按整数边界存储对于保证访问速度是必要的,但它会造成存储空间的某些浪费。早期的小型机、微型机由于运算速度低,主存容量小,不一定非要让信息按主存整数边界存储;而中型、大型巨型机存储容量大,速度要求高,信息都按主存整数边界存储。

2.3 指令系统的设计和优化

一般的指令主要由两部分组成:操作码和地址码。指令格式优化即用最短的位数来表示指令的操作码和地址码,使程序中指令的平均字长最短。

2.3.1 指令操作码的优化

研究操作码的优化表示,是要在足够表达全部指令的前提下,使操作码字段占用的位数最少。操作码优化主要是为了缩短指令字长,减少程序总位数,以节省程序的存储空间。

在操作码优化上,要用到赫夫曼(Huffman)压缩概念。Huffman 压缩的基本思想是,对发生概率最高的事件用最短的位数(时间)来表示(处理),对发生概率较低的事件允许用较长的位数(时间)来表示(处理),就会使表示(处理)的平均位数(时间)缩短。

要对操作码进行优化,就需要知道每种指令在程序中出现的概率(使用频度),每条指令在程序中使用的频度,一般可通过大量的典型程序进行统计求得。

现有一模型机,共有 7 条指令,使用频度如表 2-1 所示。如果采用固定长操作码需要 3 位。而按信息论观点,操作码的信息源熵 $H=-\sum_{i=1}^{n} p_i \log_2 p_i$。

表 2-1　7 条指令的使用频度

指令	使用频度(p_i)	指令	使用频度(p_i)
I_1	0.40	I_5	0.04
I_2	0.30	I_6	0.03
I_3	0.15	I_7	0.03
I_4	0.05		

按表 2-1 的数据,得

$$H=0.40\times 1.32+0.30\times 1.74+0.15\times 2.74+0.05\times 4.32+0.04\times 4.64+0.03\times 5.06+0.03\times 5.06=2.17$$

说明在最理想的情况下,这 7 条指令的操作码平均只需 2.17 位即可。当然这种理想情况并不能实现,因为一条指令的操作码位数不可能有小数。而现在用 3 位定长码表示,信息冗余量相当大。

$$\text{信息冗余}=\frac{\text{实际平均码长}-H}{\text{实际平均码长}}=\frac{3-2.17}{3}\approx 28\%$$

为了减少信息冗余,改用 Huffman 编码。Huffman 编码的原则是:对使用频度较高的指令,分配较短的操作码字段;对使用频度较低的指令,分配较长的操作码字段。Huffman 编码首先要构造 Huffman 树,这种方法又称为最小概率合并法。

构造 Huffman 树的方法是:

(1) 把所有指令按照操作码在程序中出现的概率,自左向右从小到大排列好。

(2) 选取两个概率最小的节点合并成一个概率值是两者之和的新节点,并把这个新节点与其他还没有合并的节点一起形成新节点集合。

(3) 在新节点集合中选取两个概率最小的节点进行合并,如此继续进行下去,直至全部节点合并完毕。

(4) 最后得到的根节点的概率值为 1。

(5) 每个节点都有两个分支,分别用一位代码 0 和 1 表示。

(6) 从根节点开始,沿箭头所指方向,到达属于该指令的概率节点,把沿线所经过的代码组合起来得到这条指令的操作码编码。

7 条指令的 Huffman 树如图 2-7 所示,由于 Huffman 编码要求短码不可能是长码的前缀,所以保证了译码的唯一性和实时性。

Huffman 编码的具体码值不唯一,但平均码长肯定是唯一的,而且是可用二进制位编码平均码长最短的编码。本例中,操作码的平均码长为

$$\sum_{i=1}^{n} p_i l_i=0.40\times 1+0.30\times 2+0.15\times 3+0.05\times 5+0.04\times 5+0.03\times 5+0.03\times 5=2.20$$

操作码的平均码长非常接近于 H。这种编码的信息冗余为

$$\text{信息冗余}=\frac{2.2-2.17}{2.2}\approx 1.36\%$$

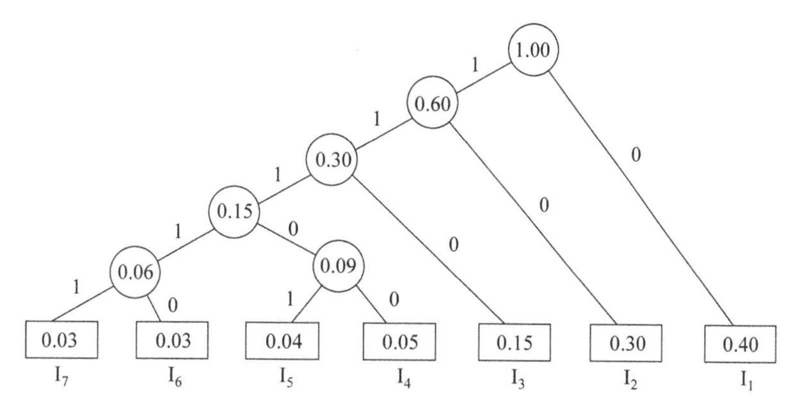

图 2-7　7 条指令的 Huffman 树

比起用 3 位定长码的信息冗余要小得多。

Huffman 编码是最优化的编码，但这种编码存在的主要缺点有：

(1) 操作码长度很不规整，硬件译码困难。

(2) 与地址码共同组成固定长的指令比较困难。

因而，Huffman 编码实际上不太采用，而扩展操作码是一种实际可用的优化编码。

扩展操作码编码法是由固定长操作码与 Huffman 编码法相结合形成的一种编码方式，操作码长度被限定使用有限的几种码长，仍体现高概率指令用短码，低概率指令用长码的 Huffman 压缩思想，使操作码的平均码长虽大于 Huffman 编码，但小于等长编码，是一种实际可用的优化编码方法。

例如：将上例改为 2-4 等长扩展编码。采用 2-4 等长扩展编码法时，

$$\text{操作码平均长度} = \sum_{i=1}^{n} p_i l_i = (0.40 + 0.30 + 0.15) \times 2 + (0.05 + 0.04 + 0.03 + 0.03) \times 4 = 2.30$$

$$\text{信息冗余} = \frac{2.3 - 2.17}{2.3} \approx 5.65\%$$

指令操作码的 Huffman 编码和扩展操作码编码如表 2-2 所列。

表 2-2　指令操作码的 Huffman 编码和扩展操作码编码

指令 I_i	使用频度 P_i	Huffman 编码	OP 长度 l_i	2-4 等长扩展编码	OP 长度 l_i
I_1	0.40	0	1	00	2
I_2	0.30	10	2	01	2
I_3	0.15	110	3	10	2
I_4	0.05	11100	5	1100	4
I_5	0.04	11101	5	1101	4
I_6	0.03	11110	5	1110	4
I_7	0.03	11111	5	1111	4
平均码长		2.20		2.3	

Burroughs 公司的 B-1700 机的扩展操作码是比较成功的范例。机器指令的操作码

字段有4位、6位、10位三种长度，高4位编码的16种组合中的10种用来表示10条使用频度最高的指令，其余5种组合用作扩展标志，用以指明操作码字段为6位长的20条指令（每个标志指明4条指令）；最后一种组合也用作扩展标志，用以指明操作码字段是10位长的64条指令。这种4-6-10的扩展操作码方案使整个指令系统所有指令的操作码字段平均位数很接近于Huffman编码法。图2-8为B-1700机的扩展操作码编码。

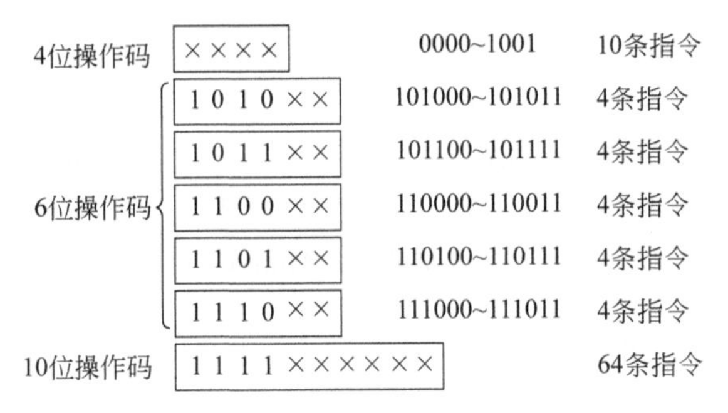

图2-8 B-1700机的扩展操作码编码

扩展操作码可以采用等长扩展也可以采用不等长扩展。早期，为了便于实现分级译码，一般采用等长扩展，即每次扩展的位数相等，如4-8-12等。就是以4-8-12这种等长扩展为例，也会因选择的扩展标志不同而有不同的扩展方法，如15/15/15和8/64/512等，图2-9(a)和图2-9(b)分别为15/15/15和8/64/512这两种编码法的具体码点。

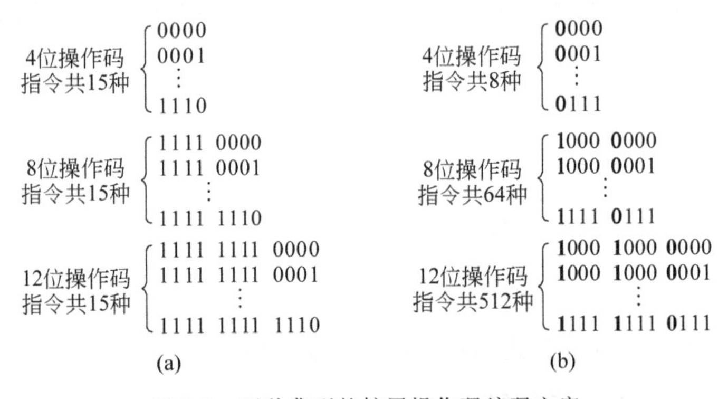

图2-9 两种典型的扩展操作码编码方案

15/15/15法是在4位的16个码点中，用15个表示最常用的15种指令，余下1个表示扩展窗口，扩展到下一个4位，而第二个4位的16个码点也如法炮制。8/64/512法是用头4位的0×××表示最常用的8种指令，接着操作码扩展成2个4位，用1×××0×××的64个码点表示64种指令，再扩展成3个4位，用1×××1×××0×××的512个码点表示512种指令。具体选用哪种编码方法取决于指令使用频度P_i的分布。若P_i值在头15种指令中都比较大，但在后30种指令后急剧减少，则宜选用15/15/15法；若P_i值在头8种指令中较大，之后的64种指令的P_i值也不太低时，宜选用8/64/512法。

扩展操作码也必须遵循短码不能是长码的前缀，扩展操作码的编码不唯一，平均码长也不唯一。问题是一定要找出一种平均码长尽可能短，又能使码长种类数不过多的、便于优化实现的方案。

2.3.2 指令字格式的优化

光有操作码的优化，如果没有在地址码和寻址方式上采取措施，程序总位数还是难以减少的。

为了不降低访存取指令的速度，就要维持指令字按整数边界存储。如果地址码长度不变，那么前述操作码优化后带来的 l_i 缩短，只会使指令字出现空白浪费，发挥不出操作码优化表示的好处，如图 2-10 所示。显然，只有地址也可变长，才能利用这些空白。

定长指令字长度L

l_i	空白浪费	地址码
l_{imin}	空白浪费	地址码
l_{imax}		地址码

图 2-10　等长地址码

指令字能表示的访存操作数地址的寻址范围总希望越大越好，虚拟存储器甚至要求指令中的逻辑地址码长度能超过实际主存的地址长度，以便程序空间可以超过实存空间。但在满足很大寻址范围的前提下，是可以通过各种方法来缩短指令中的地址码的位数的。

如 IBM 370 的指令中，为访存采用基址寻址，地址码可有以下形式：

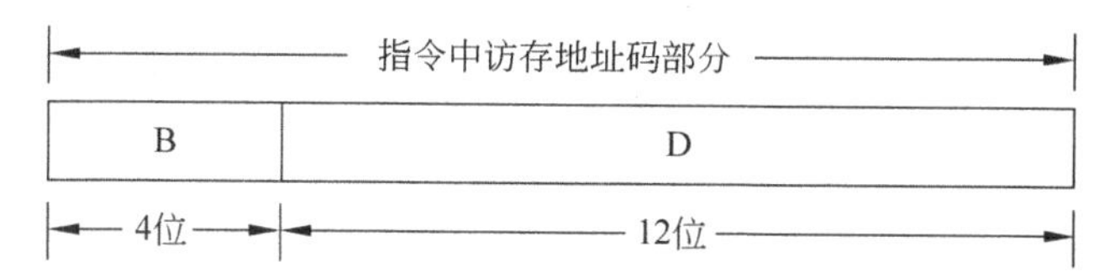

它只需 16 位宽，通过(B)+D 可以形成 24 位宽的访存物理地址，寻址 2^{24} 的存储空间，其中 B 为基址寄存器号，它存放 24 位的基地址。即使在指令中同时采用基址和变址，也只要 20 位地址码，通过(X)+(B)+D 就可形成 24 位主存物理地址。

X	B	D
4位	4位	12位

如果采用相对寻址，指令中访存地址只给出相对位移量即可。相对位移量一般较小，相对地址字段的位数也就短得多。

又如将访存地址空间分为若干个段，这样，访存地址就由段号和段内地址两部分组成：

段号	段内地址

对于转移指令来说，如果是段内转移，只需指明段内地址而不必指明段号；如果是段间转移，往往只是转到该段的起始点，此时只需指明段号而不用指明段内地址。这样，指令地址码的宽度就比整个主存物理地址的宽度窄得多了。

如果操作数存放在寄存器内，或是经寄存器实现寄存器间接寻址，指令地址码只需指明寄存器号就可以了，地址码的宽度可以窄很多。

实际应用中各种指令的操作数个数会有不同，因此可以根据需要采用多种地址制，如零、一、二、三地址指令。而且，同一地址制还可以采用多种地址形式，如寄存器-寄存器、寄存器-主存、主存-主存等。

如果让最常用的操作码最短，其地址码字段个数越多，就越能使指令的功能增强，越可以从宏观上减少所需的指令条数。例如，为实现 A+B→C，采用单地址指令需经取 A、加 B、送 C 三条指令完成，而采用三地址指令则只需一条指令即可完成。这不仅进一步缩短了程序的占用空间，也会因为减少了访存取指令次数而加快程序执行的速度。

在上述措施的基础上，还可考虑使用多种指令字长。这比只有一种长度的定长指令字更能减少信息的冗余量，缩短程序的长度。

2.4 指令系统的发展和改进

2.4.1 CISC 和 RISC

在机器指令系统的设计、发展和改进上有两种截然不同的途径和方向。

一种是进一步增强原有指令的功能以及设置更为复杂的新指令取代原先由软件子程序完成的功能，实现软件功能的硬化。这种计算机为复杂指令系统计算机(Complex Instruction Set Computer，CISC)。

另一种是通过减少指令种类和简化指令功能来降低硬件设计的复杂度，提高指令的执行速度。这种计算机为精简指令系统计算机(Reduced Instruction Set Computer，RISC)。

从 CISC 到 RISC 经历了曲折的发展过程。20 世纪 50 年代，硬件价格高、体积大、可靠性低，计算机的指令系统比较简单。到 20 世纪 70 年代，按 CISC 思路发展指令系统已非常庞大，指令功能相当复杂。如此庞大的指令系统使得计算机的研制周期变得很长，同时也增加了设计失误的可能性，而且由于复杂指令需进行复杂的操作，有时还可能降低系统的执行速度。于是到 20 世纪 70 年代后期，人们开始了对指令系统合理性的研究，精简指令系统计算机随之诞生。

2.4.2 按 CISC 方向发展与改进指令系统

指令数量多、功能强大是 CISC 的特点，对于按 CISC 方向改进指令系统的方法有三种。

1. 面向目标程序的优化实现来改进

对计算机已有机器指令系统进行分析，看哪些功能仍用基本指令串实现，哪些功能改用一条新指令实现。这样既减少目标程序占用的程序空间，减少程序执行的访存次数，缩短指令的执行时间，提高程序的运行速度，又使实现起来更容易。

改进的思路有：

(1) 按统计出的各种指令和指令串的使用频度来分析改进。

对程序中出现的各种指令及指令串进行统计得出的百分比称为静态使用频度，按静态使用频度改进指令系统时着眼于减少目标程序所占用的存储空间。在目标程序执行过程中对出现的各种指令及指令串进行统计得出的百分比称为动态使用频度，按动态使用频度改进指令系统时着眼于减少目标程序的执行时间。

(2) 通过增设强功能复合指令来取代原先由常用宏指令或子程序实现的功能。

复合指令由微程序解释实现，不仅极大地提高了运算速度，减少程序调用的额外开销，也减少了子程序所占的主存空间。

2. 面向高级语言的优化实现来改进

尽可能缩短高级语言和机器语言的语义差距，支持高级语言编译，缩短编译程序的长度和编译所需的时间。

改进的思路有：

(1) 对源程序中各种高级语言语句的使用频度进行统计来分析改进。

(2) 面向编译，优化代码生成来改进。

(3) 改进指令系统，使它与各种语言间的语义差距都有共同的缩小。

(4) 让机器具有分别面向各种高级语言的多种指令系统、多种系统结构，并能动态地切换。

(5) 发展高级语言计算机。

3. 面向操作系统的优化实现来改进

缩短操作系统与计算机系统结构之间的语义差距，以利于进一步减少运行操作系统所需要的辅助操作时间和节省操作系统软件做占用的存储空间。

改进的思路有：

(1) 通过对操作系统中常用的指令和指令串的使用频度进行统计和分析来改进。

(2) 增设专用于操作系统的新指令。

(3) 把操作系统由软件子程序实现的某些功能进行硬化或固化。

(4) 发展让操作系统由专门的处理机来完成的功能分布处理系统结构。

2.4.3 按 RISC 方向发展与改进指令系统

1. 精简指令系统思想的提出

1979 年加州大学 Berkely 分校的 David A. Patterson 等人经研究认为 CISC 存在以下问题：

1）各种指令的使用频度相差悬殊

大量测试表明，最常使用的是一些比较简单的指令，这类指令仅占指令总数的20%，但在各种程序中出现的频度却占80%，其余大多数指令是功能复杂的指令，这类指令占指令总数的80%，但其使用频度很低，仅占20%。也就是说80%的指令只在20%的时间内用到。因此，人们把这种情况称为“20%-80%定律”。以80x86为例，指令系统中前10种指令的使用频度已经达到90%以上，表2-3列出了Intel 80x86最常用10条指令的使用频度。

表2-3 Intel 80x86最常用的10条指令

执行频度排序	80x86指令	指令执行频度(占执行指令总数的百分比)
1	Load	22%
2	条件分支	20%
3	比较	16%
4	Store	12%
5	加	8%
6	与	6%
7	减	5%
8	寄存器-寄存器间数据移动	4%
9	调用子程序	1%
10	返回	1%
合计		95%

2）控制器硬件复杂

占用了大量的芯片面积(达到50%以上)，给VLSI设计造成了很大的困难。

3）CPI值较大，执行速度慢

CISC为简化目标程序，采用复杂指令。复杂指令使指令的执行周期大大加长，一般指令的CPI都在4以上，有些甚至在10以上。

4）不利于采用流水线技术

由于指令功能复杂，规整性不好，不利于采用流水线技术来提高性能。

针对CISC的问题，提出了RISC的设想，通过精简指令系统来使计算机结构简单、合理、有效。1981年Patterson等人研制了32位RISC Ⅰ微处理器，共31种指令，3种数据类型，2种寻址方式(变址和相对寻址)；研制周期10个月，比当时最先进的MC68000和Z8002快3～4倍；1983年又研制了RISC Ⅱ，指令种类扩充到39种，单一的变址寻址方式，通用寄存器138个。RISC指令规整，容易实现，正好适应了VLSI工艺的要求，RISC控制部分占芯片总面积的10%以下，控制逻辑非常简单，并充分利用流水线技术来提高性能。因而，RISC被普遍接受，现在CISC计算机也吸收了RISC思想。

2. 设计 RISC 的基本原则

针对 CISC 结构存在的这些问题，Patterson 等人提出了精简指令系统计算机的设想。通过精简指令来使计算机结构变得简单、合理、有效，并克服 CISC 结构的上述缺点。他们提出了设计 RISC 应当遵循的一般原则，这些原则包括：

(1) 确定指令系统时，只选择使用频度很高的那些指令，在此基础上增加少量能有效支持操作系统和高级语言实现及其他功能的最有用的指令，让指令的条数大大减少，一般不超过 100 条。

(2) 大大减少指令系统可采用的寻址方式的种类，一般不超过两种。指令的格式也限制在两种之内，并让全部指令都具有相同的长度。

(3) 让所有指令都在一个机器周期内完成。

(4) 扩大通用寄存器的个数，一般不少于 32 个寄存器，以尽可能减少访存操作，所有指令中只有存(Store)、取(Load)指令才可访存，其他指令的操作一律只对寄存器操作。

(5) 为提高指令执行速度，大多数指令都采用硬联控制实现，少数指令采用微程序实现。

(6) 通过精简指令和优化设计编译程序，以简单有效的方式来支持高级语言的实现。

3. 减少 CPI 是 RISC 思想的精华

指令系统精简之后，CISC 中的一条指令在 RISC 中要用一串指令才能实现，为什么 RISC 执行程序的速度反而比 CISC 快呢？减少 CPI 是 RISC 思想的精华，程序执行时间的计算公式如下：

$$P = I \times \mathrm{CPI} \times T$$

其中，P 是执行这个程序所用的总时间；I 是这个程序所需执行的总的指令条数；CPI 是每条指令执行的平均周期数；T 是一个周期的时间长度。

表 2-4 为 CISC 与 RISC 的 I、CPI 和 T 的比较。对于同一个源程序，编译后生成的 I 是 RISC 更长一些，约比 CISC 长 30%～40%；RISC 一般采用硬联逻辑实现，速度要比 CISC 快三倍左右，即 T 是 RISC 比 CISC 小。最关键的是 RISC 的 CPI 减小了，RISC 绝大多数指令都是单周期的，只有 Load/Store 指令费时，平均 CPI 略大于 1。

表 2-4 CISC 与 RISC 的 *I*、CPI 和 *T* 的比较

类型	指令条数 I	指令平均周期数 CPI	周期时间 T
CISC	1	2～15	33～5ns
RISC	1.3～1.4	1.1～1.4	10～2ns

RISC 设计思想也可以用于 CISC 中。例如 Intel 公司的 80x86 处理机的 CPI 就在不断缩小，如 8088 的 CPI 大于 20；80286 的 CPI 大约是 5.5；80386 的 CPI 进一步减小到 4 左右；80486 的 CPI 接近 2；Pentium 处理机的 CPI 已经与 RISC 十分接近。目前，超标量、超流水线处理机的 CPI 已经达到 0.5，实际上用 IPC(Instruction Per Cycle)更确切。

1）优点

采用 RISC 结构后可以带来以下明显的好处：

(1) 简化指令系统设计，适合超大规模集成电路实现。

(2) 提高机器的执行速度和效率。

(3) 降低设计成本，提高了系统的可靠性。

(4) 可以提供直接支持高级语言的能力，简化编译程序的设计。

2）缺点

当然，RISC 结构也还存在某些不足和问题，主要有：

(1) 由于指令少，使原在 CISC 上由单一指令完成的某些复杂功能现在需要用多条 RISC 指令才能完成，这实际上加重了汇编语言程序员的负担，增加了机器语言程序的长度，从而占用了较大的存储空间，加大了指令的信息流量。

(2) 对浮点运算和虚拟存储器的支持虽有很大加强，但仍不够理想。

(3) 相对来说，RISC 机器上的编译程序要比 CISC 机器上的难写。

2.4.4 设计 RISC 的关键技术

1. 重叠寄存器窗口技术

大多数 RISC 机器的 CPU 中都设有大量寄存器，让每个过程使用一个有限的寄存器窗口。重叠寄存器窗口技术由美国加州大学伯克利分校的 F. Baskett 提出，它的思想是：设置一个数量比较大的寄存器堆，并把它划分成很多个窗口。在每个过程使用的几个窗口中有一个窗口是与前一个过程共用的，还有一个窗口是与下一个过程共用的。

Sun 公司的 Sparc、SuperSparc、UltraSparc 处理机，把最后一个过程与第一个过程的公用寄存器重叠起来，形成一个循环圈。

以 RISC Ⅱ 为例，如图 2-11 所示。CPU 共有 138 个 32 位的寄存器，编号为 0～137。每个程序和过程可直接访问 32 个寄存器，其中编号为 0～9 的 10 个寄存器被称为全局寄存器，可被各过程直接访问；还有 22 个局部寄存器构成一个寄存器窗口，如图 2-11 中的寄存器 R10～R31 所示。寄存器窗口被分成三部分，R10～R15 的 6 个寄存器作为本程序与被调用的低级程序交换参数用，称为低区；R16～R25 的 10 个寄存器只用于本程序，称为本区；R26～R31 的 6 个寄存器作为本程序与调用本程序的高一级程序交换参数用，称为高区。整个系统共有 8 个窗口，采用相邻过程的低区和高区共有一组物理寄存器的重叠技术，可以实现这两个过程直接交换参数，显著减少过程调用和返回的执行时间、执行的指令条数即访存次数。

2. 延迟转移技术

RISC 每条都在一个机器周期内完成，这就要求本条指令的执行和下条指令的预取在时间上重叠，也就是要采用流水线结构，流水线的级数因机器而异。然而，在执行一条无条件转移指令或一条条件转移指令且转移成功时，预取的下一条指令应该作废，流水线

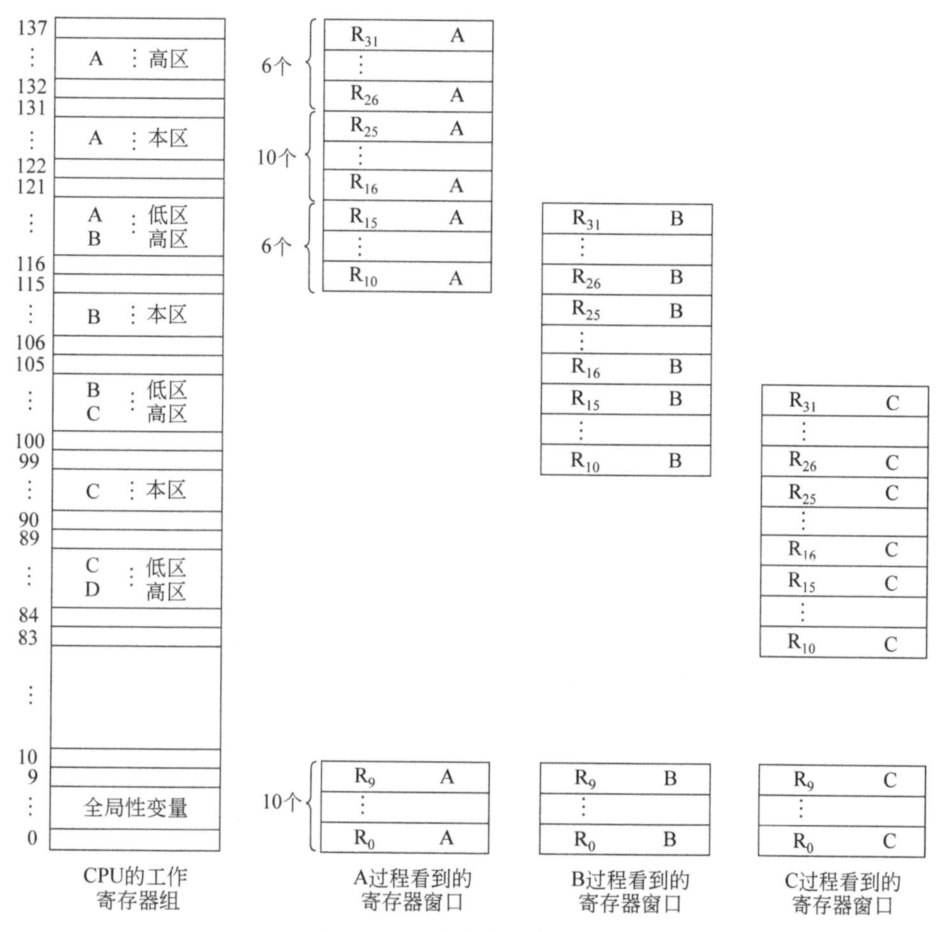

图 2-11 重叠寄存器窗口技术

出现断流。

下面先看一个无条件转移的例子。程序如图 2-12(a)所示，当执行 JMP NEXT2 指令时，由于转移的目的地址要在指令执行完成后才能产生，这时下一条指令已经取出来了，必须把已经取出来的指令 3 作废，并按照转移地址重新取出正确的指令，如图 2-12(b)所示。

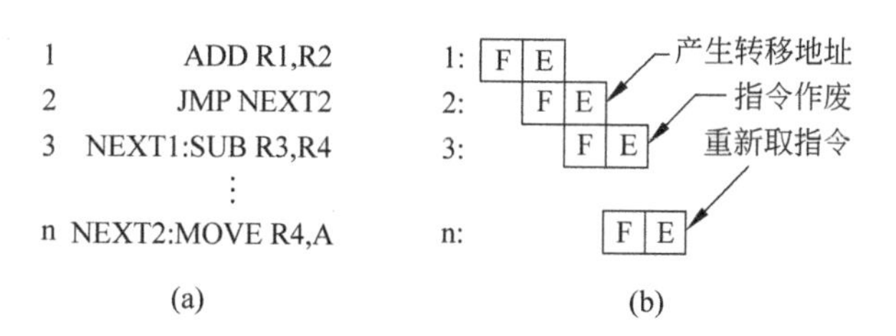

图 2-12 因转移指令引起的流水线断流

为避免流水线断流，可以在无条件转移指令后面加入一条空操作指令(NOP)，但这样会浪费一个周期。如果把 JMP NEXT2 指令提前执行，如图 2-13(a)所示，即把第一和

第二条指令交换位置，程序在流水线中的执行情况如图 2-13(b)所示。这时，流水线不会出现断流。

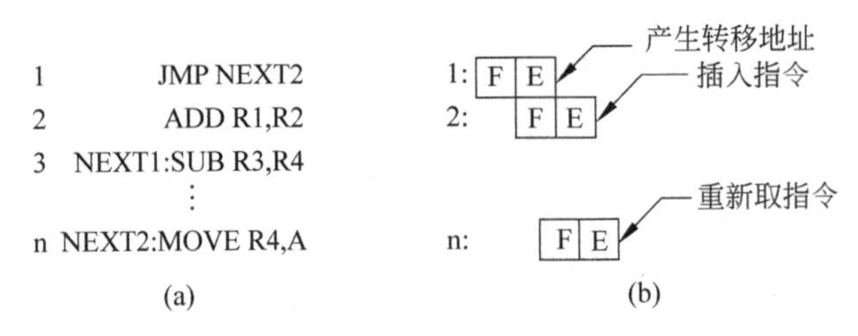

图 2-13 采用延时转移技术的指令流水线

这种将为了避免流水线断流在转移指令之后插入一条不相关的有效的指令，而转移指令好像被延迟执行了的技术称为延迟转移技术。

对于条件转移指令，同样可以采用延迟转移技术。

例如，有下面一段程序：

```
1:          move r1, r2
2:          cmp r3, r4            ;(r3)与(r4)比较
3:          beq next              ;如果(r3)=(r4)则转移到 next
4:          add r4, r5
                 …
n:  next:   move r4, a
```

重新调整其指令序列，将原来的第一条指令插入条件转移指令之后，得到一个新的程序：

```
1:          cmp r3, r4            ;(r3)与(r4)比较
2:          beq next              ;如果(r3)=(r4)则转移到 next
3:          move r1, r2
4:          add r4, r5
                 …
n:  next:   move r4, a
```

以上程序在执行时就不会发生流水线断流的情况。

采用指令延迟转移技术时，指令序列的调整由编译器自动进行，一般不需要人工干预。但是，调整之后的程序将很难看懂，容易引起误解，不过仅存在在目标程序一级调试程序的情况下。

再看一个例子，设 X、Y 为主存单元，R_d，R_0，R_b，R_c为寄存器单元，且 R_0 的内容为 0。有一个程序：

指令地址	指 令	功 能
210	取 X,R_d	(X)→R_d
211	加 R_d,#1,R_d	(R_d)+1→R_d
212	条转〈条件〉,215	条件满足转 215,否则执行 213
213	加 R_d,R_0,R_b	(R_d)→R_b

```
214        减 Rb,Rc,Rb        (Rb)-(Rc)→Rb
215        存 Rd,Y            (Rd)→Y
216        …
```

当执行到地址为212的条件转移指令时，如果转移成功，则预取的213指令就应作废，即不应将R_d的内容转送到R_b，这种情况称为流水线断流。为了保证程序的正确性，就应在212后面插入一条"加R_0，R_0，R_0"指令，相当于插入一条空操作指令（该指令执行后R_0的内容仍为0），如下列左边的程序所示。因此，不管212是否成功转移，都不会影响到其他运算的中间结果或最后结果，但这样，不管条件转移是否发生总要多花一个周期。

```
210  取 X,Rd                 210  取 X,Rd
211  加 Rd,#1,Rd             211  条转〈条件〉,215
212  条转〈条件〉,216         212  加 Rd,#1,Rd
213  加 R0,R0,R0             213  加 Rd,R0,Rb
214  加 Rd,R0,Rb             214  减 Rd,Rc,Rb
215  减 Rb,Rc,Rb             215  存 Rd,Y
216  存 Rd,Y                 216  …
```

为了使指令流水线不断流还有一种方法就是将转移指令之前的一条不相关的指令调整到转移指令之后，如上例右边的程序，将原来处于211位置的指令调整到转移指令之后去。

归纳起来采用延迟转移技术有两个限制条件：

① 被移动指令在移动过程中与所经过的指令之间不能有数据相关。

② 被移动指令不破坏条件码，至少不影响后面的指令使用条件码。

如果找不到符合条件的指令，必须在条件转移指令后面插入空操作；如果指令的执行过程分为多个流水段，则要插入多条指令。

3. 指令取消技术

采用指令延时技术，在许多情况下找不到可以用来调整的指令，故有些RISC采用指令取消技术，分为三种情况：

1）向后转移

实现方法：循环体的第一条指令经调整后安排在两个位置，第一个位置是在循环体的前面，第二个位置安排在循环体的后面。如果转移成功，则执行循环体后面的指令，然后返回到循环体开始；否则，则取消循环体后面的指令，继续执行后面的指令。

例如：

```
         调整前                          调整后
loop:    X X X                           X X X
         Y Y Y                   loop:   Y Y Y
         …                               …
         Z Z Z                           Z Z Z
         cmp r1, r2, loop                cmp r1, r2, loop
         W W W                           X X X
                                         W W W
```

效果：能够使指令流水线在绝大多数情况下不断流，由于绝大多数情况下，转移是成功的。

2）向前转移

实现方法：如果转移不成功执行下条指令，否则取消下条指令。

例如：

```
    R R R                    ;if 部分的程序代码
    …
    S S S                    ;if 部分的程序代码
    cmp r1, r2, thru         ;若转移，则取消 TTT
    T T T                    ;then 部分的程序代码
    …
    U U U                    ;then 部分的程序代码
thru: V V V
```

效果：成功与不成功的概率通常各为50%。

3）隐含转移技术

应用场合：用于 if..then..结构，且 then 部分只有一条指令。

实现方法：把 if 的条件取反，如果取反后的条件成立则取消下条指令，否则执行下条指令。

例如：

```
if (a<b) then b=b+1
  cmp >=, ra, rb             ;若(ra)>=(rb)则取消下条指令
  inc rb
```

4. 指令流调整技术

目标：通过变量重新命名消除数据相关，提高流水线执行效率。

例如：

```
调整前               调整后
add r1, r2, r3       add r1, r2, r3
add r3, r4, r5       mul r6, r7, r0
mul r6, r7, r3       add r3, r4, r5
mul r3, r8, r9       mul r0, r8, r9
```

调整后的指令序列比原指令序列的执行速度快一倍。

5. 采用认真设计和优化编译系统设计的技术

设 A、A+1，B，B+1 为主存单元，则程序

取 A, R_a ;(A)→R_a

```
存 Ra, B          ;(Ra)→B
取 A+1, Ra        ;(A+1)→Ra
存 Ra, B+1        ;(Ra)→B+1
```

实现的是将 A 和 A+1 两个主存单元的内容转存到 B 和 B+1 两个主存单元。由于取和存两条指令交替进行，又使用同一个寄存器 R_a，出现寄存器 R_a 必须先取得 A 的内容，然后才能由 R_a 存入 B，即上条指令未结束之前，下条指令无法开始。后面的指令也是如此。因此，指令之间实际上不能流水，每条指令均需两个机器周期。如果通过编译调整其指令的顺序为

```
取 A, Ra          ;(A)→Ra
取 A+1, Rb        ;(A+1)→Rb
存 Ra, B          ;(Ra)→B
存 Rb, B+1        ;(Rb)→B+1
```

2.5 典型的 RISC 处理器

后 PC 时代，Pervasive Computing 的中文意译，直接翻译是渗透到各个方面的计算，即普适计算。后 PC 时代是指计算机无处不在，它渗透到人们生活和工作的方方面面。智能手机是人们未来的电脑，智能手机、平板电脑等各种智能终端层出不穷。智能手机属于嵌入式系统，95%以上的智能手机使用 ARM 嵌入式处理器。嵌入式系统一般定义为以应用为中心、以计算机技术为基础、软件硬件可裁减，从而能够适应实际应用中对功能、可靠性、成本、体积、功耗等严格要求的专用计算机系统。

2.5.1 ARM 嵌入式处理器

ARM 处理器是典型 RISC 处理器。ARM(Advanced RISC Machines)公司是全球领先的 16/32 位 RISC 微处理器知识产权设计供应商。ARM 公司通过转让它的高性能、低成本、功耗低的 RISC 微处理器、外围和系统芯片设计技术给合作伙伴来生产各具特色的芯片。ARM 公司已成为移动通信、手持设备、多媒体数字消费嵌入式解决方案的 RISC 标准。

ARM 公司位于英国，1990 年成立 Advanced RISC Machines Limited(后来简称为 ARM Limited)。20 世纪 90 年代，由于手机的火爆，ARM 扩展到世界范围，占据了高性能、低功耗、低成本的嵌入式应用领域的领先地位。ARM 是知识产权(Intellectual Property, IP)公司，既没有芯片(Chipless)也没有工厂(Fabless)。ARM 处理器有三大特点：

(1) 体积小、功耗低、成本低而高性能；

(2) 16/32 位双指令集；

(3) 全球众多的合作伙伴。

ARM 有 6 个产品系列：ARM7、ARM9、ARM10、ARM11、Cortex 和 SecurCore。

ARM7、ARM9、ARM10、ARM11 和 Cortex 是 5 个通用处理器系列。每个系列提供一套特定的性能来满足设计者对功耗、性能和体积的需求。其中 ARM7 是低功耗的 32 位核，最适合应用于对价位和功耗敏感的产品。SecurCore 是专门为安全设备而设计的。ARM 处理器性能高达 1200 MIPS，功耗测量以 μW/MHz 为单位，并且所有处理器体系结构兼容。

Cortex 处理器采用 ARMv7 体系结构。在命名方式上，基于 ARMv7 体系结构的 ARM 处理器已经不再延用 ARM 加数字编号的命名方式，而是以 Cortex 命名。基于 v7A 的称为"Cortex-A 系列"，基于 v7R 的称为"Cortex-R 系列"，基于 v7M 的称为"Cortex-M"。Cortex-A 系列是针对日益增长的，运行包括 Linux、Windows CE 和 Symbian 操作系统在内的消费娱乐和无线产品；Cortex-R 系列是针对需要运行实时操作系统来进行控制应用的系统，包括汽车电子、网络和影像系统；Cortex-M 系列则是为那些对开发费用非常敏感同时对性能要求不断增加的微控制器应用所设计的。

ARM9 以上是高端产品，智能手机中使用 ARM 处理器，要求功耗低，使用电池供电。

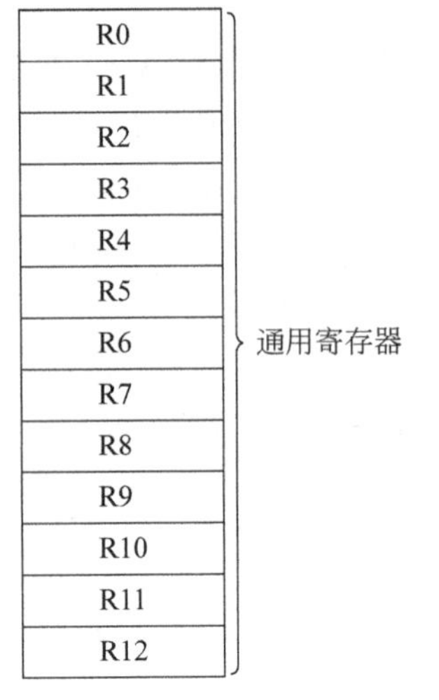

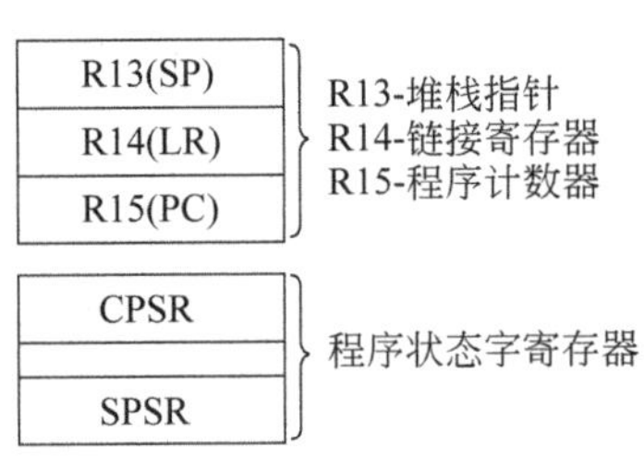

图 2-14 ARM 寄存器组织

ARM 寄存器组织如图 2-14 所示。ARM 有 16 个通用寄存器，有一些有特殊用途，R15 用作程序计数器(Program Counter，PC)，R14 用作链接寄存器(Linker Register，LR)，R13 用作堆栈指针(Stack Pointer，SP)。ARM 还有两个状态寄存器，当前程序状态寄存器(Current Program Status Register，CPSR)和保存程序状态寄存器(Saved Program Status Register，SPSR)。

ARM 汇编句法如下：

(1) 数据处理指令。

```
<operation><condition>  Rd, Rm, <op2>
ADDEQ  R4, R5, R6
SUB    R5, R7, #4
MOV    R4, #7
```

(2) 加载/存储指令。

```
<operation><size>Rd, [<address>]
LDR    R0, [R6, #4]
STRB   R4, [R7], #8

<operation><address mode><Rn>!, <registers list>
LDMIA  R0, {R1, R2, R7}
```

```
STMFD  sp!, {R4-R11, lr}
```

(3) 分支指令。

```
<branch><label>
BL      foo
B       bar
```

ARM公司针对手机移动游戏市场推出ARMv8体系结构(又称架构)的64位微处理器,支持Android Lollipop。ARMv8-A 64位架构如图2-15所示。

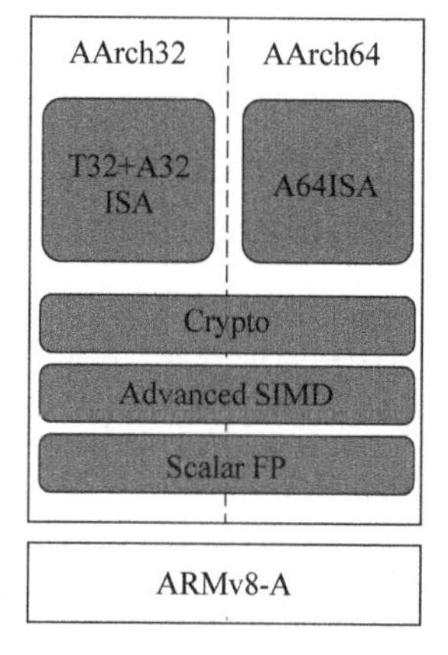

图2-15 ARMv8-A 64位架构

ARMv8-A 64位架构处理机有两种执行模式:AArch32和AArch64。AArch32与ARMv7A完全兼容,支持Thumb2和ARM指令集。AArch32与64位AArch64一起(side-by-side)实现原生的(native)32位AArch32执行,由于没用仿真因而32位代码能全速运行,与运行在AArch64执行状态的应用可完全共存。AArch64采用新的更现代化的A64指令集架构ISA(Instruction Set Architecture),AArch32 ISA的简洁(Clean Up)意味着它容易编译成目标程序,容易让硬件人员完成设计并在硅片上实现。通用寄存器的数目和长度加倍。在AArch32和AArch64之上增加用于A32和A64的新指令,使密码算法(cryptography)加速16倍,提供了更好的NEON性能。它与AArch32兼容、全性能地与AArch64一起的支持应用运行。

为何移动应用需要64位处理能力?确切的回答是它因体系结构和ISA带来的不同。简洁的(Cleaner)指令集使得编译器更聪明,微架构实现更有效且具更高性能。在ARMv8-A中通过缺省配置就可得到硬件浮点(Hard-float)ABI,由于有硬件浮点器就不需要再带上浮点操作的软件仿真。它具有更多的寄存器,更少的堆栈溢出(spillage)。更多的寄存器即可使用高达31个通用寄存器,这意味着像循环展开就有更多优化机会而对主存来说有更少堆栈溢出,无附加开销。过程调用标准允许通过寄存器传递8个64位浮点数,这是以前设计的两倍,意味着许多函数调用与使用存储器的参数传递相比更便宜。它可获得16倍的加密(crypto)性能,不需要把每个都替换成硬件加速器,但突发的加密还需要多余的外部器件。另外,64位处理器的使用可准备采用更大规模的存储器件。

Android Lollipop中已支持64位处理器。32位和64位的应用可在同一创建(build)中存在,ART runtime ARMv8-A架构能给移动和64位带来变化。Android Lollipop提供的多架构支持可使能32/64位应用,采纳ARMv8-A架构的优势是可获得更高的性能。

2.5.2 MIPS嵌入式处理器

MIPS(Microprocessor without Interlocked Pipeline Stages)技术公司是一家设计制

造高性能、高档次及嵌入式32位和64位处理器的厂商。MIPS是世界上很流行的一种RISC处理器，其机制是尽量利用软件办法避免流水线中的数据相关问题。

MIPS公司最早是在20世纪80年代初期由斯坦福(Stanford)大学Hennessy教授领导的研究小组研制出来的。MIPS公司的R系列就是在此基础上开发的RISC工业产品的微处理器。这些系列产品为很多计算机公司采用构成各种工作站和计算机系统。MIPS是出现最早的商业RISC架构芯片之一，新的架构集成了所有原来的MIPS指令集，并增加了许多更强大的功能。随后，MIPS公司的战略发生变化，把重点放在嵌入式系统。1999年，MIPS公司发布MIPS32和MIPS64架构标准，为未来MIPS处理器的开发奠定了基础。新的架构集成了所有原来的MIPS指令集，并且增加了许多更强大的功能。MIPS公司陆续开发了高性能、低功耗的32位处理器内核(core)MIPS32 4Kc与高性能64位处理器内核MIPS64 5Kc。2000年，MIPS公司发布了针对MIPS32 4Kc的版本以及64位MIPS64 20Kc处理器内核。

MIPS处理器是20世纪80年代中期RISC CPU设计的一大热点。MIPS是卖得最好的RISC CPU，可以用在许多产品中，如Sony，Nintendo的游戏机，Cisco的路由器和SGI超级计算机。

中国科学院计算所研制的龙芯CPU与MIPS软件兼容。中国龙芯2和前代产品采用的都是64位MIPS指令架构，它与大家平常所知道的x86指令架构互不兼容，MIPS指令架构由MIPS公司所创，属于RISC体系。

国外计算机体系结构教材*Computer Architecture：A Quantitative Approach*，由Standford大学的John L. Hennessy和加州大学Berkely分校的David A. Patterson编写，以MIPS指令集作为教学实例。

2.6 Intel嵌入式处理器

Intel公司现在主推嵌入式架构(Embedded Intel Architecture，EIA)，英特尔公司非常明确的是除PC、笔记本和服务器外的都是嵌入式系统。现在英特尔有两个很重要的方向是低功耗和高集成度SoC的设计。英特尔力推嵌入式Linux开发，推出Atom处理器(凌动)和Quark(夸克)处理器。

2.6.1 Atom处理器

新一代移动网络设备平台(Mobile Internet Device，MID)，是近来非常热门的移动产品，轻巧便携，方便日常办公。随着体积的减小，产品的散热是需要考虑的问题。英特尔在2008年3月初发布了新的低功耗处理器系列，命名为Atom(凌动)。

英特尔Atom处理器采用45nm工艺制造，是体积小和功耗低的处理器。Atom基于新的微处理架构，专门为小型设备设计，旨在降低产品功耗，同时也保持了同酷睿2双核指令集的兼容，产品还支持多线程处理。而所有这些只是集成在了面积不足25mm²的芯片上，集成4700万个晶体管。而11个这样大小的芯片面积才等于一美分硬币的面积。

Intel Atom 使用16级指令流水线为了达到低功耗并且延长电池的寿命。产品的设计功耗为0.6～2.5W，但是处理器的频率却能达到1.8GHz。

凌动处理器E3800产品系列是首款针对智能系统设计的片上系统(System on Chip，SoC)，计算、图形和媒体性能优异，可在较宽的温度范围内工作。产品的主要特点包括高I/O连接性、集成内存控制器、虚拟化、奇偶校验(ECC)和内置安全功能，散热设计功耗(TDP)为5～10W。本系列非常适合用于高效的成像工作流、可安全传送内容的数字标牌、视觉互动客户端(互动信息站、智能售货机、ATM和POS终端)、便携式医疗器械、工业控制系统以及车载信息娱乐(IVI)系统。

该系列片上系统基于Silvermont微架构，与上一代英特尔凌动处理器微架构相比，许多功能得到了改进。这种新的微架构采用业界领先的英特尔22nm工艺，融入3D三栅极晶体管技术，大大提高了计算性能和能效；采用新的乱序执行引擎，提供卓越的计算性能和电源管理能力，同时增强安全性。英特尔虚拟化技术允许操作系统更直接地访问硬件，增强了虚拟化性能。

视觉处理能力较上一代英特尔凌动处理器大大增强，更快的媒体转换、立体3D、沉浸式网页浏览、增强的HD视频转码(整合第7代图形引擎)以及高效的图像处理。

出色的I/O接口集成：支持带图像处理功能的显示接口、带图像处理功能的摄像头接口、带数字信号处理功能的声卡、多种存储类型以及传统的嵌入式I/O。可借助PCIExpress 2.0、高速USB 2.0和USB 3.0连接提供接口扩展能力。

安全增强和内容保护：硬件辅助功能，包括英特尔AES新指令3(英特尔AES-NI)和安全启动。

集成的64位内存控制器：一条或两条高达8GB的DDR3L系统内存通道，可选ECC内存。

支持嵌入式生态系统：从模块化组件到能够直接上市的系统，英特尔和全球250多家英特尔智能系统联盟(intel.com/go/intelligentsystems-alliance)成员可为开发人员提供创建智能连接系统所需的性能、连接性、可管理性和安全性。

2.6.2 Quark处理器

目前移动终端市场基本被ARM处理器占领，英特尔公司意识到了这个问题。英特尔在IDF 2013大会上推出全新Quark(夸克)处理器。与英特尔现有的凌动处理器相比，Quark的体积为其五分之一，功耗仅为其十分之一。英特尔将利用这款小体积、低功耗的Quark处理器进军物联网和可穿戴产品市场。

“夸克”源自1997年的第一代奔腾(P54C)，还是32位的，只不过采用了32nm工艺制造，体积得以缩小到这种程度。当然，夸克并不是奔腾完全照搬而来的。它借鉴了原来的架构核心设计，对非核心扩展部分进行适当的更新拓展(可能增加了一些新的IP)。

1. Intel Quark SoC X1000

Intel Quark SoC X1000是创新路线图的第一个产品，此小核产品目标在于快速增长的物联网到可穿戴设备。这款处理器具有安全启动、延长的生命期支持、温度范围广和ECC的特点，提供诸如交通、能源、商业和工业控制嵌入式市场的出色解决方案。这款处理器与以前的32位Intel体系结构兼容。

这款与Pentium ISA兼容的单核、单线程SoC，通过PCI Express和USB 2.0高带宽接口提供丰富的I/O能力和灵活性。它提供广泛的连接选择，两个片上以太网接口和连到手机、蓝牙、ZigBee其他的连接选项。这款SoC使用SD/SDIO/eMMC卡接口、SPI、UART和GPIO口，无缝连接到传感器和各种存储器上。

2. IoT软件协议栈

Intel Quark SoC X1000提供互操作安全性、可管理型和连通性，使得性能和特性真正可裁减。它由风河(Wind River)公司的智能设备平台(Intelligent Device Platform，IDP)支持，该平台是在可裁减的Intel体系结构处理器解决方案上绑定具有连通性、安全性和可管理性的操作系统和中间件软件协议栈。软件协议栈亮点如下：

(1) 在可裁减的Intel体系结构处理器解决方案上提供互操作连通性、安全性和可管理性。

(2) 套装软件能够进行快速应用和服务开发。

(3) 生效和测试确保无缝的互操作能力。

(4) 与其他Intel处理器，如Atom处理器和Intel核处理器上的IoT协议栈兼容且可互操作。

习 题 2

2-1 数据结构和机器的数据表示之间是什么关系？确定和引入数据表示的基本原则是什么？

2-2 带标志符数据表示与描述符数据表示有何区别？描述符数据表示与向量数据表示对向量数据结构所提供的支持有什么不同？

2-3 指令中常用下列寻址方式来得到操作数：立即操作数、间接寻址、直接寻址、寄存器寻址、相对寻址。请分别说明这些寻址方式的原理，并对它们在以下4个方面进行比较：可表示操作数的范围大小；除取指外，为获得操作数所需访问主存的最少次数；为指明该操作数所占用指令中信息位数的多少；寻址复杂程度。

2-4 经统计，某机14条指令的使用频度分别为0.01，0.15，0.12，0.03，0.02，0.04，0.02，0.04，0.01，0.13，0.15，0.14，0.11，0.03。分别求出用等长码、Huffman码、只有两种码长的扩展操作码三种编码方式的操作码平均码长。

2-5 一个处理机共有10条指令，各指令在程序中出现的概率如下表所列：

指令序号	出现的概率	Huffman编码	2/8扩展编码法	3/7扩展编码法
I_1	0.25			
I_2	0.20			

续表

指令序号	出现的概率	Huffman 编码	2/8 扩展编码法	3/7 扩展编码法
I_3	0.15			
I_4	0.10			
I_5	0.08			
I_6	0.08			
I_7	0.05			
I_8	0.04			
I_9	0.03			
I_{10}	0.02			
操作码的平均长度				
操作码的信息冗余量				

(1) 计算这 10 条操作码的最短平均长度。

(2) 采用 Huffman 编码法编写这 10 条指令的操作码,并计算操作码的平均长度和信息冗余量。

(3) 采用 2/8 扩展编码法编写这 10 条指令的操作码,并计算操作码的平均长度和信息冗余量。

(4) 采用 3/7 扩展编码法编写这 10 条指令的操作码,并计算操作码的平均长度和信息冗余量,把得到的操作码编码和计算的结果填入上表中。

2-6 设某机要求有:三地址指令 4 条,单地址指令 255 条,零地址指令 16 条。设指令字长为 12 位,每个地址码长为 3 位。问能否以扩展操作码为其编码?如果其中单地址指令为 254 条呢?说明其理由。

2-7 某机指令字长 16 位,共有单地址指令和双地址指令两类,若每个地址字段均为 5 位,且双地址指令已用了 X 条,问单地址指令最多可以有多少条?

2-8 某模型机 9 条指令使用频度为

ADD(加)	30%	SUB(减)	24%	JOM(按负转移)	6%
STO(存)	7%	JMP(转移)	7%	SHR(右移)	2%
CIL(循环左移)	3%	CLA(清加)	20%	STP(停机)	1%

要求有两种指令字长,都按双操作数指令格式编排,采用扩展操作码,并限制只能有两种操作码码长。设该机有若干通用寄存器,主存为 16 位宽,按字节编址,采用按整数边界存储,任何指令都在一个主存周期中取得,短指令为寄存器-寄存器型,长指令为寄存器-主存型,主存地址应能变址寻址。

(1) 仅根据使用频度,不考虑其他要求,设计出全 Huffman 操作码,计算其操作码的平均码长。

(2) 考虑题目全部要求,设计优化实用的操作码形式,并计算其操作码的平均码长。

(3) 该机允许使用多少可编址的通用寄存器?

(4) 画出该机两种指令字格式,标出各字段的位数。

(5) 指出访存操作数地址寻址的最大相对位移量为多少字节。

2-9 某模型机有8条指令,使用频率分别为

0.3,0.3,0.2,0.1,0.05,0.02,0.02,0.01

试分别用Huffman编码和扩展操作码编码法对其操作码进行编码,限定扩展编码只能有两种长度。则它们的平均编码长度各比定长操作码的平均编码长度减少多少?

2-10 采用Huffman或扩展操作码编码时,要求短码与长码要符合什么样的原则,才能使解(译)码唯一?

2-11 文电由A~J及空格字符组成,其字符出现的频度依次为0.17,0.05,0.20,0.06,0.08,0.03,0.01,0.08,0.13,0.08,0.11。

(1) 各字符用等长二进制编码,传送10^3个字符时,共需传送多少个二进制码位?

(2) 构造Huffman树,写出各字符的二进制码位数。

(3) 按Huffman编码,计算字符的二进位平均码长。

(4) 用Huffman码传送10^3个字节,比定长码传送,可减少传送的二进制码位数是多少?

第3章　输入/输出系统

本章主要讨论输入/输出系统的基本概念、磁盘阵列的分级、总线的定时控制和总线仲裁以及I/O系统中的通道处理机的输入/输出过程、通道类型和流量设计。

3.0　学习指南

1. 知识点和学习要求

• 输入/输出系统的基本概念。

了解I/O系统的三种工作方式和I/O处理机的两种形式。

• 磁盘阵列。

了解磁盘阵列的基本概念。

领会磁盘阵列的分级以及各个级别的特点。

• 总线设计。

领会总线的特点。

领会数据宽度和数据通路宽度概念的区别，了解5种数据宽度的适用场合。

领会同步和异步通信方式的通信过程、优缺点及适用场合。

了解总线的仲裁方式，领会三种集中总线控制方式的总线分配过程、优缺点及辅助控制总线线数。

• 通道处理机。

了解通道方式的输入、输出全过程。

掌握通道的三种类型的特点、所采用的数据宽度及适用场合。

掌握通道和I/O系统的流量设计与分析。

掌握字节多路通道流量的计算，通道工作周期的设计，能画出通道响应和处理各台外设请求时刻的时空图。

2. 重点与难点

本章的重点是：磁盘阵列分级；总线的特点和数据宽度；通道方式工作过程及通道类型；通道流量的分析和设计。

本章的难点是：三种集中总线控制方式的特点；通道的流量设计；画字节多路通道响应和处理各外设请求的时空图。

3.1　输入/输出系统概述

在计算机系统中，通常把处理机与主存储器之外的部分统称为输入/输出系统，它包括输入/输出设备、输入/输出接口和输入/输出软件等。

输入/输出系统是计算机系统中最具多样性和复杂性的部分。它的多样性表现在广泛涉及机、光、电、磁、声、自动控制等多种学科，仅从计算机学科来看，输入/输出系统最典型地反映着硬件与软件的结合。而输入/输出系统的复杂性隐藏在操作系统之中，一般用户只需通过简单的命令或程序调用就能使用各种输入/输出设备，无需了解输入/输出设备的具体工作细节。

输入/输出系统的特点集中反映在异步性、实时性和与设备无关性这三项基本要求上，它们对输入/输出系统的组织产生决定性的影响。

1) 异步性

输入/输出设备的工作在很大程度上独立于处理机之外，通常不使用统一的中央时钟，各个设备按照自己的时钟工作，但又要在某些时刻接受处理机的控制。

2) 实时性

对于一般外部设备，处理机必须按照不同设备所要求的传送方式和传输速率不失时机地为设备提供服务，包括从设备接收数据，向设备发送数据及对设备的控制等。如果错过了服务的时机，就可能丢失数据或造成外设工作的错误。

用于实时控制的计算机系统对时间性的要求更强，如果处理机提供的服务不及时，很可能造成巨大的损失，甚至造成人身伤害。

对于计算机系统本身的硬件或软件错误，如电源故障、数据校验错、页面失效、非法指令、地址越界等，CPU 也必须及时处理。

3) 与设备无关性

计算机系统为了能够适应各种外设的不同要求，规定了一些独立于具体设备的标准接口。例如，串行接口、并行接口、SCSI、USB 接口等。各种外设必须根据自己的特点和要求，选择其中的一种标准接口与计算机连接。凡是连接到同一种标准接口上的不同类型的设备，它们之间的差异必须由设备本身的控制器通过硬件和软件来进行填补。这样，处理机本身就无需了解各种外设特定的具体工作细节，可以采用统一的硬件和软件对品种繁多的设备进行管理。

3.2 磁盘阵列

磁盘阵列(RAID)具有容量大、速度快、可靠性高、造价低廉的特点，它是目前解决计算机 I/O 瓶颈的有效方法之一，有着广阔的发展前景。

3.2.1 RAID 简介

RAID 是由美国加州大学伯克利分校的 D. A. Patterson 教授在 1988 年提出的。RAID 是 Redundent Array of Inexpensive Disks 的缩写，直译为“廉价冗余磁盘阵列”，也简称为“磁盘阵列”。后来 RAID 中的字母 I 被改为 Independent，RAID 就成了“独立冗余磁盘阵列”，但这只是名称的变化，实质性的内容并没有改变。可以把 RAID 理解成一种使用磁盘驱动器的方法，它将一组磁盘驱动器用某种逻辑方式联系起来，作为逻辑上的一个磁盘驱动器来使用。一般情况下，组成的逻辑磁盘驱动器的容量要小于各个磁盘驱动器容量的总和。

RAID 的优点如下：

① 成本低，功耗小，传输速率高。在 RAID 中，可以让很多磁盘驱动器同时传输数据，而这些磁盘驱动器在逻辑上又是一个磁盘驱动器，所以使用 RAID 可以达到单个磁盘驱动器几倍、几十倍甚至上百倍的速率。

② 提供容错功能。这是使用 RAID 的第二个原因，因为如果不考虑磁盘上的循环冗余校验(CRC)码的话，普通磁盘驱动器无法提供容错功能。RAID 的容错是建立在每个磁盘驱动器的硬件容错功能之上的，所以它提供更高的安全性。

③ RAID 比起传统的大直径磁盘驱动器来，在同样的容量下，价格要低许多。

3.2.2 RAID 的分级

RAID 可以分为 7 个级别，即 RAID0～RAID6，如表 3-1 所示。在 RAID1～RAID6 的几种方案中，不论何时有磁盘损坏，都可以随时拔出损坏的磁盘再插入好的磁盘(需要在硬件上支持热插拔)，数据不会受损，失效盘的内容可以很快地重建，重建的工作由 RAID 硬件或 RAID 软件来完成。但 RAID0 不提供错误校验功能，所以有人说它不能算作 RAID，其实这也是 RAID0 为什么被称为 0 级 RAID 的原因——0 本身就代表“没有”。

表 3-1　RAID 的分级

RAID 级别	名称	数据磁盘数	可正常工作的最多失效磁盘数	检测磁盘数
RAID0	无冗余无校验的磁盘阵列	8	0	0
RAID1	镜像磁盘阵列	8	1	8
RAID2	纠错海明码磁盘阵列	8	1	4
RAID3	位交叉奇偶校验的磁盘阵列	8	1	1
RAID4	块交叉奇偶校验的磁盘阵列	8	1	1
RAID5	无独立校验盘的奇偶校验磁盘阵列	8	1	1
RAID6	双维无独立校验盘的奇偶校验磁盘阵列	8	2	2

RAID0～RAID6 的组织方式，如图 3-1 所示。图中备份盘和校验盘用灰底色表示。

RAID0 为无冗余无检验的磁盘阵列，见图 3-1(a)，数据以条带(strip)的形式存放在磁盘表面上。当从磁盘阵列中按顺序读取这些数据时，所有的磁盘都可以并行工作，各自读出相应的部分。由于 RAID0 不提供数据冗余，只要有一个磁盘出现故障，整个系统将无法正常工作。

RAID1 称为镜像磁盘阵列，如图 3-1(b)所示。RAID1 在每次写入数据时，都会将数据复制到其镜像盘上；当从该磁盘阵列中读取数据时，数据盘和镜像盘可独立同时工作，最后由最先读出数据的磁盘提供数据。如果某个磁盘出现故障，就由其镜像盘提供数据，

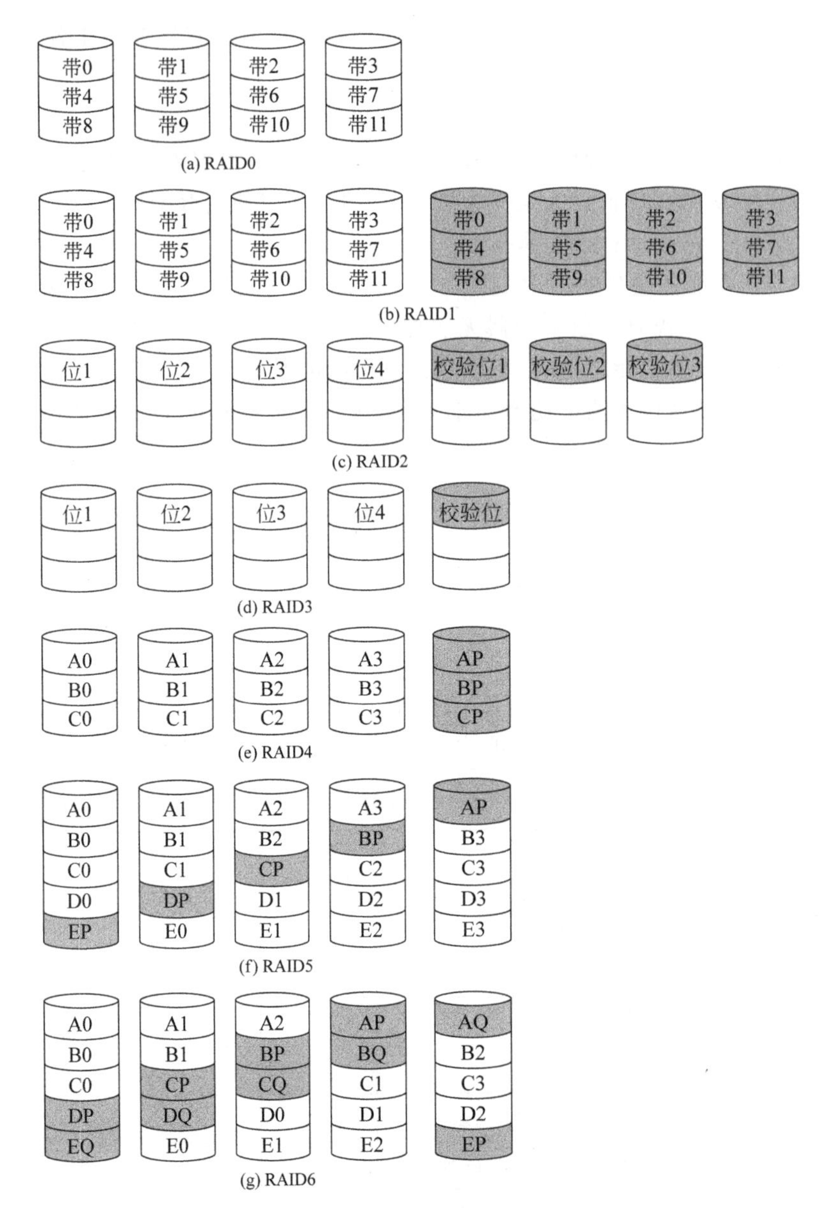

图 3-1　RAID0～RAID6

系统仍能继续工作，只是降低了规格而已。

RAID2 为纠错海明码磁盘阵列，见图 3-1(c)。每个数据盘存放数据字的一位，还需要三个磁盘来存放海明检验位，图 3-1(c)中的每一行形成一个海明码。每当往数据盘写入数据时，就随之在校验盘上形成海明校验位。而当从数据盘上读出数据时，海明校验位也被读出来，用于判断数据是否出错，如果出现了 1 位错误，则可以立即加以纠正。

RAID3 是 RAID2 的一个简化版本，称为位交叉奇偶检验磁盘阵列，如图 3-1(d)所示。图中的校验盘专门用于存放数据盘中相应数据的奇偶校验位。如果某个磁盘出故障，可以根据错误盘以外的所有其他盘中的正确信息恢复故障盘中的数据。

RAID4 是块交叉奇偶检验磁盘阵列，如图 3-1(e)所示。它采用比较大的条带，以块为单位进行交叉存储和计算奇偶检验。RAID4 的缺点在于：它们必须访问同一个检验盘(只有一个)，检验盘称为瓶颈。

RAID5 是无独立校验盘的奇偶校验磁盘阵列，又称为块分布奇偶检验磁盘阵列，如图 3-1(f)所示。这里每一行数据块的检验块被依次错开、循环地存放到不同的盘中，以达到均匀分布的目的。

RAID6 是在 RAID5 的基础上为了进一步加强数据保护而设计的一种 RAID 方式，实际上是一种扩展 RAID5 等级，如图 3-1(g)所示。与 RAID 5 的不同之处在于 RAID6 增加了第二个独立的奇偶校验信息块。两个独立的奇偶系统使用不同的算法，数据的可靠性非常高，即使两块磁盘同时失效也不会影响数据的使用。但是，由于增加了一个校验，RAID6 需要分配给奇偶校验信息更大的磁盘空间，所以写入的效率较 RAID5 差，而且控制系统的设计也更为复杂，第二块的校验区也减少了有效存储空间。

许多大型计算机系统并不局限于只使用一种类型的 RAID，可以使用多个 RAID 方案组合起来构建一种“新型”的 RAID。例如，可以将 RAID0 与 RAID1 组合起来，构成 RAID1+0 或者 RAID0+1。这两种 RAID 的区别在于组合方式上，RAID1+0 是先组织成镜像的 RAID1，再将两个 RAID1 组织成扩展容量的 RAID0，RAID0+1 则反之。4 个磁盘的两种复合 RAID 如图 3-2 所示，其中磁盘的并联表示数据镜像关系，磁盘的串联表示容量扩展关系。RAID1+0 或 RAID0+1 都至少使用 4 个硬盘。RAID0+1 比 RAID1+0 有着更快的读写速度，但可靠性上 RAID0+1 不及 RAID1+0，这是因为当 RAID1+0 有一个硬盘受损，其余三个硬盘会继续运作，而 RAID0+1 只要有一个硬盘受损，同组 RAID0 的另一个硬盘也会停止运作，只剩下两个硬盘运作。因此，RAID1+0 远比 RAID0+1 常用。

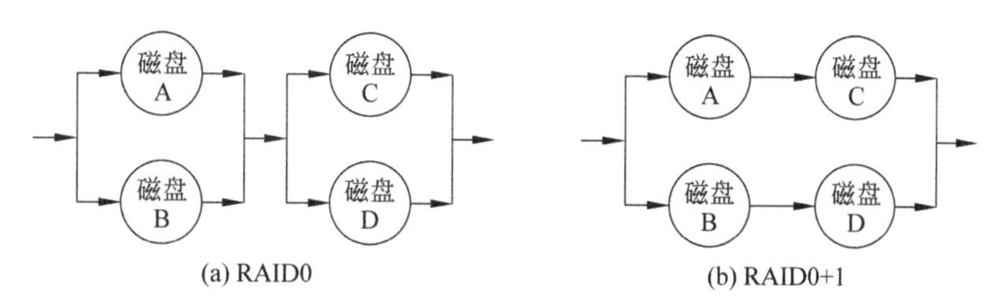

图 3-2 两种复合 RAID 的结构

3.3 总线设计

在大多数小型和微型计算机系统中，计算机的各子系统之间通过总线(Bus)实现连接。

3.3.1 总线特点

总线是一组能为多个部件分时共享的公共信息传送线路。共享是指总线上可以挂接多个部件,各个部件之间相互交换的信息都可以通过这组公共线路传送;分时是指同一时刻总线上只能传送一个部件发送的信息。总线的优点是成本低、简单;缺点是总线的带宽形成了信息交换的瓶颈,从而限制了系统中总的I/O吞吐率。

1. 总线事务

通常把在总线上一对设备之间的一次信息交换过程称为一个"总线事务",把发出总线事务请求的部件称为主设备,与主设备进行信息交换的对象称为从设备。例如CPU要求读取存储器中某单元的数据,则CPU是主设备,而存储器是从设备。总线事务类型通常根据它的操作性质来定义,典型的总线事务类型有"存储器读"、"存储器写"、"I/O读"、"I/O写"、"中断响应"等,一次总线事务简单来说包括两个阶段:地址阶段和数据阶段。

突发传送事务由一个地址阶段和多个数据阶段构成,用于传送多个连续单元的数据,地址阶段送出的是连续区域的首地址。因此,一次突发传送事务可以传送多个数据。

2. 总线使用权

总线是由多个部件和设备所共享的,为了正确地实现它们之间的通信,必须有一个总线控制机构,对总线的使用进行合理的分配和管理。

主设备发出总线请求并获得总线使用权后,就立即开始向从设备进行一次信息传送。这种以主设备为参考点,向从设备发送信息或接收从设备送来的信息的工作关系,称为主从关系。主设备负责控制和支配总线,向从设备发出命令来指定数据传送方式与数据传送地址信息。各设备之间的主从关系不是固定不变的,只有获得总线使用权的设备才是主设备,如CPU等。但主存总是从设备,因为它不会主动提出要与谁交换信息的要求。

通常,将完成一次总线操作的时间称为总线周期。总线使用权的转让发生在总线进行一次数据传送的结束时刻。在一个总线周期开始时,对CPU或I/O设备的请求进行取样,并在这个总线周期进行数据传送的同时也进行判优,选择下一总线周期谁能获得总线使用权,然后在本周期结束时实现总线使用权的转移,开始新的总线周期。

3.3.2 总线的数据宽度

数据宽度是I/O设备取得I/O总线后所传送数据的总量,它不同与前述的数据通路宽度。数据通路宽度是数据总线的物理宽度,也就是数据总线的线数。而两次分配总线期间所传送的数据宽度可能要经过多个时钟周期分次传送才能完成。数据宽度有单字(单字节)、定长块、变长块、单字加定长块和单字加变长块等。

单字(单字节)宽度适合于低速设备。因为这些设备在每次传送一个字(字节)后的访问等待时间很长,在这段时间里让总线释放出来为别的设备服务,可大大提高总线利用率和系统效率。采用单字(单字节)宽度不用指明传送信息的长度,有利于减少辅助开销。

定长块宽度适合于高速设备,可以充分利用总线带宽。定长块也不用指明传送信息的长度,简化了控制。但由于块的大小固定,当它要比实际传送的信息块小得多时,仍要多次分配总线；而如果大于要传送的信息块，又会浪费总线带宽和缓冲器空间，也使得部件不能及时转入别的操作。

变长块宽度适合于高优先级的中高速设备，灵活性好，可按设备的特点动态地改变传送块的大小，使之与部件的物理或逻辑信息块的大小一致，以有效地利用总线的带宽，也使通信的部件能全速工作。但为此要增大缓冲器空间和增加指明传送信息块大小的辅助开销和控制。

单字加定长块宽度适合于速度较低而优先级较高的设备。这样，定长块的大小就不必选择过大，信息块超过定长块的部分可用单字处理，从而减少总线带宽、部件的缓冲器空间，减少部件可用能力的浪费。不过，若传送的信息块小于定长块的大小，但字数又不少时，设备或总线的利用率会降低。

单字加变长块宽度是一种灵活有效但却复杂、花钱的方法。当要求传送单字时比只能成块传送的方法节省了不少起始辅助操作；而当成块传送时，块的大小又能调整到与部件和应用的要求相适应，从而优化了总线的使用。

3.3.3 总线定时控制

主机与外设通过总线进行信息交换时，必然存在着时间上的配合和动作的协调问题，否则系统的工作将出现混乱。总线的定时控制方式一般分为同步方式和异步方式。

1. 同步定时方式

所谓同步定时方式，是指系统采用一个统一的时钟信号来协调发送和接收双方的传送定时关系。时钟产生相等的时间间隔，每个间隔构成一个总线周期。在一个总线周期中，发送和接收双方可以进行一次数据传送。由于是在规定的时间段内进行I/O操作的，所以，发送者不必等待接收者有什么响应，当这个时间段结束后，就自动进行下一个操作。

同步方式中的时钟频率必须能适应在总线上最长的延迟和最慢的接口的需要。因此，同步方式的效率较低，时间利用也不够合理；同时，也没有办法知道被访问的外设是否已经真正地响应，故可靠性比较低。

2. 异步定时方式

异步定时方式也称为应答方式。在这种方式下，没有公用的时钟，也没有固定的时间间隔，完全依靠传送双方相互制约的“握手”信号来实现定时控制。

通常，把交换信息的两个部件或设备分为主设备和从设备，主设备提出交换信息的“请求”信号，经接口传送到从设备；从设备接到主设备的申请后，通过接口向主设备发出“回答”信号，整个“握手”过程就是一问一答地进行的。必须指出，从“请求”到“回答”的时间是由操作的实际时间决定的，而不是由CPU的节拍硬性规定的，所以具有很强的灵活性，而且对提高整个计算机系统的工作效率也是有好处的。

异步控制能保证两个工作速度相差很大的部件或设备间可靠地进行信息交换，自动完成时间的配合;但是控制较同步方式稍复杂一些,成本也会高一些。

异步方式根据“请求”和“回答”信号的撤销是否互锁,有三种情况:

1) 不互锁

“请求”和“回答”信号都有一定的时间宽度,“请求”信号的结束和“回答”信号的结束不互锁,如图 3-3(a)所示。

2) 半互锁

“请求”信号的撤销取决于接收到“回答”信号,而“回答”的撤销由从设备自己决定,如图 3-3(b)所示。

3) 全互锁

“请求”信号的撤销取决于“回答”信号的来到,而“请求”信号的撤销又导致“回答”信号的撤销,如图 3-3(c)所示。全互锁方式给出了最高的灵活性和可靠性,当然也付出了增加接口电路复杂性的代价。

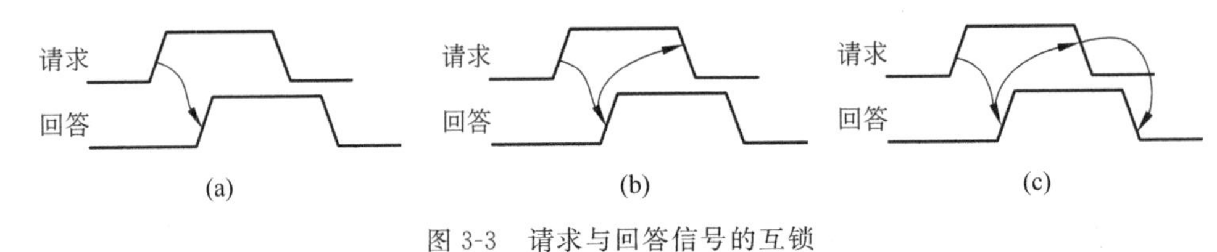

图 3-3　请求与回答信号的互锁

3.3.4　总线的集中仲裁方式

为了保证同一时刻只有一个申请者使用总线,总线控制机构中设置有总线判优和仲裁控制逻辑,即按照一定的优先次序来决定哪个部件首先使用总线,只有获得总线使用权的部件,才能开始数据传送。总线控制逻辑集中在一处(如在 CPU 中)的,称为集中式控制,就集中式控制而言,有三种常见的优先权仲裁方式:

1. 链式查询方式

链式查询方式如图 3-4 所示,总线控制器使用三根控制线与所有部件和设备相连,而 AB 和 DB 分别代表地址总线和数据总线。三个控制信号如下:

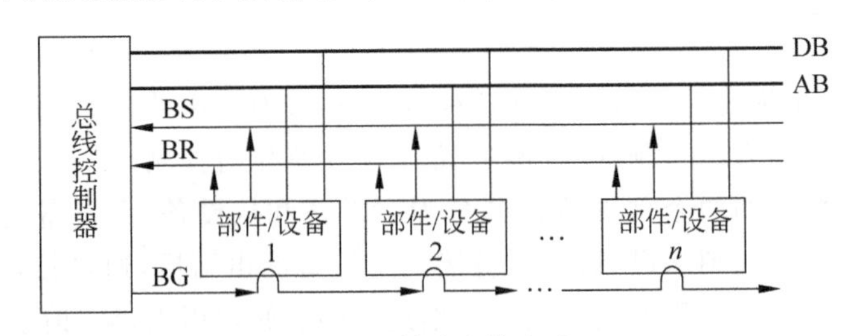

图 3-4　链式查询方式

总线请求(BR):该线有效,表示至少有一个部件或设备要求使用总线。

总线忙(BS)：该线有效，表示总线正在被某部件或设备使用。

总线批准(BG)：该线有效，表示总线控制器响应总线请求。

与总线相连的所有部件经公共的BR线发出总线请求，只有在BS信号未建立前，BR才能被总线控制器响应，并送出BG回答信号。BG信号串行地通过每个部件，如果某个部件本身没有总线请求，则将该信号传给下一个部件，如果这个部件有总线请求，就停止传送BG信号，获得总线使用权。这时该部件将建立BS信号，表示它占用了总线，并撤销总线请求信号BR，进行数据的传送。BS信号在数据传送完后撤销，BG信号也随之撤销。

显然，链式查询方式的优先次序是由BG线上串接部件的先后位置来确定的，在查询链中离总线控制器最近的设备具有最高优先权。

链式查询的优点是只用很少几根线就能按一定的优先次序来实现总线控制，并很容易扩充。缺点是对查询链的故障很敏感，如果第i个部件中的查询链电路有故障，那么第i个以后的部件都不能工作。另外，因为查询的优先级是固定的，所以若优先级较高的部件出现频繁的总线请求时，优先级较低的部件就可能会难以得到响应。

2. 计数器定时查询方式

计数器定时查询方式如图3-5所示。总线上的每个部件可以通过公共的BR线发出请求，总线控制器收到请求之后，在BS为“0”的情况下，让计数器开始计数，定时地查询各个部件以确定是谁发出的请求。当查询线上的计数值与发出请求的部件号一致时，该部件就使BS线置“1”，获得了总线使用权，并中止计数查询，直至该部件完成数据传送之后，撤销BS信号。

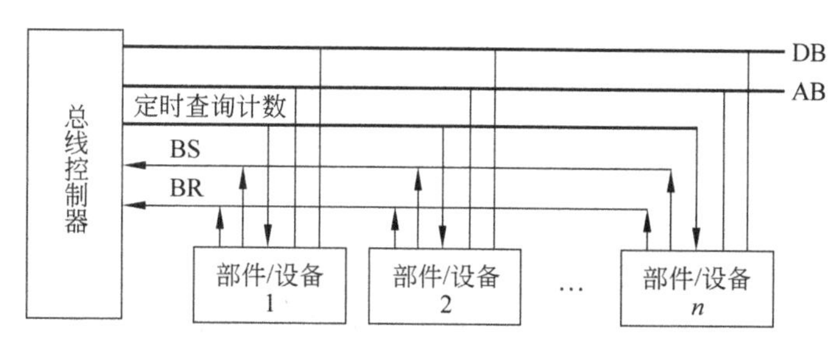

图3-5 计数器定时查询方式

这种计数可以从“0”开始，也可以从中止点开始。如果从“0”开始，各部件的优先次序和链式查询方式相同，优先级的次序是固定的。如果从中止点开始，即为循环优先级，各个部件使用总线的机会将相等。计数器的初始值还可以由程序来设置，这就可以方便地改变优先次序，增加系统的灵活性。定时查询方式的控制线数较多，对于n个部件，共需$2+\lceil \log_2 n \rceil$根。

3. 独立请求方式

图3-6表示独立请求方式。在这种方式中，每一个共享总线的部件均有一对控制线：总线请求BR_i和总线批准BG_i。当某个部件请求使用总线时，便发出BR_i，总线控制器中

有一排队电路，根据一定的优先次序决定首先响应哪个部件的请求 BR_i，然后给该部件送回批准信号 BG_i。

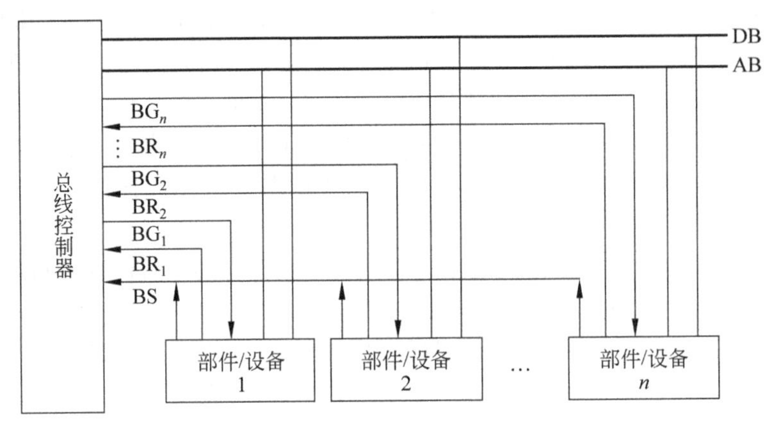

图 3-6　独立请求方式

独立请求方式的优点是响应时间快，然而这是以增加控制线数和硬件电路为代价的，对于 n 个部件，控制线的数目将达 $2n+1$ 根。此方式对优先次序的控制也是相当灵活的，它可以预先固定，也可以通过程序来改变优先次序。

3.3.5　总线的分布仲裁方式

分布仲裁方式不需要中央仲裁器，即总线控制逻辑分散在连接于总线上的各个部件或设备中。连接到总线上的主方可以启动一个总线周期，而从方只能响应主方的请求。每次总线操作，只能有一个主方占用总线使用权，但同一时间里可以有一个或多个从方。常见的分布式仲裁方式有三种：自举分布式、冲突检测分布式和并行竞争分布式。

1. 自举分布式

每个设备的优先级固定，需要请求总线控制权的设备在各自对应的总线请求线上送出请求信号。在总线仲裁期间，每个设备通过取回的信息能够检测出其他比自己优先级高的设备是否发出了总线请求，如果没有，则立即使用总线，并通过总线忙信号阻止其他设备使用总线；如果一个设备在发出总线请求的同时，检测到其他优先级更高的设备也请求使用总线，则本设备不能马上使用总线。也就是说只有在查看到所有优先级比自己高的设备没有请求时，才能使用总线。

2. 冲突检测分布式

当某个设备要使用总线时，首先检查是否有其他设备正在使用总线，如果没有，则它就置总线忙，并直接使用总线。若两个设备同时检测到总线空闲，那它们可能都会立即使用总线，从而发生冲突。因此，每个设备在使用过程中，会侦听总线以检测是否发生冲突，当发生冲突，两个设备都会停止传输，延迟一个随机时间之后再重新使用总线，以避免冲突。这种方案一般用在网络通信总线上，Ethernet 就是使用该方案进行总线裁决的。

3. 并行竞争分布式

这是一种较复杂但有效的裁决方案。其基本思想是：总线上的每个设备都有一个唯一的仲裁号，需要使用总线的主控设备把自己的仲裁号发送到仲裁线上，这个仲裁号将用在并行竞争算法中。每个设备根据仲裁算法决定在一定时间段后占用总线还是撤销仲裁号。

3.4 通道处理机

在大型计算机系统中，所连接的 I/O 设备数量多，输入/输出频繁，要求整体的速度快，单纯依靠主 CPU 采取程序查询、程序中断和 DMA 等控制方式已不能满足要求，于是计算机系统引入了通道控制方式。

3.4.1 通道的作用和功能

1. 通道的作用

在大型计算机系统中，如果仅采用程序查询、程序中断和 DMA 这三种基本的输入/输出方式来管理设备，将会带来以下两个问题：

1) CPU 负担重

对于程序查询方式，所有外设的输入/输出工作均由 CPU 承担，不能充分发挥 CPU 的计算能力；对于程序中断方式，每传送一个字符都由 CPU 执行一段程序来完成(适用于低速外部设备)；对于 DMA 方式，初始化、前处理和后处理等工作需要 CPU 来完成(适用于高速外围设备)。

2) 接口数量多

大型机中的外围设备台数很多，其种类、工作方式和速度都有比较大的差别，但一般并不同时工作。如果为每一台设备都配置一个接口，不仅接口的数量很多，而且接口的利用率低。特别是 DMA 控制器，其硬件成本很高。

为了把对外设的管理工作从 CPU 中分离出来，使 CPU 摆脱繁重的输入/输出负担，从 IBM 360 系列机开始，普遍采用了通道技术。

2. 通道的主要功能

一般来说，通道的功能包括以下几个方面：

(1) 接受 CPU 发来的 I/O 指令，并根据指令要求选择一台指定的外围设备与通道相连。

(2) 执行通道程序。即从主存中逐条取出通道指令，对通道指令进行译码，并根据需要向被选中的设备控制器发出各种操作命令。

(3) 给出外部设备的有关地址。如磁盘存储器的柱面号、磁头号、扇区号等。

(4) 给出主存缓冲区的首地址。这个缓冲区用来暂时存放从外设输入的数据或将要输出到外设中去的数据。

(5) 控制外设与主存缓冲区之间的数据交换的个数。

(6) 指定传送工作结束时要进行的操作。例如将外设的中断请求和通道的中断请求送往 CPU 等。

(7) 检查外设的工作状态是否正常，并将该状态信息送往主存指定单元保存。

(8) 在数据传输过程中完成必要的格式变换。

3. 通道的硬件组成

通道的硬件包括相关的寄存器和控制逻辑。主要的寄存器有：数据缓冲寄存器、主存地址计数器、传输字节数计数器、通道命令字寄存器、通道状态字寄存器、通道地址字寄存器等，其中通道命令字寄存器(CCWR)用来存放通道命令字(CCW)。CCW 是控制 I/O 操作的关键参数，一条条的通道命令字(通道指令)构成通道程序，放在主存中。通道地址字寄存器(CAWR)指出了通道程序在主存中的起始地址，工作时通道就依照这个地址到主存中取出 CCW 并加以执行。通道状态字寄存器(CSWR)记录了通道程序执行后本通道和相应设备的各种状态信息，这些信息称为通道状态字(CSW)。CSW 通常放在主存的固定单元中，此专用单元的内容在执行下一个 I/O 指令或中断之前是有效的，可供 CPU 了解通道、设备状态和操作结束的原因。

通道对外设的控制通过输入/输出接口和设备控制器进行。通道与设备控制器之间一般采用标准的输入/输出接口来连接。通道通过标准接口把操作命令送到设备控制器，设备控制器解释执行这些通道指令，完成命令指定的操作。设备控制器能够记录外设的状态，并把状态信息送往通道和 CPU。

3.4.2 通道工作过程

用户通过调用通道完成一次数据传输的过程如图 3-7 所示，CPU 执行用户程序和管理程序，通道执行通道程序的时间关系如图 3-8 所示。

主要过程分为以下三步：

① 在用户程序中使用访管指令进入管理程序，由 CPU 通过管理程序组织一个通道程序，并启动通道。

② 通道执行 CPU 为它组织的通道程序，完成指定的数据输入/输出工作。

③ 通道程序结束后向 CPU 发中断请求。CPU 响应这个中断请求后，第二次调用管理程序对中断请求进行处理。

需要指出的是，CPU 进行输入/输出操作时，在用户程序中使用访管指令(地址为 K)迫使 CPU 由用户程序(目态)进入管理程序(管态)，访管指令是一条广义指令，它除去给出访管子程序的入口地址外，还给出如设备号、交换长度，主存起始地址等参数，以便管理程序编制通道程序。管理程序根据访管指令给定的参数编写通道程序写入主存的一片区

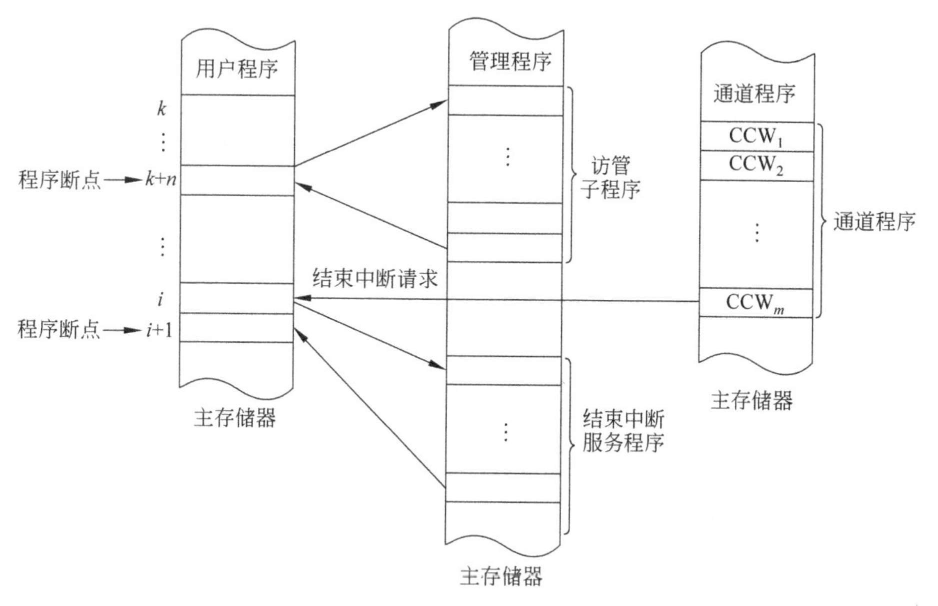

图 3-7 通道完成一次数据传输的过程

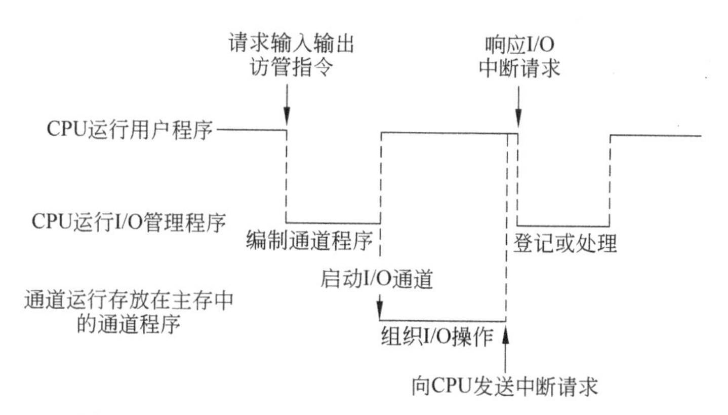

图 3-8 通道程序、管理程序和用户程序的执行时间关系

域中，并将其首地址置入通道地址字(CAW)中，然后，便可启动该通道开始工作，CPU 返回用户程序的断点 $K+n$ 继续工作。从此时开始，CPU 与通道处于并行工作状态。通道从 CAW 中获得通道程序的入口地址，逐条取出通道指令并执行它，待通道程序执行完毕后可向 CPU 发出中断请求，CPU 响应该中断请求，再次进入管理程序进行结束处理，本次输入/输出操作完成。从图 3-8 中可以看出，整个输入/输出操作的过程是在通道控制下完成的，而通道的控制是通过执行通道程序实现的。

这样，每完成一次输入/输出工作，CPU 只需要两次调用管理程序，大大减少了对用户程序的打扰。

3.4.3 通道的类型

按照输入/输出信息的传送方式，通道可分为三种类型，即字节多路通道，选择通道和数组多路通道。

1. 字节多路通道

字节多路通道是一种简单的共享通道，用于连接与管理多台低速设备，以字节交叉方式传送信息，其传送方式如图 3-9 所示。字节多路通道先选择设备 A，为其传送一个字节 A_1；然后选择设备 B，传送字节 B_1；再选择设备 C，传送字节 C_1。后续通道再交叉地传送 A_2，B_2，C_2，…所以字节多路通道的功能好比一个多路开关，交叉（轮流）地接通各台设备。

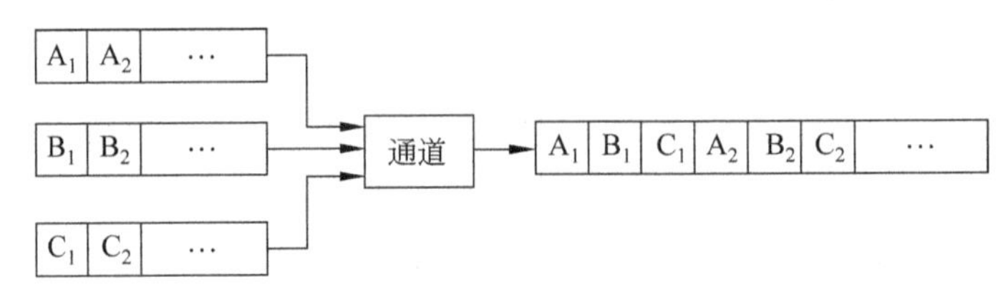

图 3-9 字节多路通道传送方式示意图

一个字节多路通道，包括多个按字节方式传送信息的子通道。每个子通道服务于一个设备控制器，每个子通道都可以独立地执行通道程序。各个子通道可以并行工作，但是，所有子通道的控制部分是公共的，各个子通道可以分时地使用。

通道不间断地、轮流地启动每个设备控制器，当通道为一个设备传送完一个字节后，就转去为另一个设备服务。当通道为某一设备传送时，其他设备可以并行地工作，准备需要传送的数据字节或处理收到的数据字节。这种轮流服务是建立在主机的速度比外设的速度高得多的基础之上的，它可以提高系统的工作效率。

2. 选择通道

对于高速设备，字节多路通道显然是不合适的。选择通道又称高速通道，在物理上它也可以连接多个设备，但这些设备不能同时工作，在一段时间内通道只能选择一台设备进行数据传送，此时该设备可以独占整个通道。因此，选择通道一次只能执行一个通道程序，只有当它与主存交换完信息后，才能再选择另一台外部设备并执行该设备的通道程序。如图 3-10 所示，选择通道先选择设备 A，成组连续地传送 A_1A_2…当设备 A 传送完毕后，选择通道又选择通道 B，成组连续地传送 B_1B_2…再选择设备 C，成组连续地传送 C_1C_2…

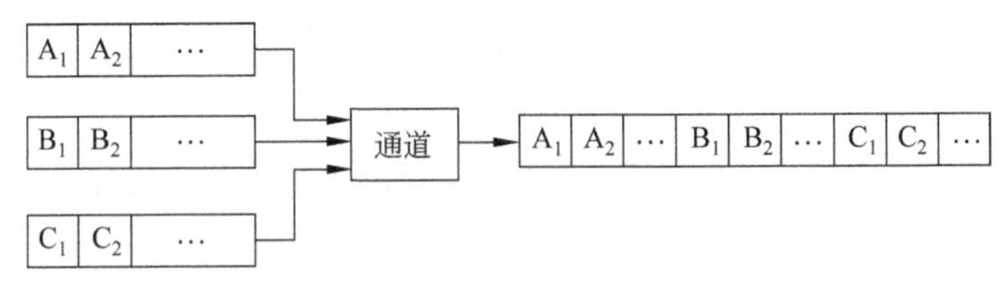

图 3-10 选择通道传送方式示意图

每个选择通道只有一个以成组方式工作的子通道，逐个为多台高速外围设备服务。选择通道主要用于连接高速外设，如磁盘、磁带等，信息以成组方式高速传送。但是，在数据传送过程中还有一些辅助操作(如磁盘机的寻道等),此时会使通道处于等待状态,所以虽然选择通道具有很高的数据传输速率,但整个通道的利用率并不高。

3. 数组多路通道

数组多路通道是把字节多路通道和选择通道的特点结合起来的一种通道结构。它的基本思想是:当某设备进行数据传送时,通道只为该设备服务;当设备在执行辅助操作时,通道暂时断开与这个设备的连接,挂起该设备的通道程序,去为其他设备服务。

数组多路通道有多个子通道,既可以执行多路通道程序,即像字节多路通道那样,所有子通道分时共享总通道,又可以用选择通道那样的方式成组地传送数据;既具有多路并行操作的能力,又具有很高的数据传输速率,使通道的效率充分得到发挥。

选择通道和数组多路通道都适用于连接高速外设,但前者的数据宽度是不定长的数据块,后者的数据宽度是定长的数据块。三种类型通道的比较见表3-2。三种类型的通道组织在一起,可配置若干台不同种类、不同速度的I/O设备,使计算机的I/O组织更合理、功能更完善、管理更方便。

表3-2 三种类型通道的比较

性能 \ 通道类型	字节多路	选择	数组多路
数据宽度	单字节	不定长块	定长块
适用范围	大量低速设备	优先级高的高速设备	大量高速设备
工作方式	字节交叉	独占通道	成组交叉
共享性	分时共享	独占	分时共享
选择设备次数	多次	一次	多次

通道在单位时间内传送的位数或字节数,叫作通道的数据传送率或流量,它标志了计算机系统中的系统吞吐率,也表明了通道对外设的控制能力和效率。在单位时间内允许传送的最大字节数或位数,叫作通道的最大数据传输率或通道极限流量,它是设计通道的最大依据。

字节多路通道的实际流量是该通道上所有设备的数据传送率之和。而选择通道和数组多路通道由于在一段时间内只能为一台设备传送数据,此时的通道流量就等于这台设备的数据传送率,因此,这两种通道的实际流量等于连接在这个通道上的所有设备中流量最大的那一个。

3.4.4 通道中的数据传送过程

一个字节多路通路是分时为多台低速和中速外设服务的,在有 P 台设备同时连接到一个字节多路通道上时,它们的数据传送过程如图3-11(a)所示。

在图3-11(a)中每一个参数的含义如下。

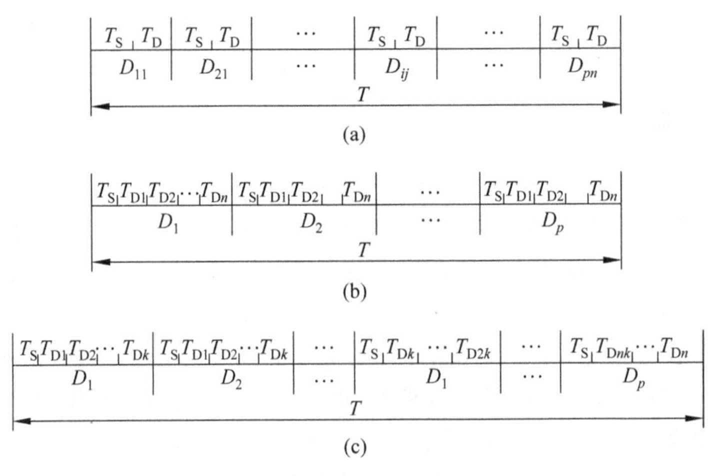

图 3-11　通道的数据传送过程

T_S：设备选择时间。从通道需要设备发出数据传送请求开始，到通道实际为这台设备传送数据所需要的时间。

T_D：传送一个字节所用的时间，实际上就是通道执行一条通道指令，即数据传送指令所用的时间。

P：在一个通道上连接的设备台数，且这些设备同时都在工作。

n：每一个设备传送的字节个数，这里，假设每一台设备传送的字节数都相同，都是 n 个字节。

D_{ij}：连接在通道上的第 i 台设备传送的第 j 个数据，其中 $i=1,2,\cdots,p$；$j=1,2,\cdots,n$。

T：通道完成全部数据传送工作所需要的时间。

在字节多路通道中，通道每连接一台外设，只传送一个字节，然后又与另一台设备相连，因此，T_S和 T_D是间隔进行的。

当一个字节多路通道上连接有 P 台设备，每台设备都传送 n 个字节时，所需要的时间为

$$T_{\mathrm{Byte}} = (T_S + T_D) \times P \times n$$

选择通道在一段时间内只能单独为一台高速外设服务，当这台设备的数据传送工作全部完成后，通道才能为另一台设备服务。选择通道的数据传送过程如图 3-11(b)所示，图中除去与字节多路通路相同的参数以外，还有以下参数：

T_{Di}：通道传送第 i 个数据所用的时间，其中 $i=1,2,\cdots,n$。

D_i：通道正在为第 i 台设备服务，$i=1,2,\cdots,p$。

在选择通道中，通道每连接一台外设，就把这个设备的 n 个字节全部传送完成，然后再与另一台设备相连接，因此，在一个 T_S之后，有连续 n 个数据传送时间 T_D。

当一个选择通道连接 P 台设备，每台设备都传送 n 个字节时，所需要的时间为

$$T_{\mathrm{select}} = \left(\frac{T_S}{n} + T_D\right) \times P \times n$$

数组多路通道在一段时间内只能为一台高速设备传送数据，但同时可以有多台高速设备在寻址，包括定位和找扇区。数组多路通道的数据传送过程如图3-11(c)所示，图中所用参数与前两种类型相同，另外还有以下参数。

k：一个数据块中的字节个数。在一般情况下，$k<n$。

数据多路通道每连接一台高速设备，一般传送一个数据块，传送完成后，又与另一台高速设备连接，再传送一个数据块，因此，在一个T_S之后，连续k个数据的传送时间T_D。

当一台数组多路通道连接P台设备，每台设备都传送n个字节时，所需要的时间为

$$T_{block}=\left(\frac{T_S}{k}+T_D\right)\times P\times n$$

3.4.5 通道的流量分析

通道流量是指通道在数据传送期内，单位时间里传送的字节数。它能达到的最大流量称为通道极限流量。

假设通道选择一次设备的时间为T_S，每传送一个字节的时间为T_D，通道工作时的极限流量分别如下。

(1) 字节多路通道。

$$f_{max\cdot Byte}=\frac{P\times n}{(T_S+T_D)\times P\times n}=\frac{1}{T_S+T_D}$$

每选择一台设备只传送一个字节。

(2) 选择通道。

$$f_{max\cdot select}=\frac{P\times n}{\left(\frac{T_S}{n}+T_D\right)\times P\times n}=\frac{1}{\frac{T_S}{n}+T_D}=\frac{n}{T_S+nT_D}$$

每选择一台设备就把n个字节全部传送完。

(3) 数组多路通道。

$$f_{max\cdot block}=\frac{P\times n}{\left(\frac{T_S}{k}+T_D\right)\times P\times n}=\frac{1}{\frac{T_S}{k}+T_D}=\frac{k}{T_S+kT_D}$$

每选择一台设备传送定长k个字节。

若通道上接P台设备，则通道要求的实际流量分别如下。

(1) 字节多路通道。

$$f_{byte}=\sum_{i=1}^{P}f_i$$

即所接P台设备的速率之和。

(2) 选择通道。

$$f_{select}=\max_{i=1}^{P}f_i$$

(3) 数组多路通道。

$$f_{block}=\max_{i=1}^{P}f_i$$

即所接 P 台设备中速率最高者。

为使通道所接外部设备在满负荷工作时仍不丢失信息，应使通道的实际最大流量不能超过通道的极限流量。

如果在I/O系统中有多个通道，各个通道是并行工作的，则I/O系统的极限流量应当是各通道或各子通道工作时的极限流量之和。

例3-1 一个字节多路通道连接 D_1、D_2、D_3、D_4、D_5 共5台设备，这些设备分别每 10μs、30μs、30μs、50μs 和 75μs 向通道发出一次数据传送的服务请求，请回答下列问题：

(1) 计算这个字节多路通道的实际流量和工作周期。

(2) 如果设计字节多路通道的最大流量正好等于通道实际流量，并假设对数据传输率高的设备，通道响应它的数据传送请求的优先级也高。5台设备在0时刻同时向通道发出第一次传送数据的请求，并在以后的时间里按照各自的数据传输率连续工作。画出通道分时为每台设备服务的时间关系图，并计算这个字节多路通道处理完各台设备的第一次数据传送请求的时刻。

(3) 从时间关系图上可以发现什么问题？如何解决这个问题？

解：这个字节多路通道的时间流量为

$$f_{\text{Byte}} = \left(\frac{1}{10}+\frac{1}{30}+\frac{1}{30}+\frac{1}{50}+\frac{1}{75}\right)\text{MB/s} = 0.2\text{MB/s}$$

通道的工作周期为

$$T = \frac{1}{f_{\text{Byte}}} = 5\mu\text{s}$$

包括设备选择时间 T_S 和传送一个字节的时间 T_D。

5台设备向通道请求传送和通道为它们服务的时间关系如图3-12所示，向上的箭头表示设备的数据传送请求，有阴影的长方形表示通道响应设备的请求并为设备服务所用的工作周期。

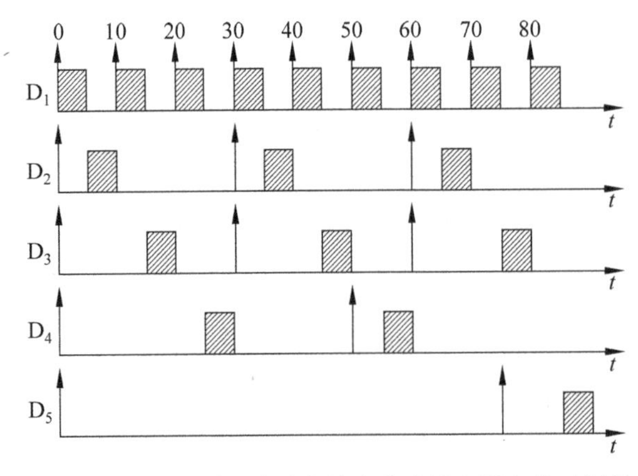

图3-12 字节多路通道响应设备请求和为设备服务的时间关系图

在图3-12中，5台设备在0时刻同时向字节多路通道发出第一次传送时间的请求，通道处理完各设备第一次请求的时间分别为：

处理完设备 D_1 的第一次请求的时刻为 5μs；

处理完设备 D_2 的第一次请求的时刻为 10μs；

处理完设备 D_3 的第一次请求的时刻为 20μs；

处理完设备 D_4 的第一次请求的时刻为 30μs。

设备 D_5 的第一次请求没有得到通道的响应，直到第 85μs 通道才开始响应设备 D_5 的服务请求，这时，设备已经发出了两个传送数据的服务请求，因此第一次传送的数据有可能丢失。

当字节多路通道的最大流量与连接在这个通道上的所有设备的数据流量之和非常接近时，虽然能够保证在宏观上通道不丢失设备的信息，但不能保证在某个局部时刻不丢失信息。由于高速设备在频繁地发出要求传送数据的请求时，总是被优先得到响应和处理，这就可能使低速设备的信息一时得不到处理而丢失，如本例中的设备 D_5。为了保证本例中的字节多路通道能正常工作，可以采取以下措施来解决：

① 增加通道的最大流量，保证连接在通道上的所有设备的数据传送请求能够及时得到通道的响应。

② 动态改变设备的优先级。例如，在图 3-12 中，只要在 30～70μs 临时提高设备 D_5 的优先级，就可使设备 D_5 的第一次传送请求及时得到通道的响应，其他设备的数据传送请求也能正常得到通道的响应。

③ 增加一定数量的数据缓冲器，特别是对优先级比较低的设备。例如，只要为设备 D_5 增加一个数据缓冲器，它的第一次数据传送请求可在 85μs 处得到通道的响应，第二次数据传送请求可以在 145μs 处得到通道的响应，所有设备的数据都不会丢失。

习 题 3

3-1 总线控制方式有哪三种？各需要增加几根用于总线控制的控制线？总线控制优先级可否由程序改变？

3-2 简要举出集中式串行链接、定时查询和独立请求三种总线控制方式的优缺点。

3-3 如果通道在数据传送期中，选择设备需 9.8μs，传送一个字节数据需 0.2μs。某低速设备每隔 500μs 发出一个字节数据传送请求，问至多可接几台这种低速设备？对于以下 A～F 6 种高速设备，一次通信传送的字节数不少于 1024 个字节，问哪些设备可以挂在此通道上？哪些则不能？其中 A～F 设备每发一个字节数据传送请求的时间间隔分别如下表所示(单位为 μs)：

设　　备	A	B	C	D	E	F
发申请间隔	0.2	0.25	0.5	0.19	0.4	0.21

3-4 某字节多路通道连接 6 台外设，其数据传送速率分别如下表所列。

设 备 号	1	2	3	4	5	6
传送速率/(kB/s)	50	15	100	25	40	20

(1) 计算所有设备都工作时的通道实际最大流量；

(2) 如果设计的通道实际工作周期使通道极限流量恰好与通道实际最大流量相等，以满足流量设计的基本要求，同时让速率越高的设备被响应的优先级越高。当6台设备同时发出请求开始，画出此通道在数据传送期内响应和处理各外设请求的时间示意图。能发现什么问题？

(3) 在(2)的基础上，在哪台设备内设置多少个字节的缓冲器就可以避免设备信息丢失？那么，这是否说关于流量设计的基本要求是没有必要的了呢？为什么？

3-5 通道型I/O系统由一个字节多路通道A(其中包括两个子通道A1和A2)、两个数组多路通道B1和B2及一个选择通道C构成，各通道所接设备和设备的数据传送速率如下表所示。

通道号		所接设备的数据传送速率/(KB/s)							
字节多路通道	子通道A1	50	35	20	20	50	35	20	20
	子通道A2	50	35	20	20	50	35	20	20
数组多路通道B1		500	400	350	250				
数组多路通道B2		500	400	350	250				
选择通道C		500	400	350	250				

(1) 分别求出各通道应具有多大设计流量才不丢失信息？

(2) 设I/O系统流量占主存流量的1/2时才算流量平衡，则主存流量应达到多少？

3-6 有8台外设，各设备要求传送信息的工作速率如下表所示。

设　备	A	B	C	D	E	F	G	H
工作速率/(KB/s)	500	240	100	75	50	40	14	10

现设计的通道，在数据传送期，每选择一次设备需2μs，每传送一个字节数据也需要2μs。

(1) 若用作字节多路通道，通道工作的最高流量是多少？

(2) 作字节多路通道用时，希望同时不少于4台设备挂在此通道上，最好多挂一些，且高速设备尽量多挂一些，请问应选哪些设备挂在此通道上，为什么？

(3) 若用作数组多路通道，通道工作的最高流量是多少？设定长块大小取成512B。

(4) 作数组多路通道用时，应选哪些设备挂在此通道上，为什么？

3-7 某字节多路通道连接6台设备，其数据传送速率如下表所示。

设备号	1	2	3	4	5	6
传送速率/(B/ms)	50	50	40	25	25	10

(1) 各设备相应两次请求传送字节的间隔时间是多少？

(2) 当所有设备同时要传送数据时，求其对通道要求的总流量 f_{Byte}。

(3) 让通道以极限流量 $f_{max \cdot Byte}=f_{Byte}$ 的工作周期工作，通道的工作周期(即 T_S+T_D 的时间间隔)是多少？

(4) 让通道中所挂速率越高的设备，数据传送请求被响应的优先级越高，画出 6 台设备同时发请求到下次同时发请求期间，通道响应和处理完各设备请求时刻的示意图，哪个设备丢失了信息？提出一种不丢失信息的解决办法。

3-8 一个字节多路通道连接有 5 台设备，它们的数据传输率如下表所示。

设 备 名 称	D_1	D_2	D_3	D_4	D_5
数据传输速率/(KB/s)	100	33.3	33.3	20	10
服务优先级	1	2	3	4	5

(1) 计算这个字节多路通道的实际工作流量。

(2) 为了使通道能够正常工作，请设计通道的最大流量和工作周期。

(3) 当这个字节多路通道工作在最大流量时，5 台设备都在 0 时刻同时向通道发出第一次传送数据的请求，并在以后的时间里按照各自的数据传输速率连续工作。画出通道分时为各台设备服务的时间关系图，并计算这个字节多路通道处理完各台设备的第一次数据服务请求的时刻。

3-9 一个字节多路通道连接有 4 台设备，每台设备发出输入/输出服务请求的时间间隔、它们的服务优先级和发出第一次服务请求的时刻如下表所示。

设 备 名 称	D_1	D_2	D_3	D_4
发服务请求间隔	10μs	75μs	15μs	50μs
服务优先级	1	4	2	3
发出第一次请求时间	0μs	70μs	10μs	20μs

(1) 计算这个字节多路通道的实际流量和工作周期。

(2) 在数据传送期间，如果通道选择一次设备的时间为 3μs，传送一个字节的时间为 2μs，画出这个字节多路通道响应各设备请求和为设备服务的时间关系图。

(3) 从(2)时间关系图中，计算通道处理完成各设备第一次服务请求的时刻。

(4) 从(2)时间关系图中看，这个字节多路通道能否正常工作？

(5) 在设计一个字节多路通道的工作流量时，可以采用哪些措施来保证通道能够正常工作？

第4章　存储体系

本章着重讨论存储体系的基本概念，并行存储系统的组成，虚拟存储系统和Cache存储系统的原理、地址的映像和变换、替换算法及其实现、性能分析及软硬件功能分配。

4.0　学习指南

1. 知识点和学习要求

• 存储体系概念与并行存储系统。

领会存储体系概念及存储体系的两个分支，程序局部性原理。

了解存储体系的有关参数。

了解并行存储系统的各种组织形式，掌握主存频宽计算。

• 虚拟存储系统。

理解三种虚存（段式、页式、段页式）管理方式的工作原理。

掌握地址映像规则、映像表组织、虚实地址变换过程及各自的优缺点。

掌握段页式虚拟存储系统由虚地址计算主存实地址的方法。

熟悉页式虚拟存储系统的虚地址和实地址对应关系、地址映像规则，由虚地址计算出主存的实地址。

熟练掌握在页式虚存中，采用LRU、FIFO、OPT法进行页面替换时的过程模拟，计算命中率。

理解堆栈型替换算法的定义，LRU算法的堆栈替换过程，计算不同实页数时的命中率。

分析虚拟存储系统的页面大小、分配的容量与主存命中率的关系。

• Cache存储系统。

了解Cache存储系统的组成与工作原理。

掌握全相联、直接、组相联三种地址映像规则、地址变换的过程。

领会用堆栈法和比较对法来实现Cache块替换的原理，能计算比较对中所用比较对触发器的个数。

给出主存块地址流后，采用组相联或直接映像、LRU或FIFO替换算法时，能熟练画出各主存块装入和替换的过程示意图，计算命中率。

理解解决Cache透明性问题。

理解提高Cache命中率的各种预取算法。

2. 重点和难点

本章的重点：存储系统的定义，存储系统的性能参数，并行存储器和交叉访问存储器的工作原理，段式、页式、段页式虚拟存储管理的特点，虚拟存储系统中加快地址变换的方法，页式虚拟存储系统映像及 LRU、FIFO、OPT 替换算法的过程模拟，LRU 算法的堆栈处理过程，Cache 组相联地址映像和 LRU 块替换，页式虚拟存储系统的工作原理，虚拟存储系统、Cache 存储系统的性能分析，Cache 存储系统的一致性问题。

本章的难点：组相联地址映像及替换算法模拟。

4.1 存储体系概念和并行存储系统

对冯·诺依曼型计算机系统的 5 大组成部分以运算器为中心进行改进，现代计算机系统都以存储器为中心。在计算机运行过程中，存储器是各种信息存储和交换的中心，存放指令、操作数和运算结果。

4.1.1 存储体系的引出

存储器容量计算公式为 $S_M = W \cdot l \cdot m$。其中，W 为存储体的字长(单位为位或字节)，l 为每个存储体的字数，m 为并行工作的存储体个数。

存储体系，俗称存储系统。存储系统和存储器是两个完全不同的概念。在一台计算机中，通常有多种用途不同的存储器，从系统结构的不同角度，有多种分类方法：

(1) 按用途分的种类，如主存储器、Cache、通用寄存器、先行缓冲存储器、磁盘存储器、磁带存储器、光盘存储器等。各种存储器用途不同，有的快有的慢，有的贵有的便宜。

(2) 从构成存储器材料工艺上看，有 ECL(射极耦合逻辑)、TTL、MOS、磁表面、激光、SRAM、和 DRAM。

(3) 从存储器访问方式看，有直接译码、先进先出、随机访问、相联访问、块传送、文件组。主存(内存)采用随机访问方式，想访问哪个存储单元都行。硬盘采用块传送访问方式。

一个存储器的性能通常用速度、容量和价格三个主要指标来表示。这些是存储器主要指标，三者是矛盾的。速度越快、容量越大，价格就越贵。

容量用字节(B)、千字节(KB)、兆字节(MB)和千兆字节(GB)等单位表示。价格用单位容量的价格表示，如 $/b。存储器的速度可以用访问时间 T_A、存储周期 T_M 和频宽(也称带宽) B_m 来描述。T_A 是存储器从接到访存读申请，到信息被读到数据总线上所需的时间。T_M 则是连续启动一个存储体所需要的间隔时间，它一般总比 T_A 大。存储器频宽是存储器可提供的数据传送速率，一般用每秒钟传送的信息位数(或字节数)来衡量，又分最大频宽(或称极限频宽)和实际频宽。最大频宽 B_m 是存储器连续访问时能提供的频宽。单体的 $B_m = W/T_M$。m 个存储体并行工作时可达到的最大频宽 $B_m = W \cdot m/T_M$。由于存储器不一定总能连续满负荷地工作，所以，实际频宽往往要低于最大频宽。

计算机系统对存储器的要求是高速度、大容量、低价格，然而存储器的速度、容量和价格是互相矛盾的。速度越快，价格就越高；容量越大，速度就越慢。只有通过改进存储器件工艺、采用并行存储器以及发展存储体系等多种途径，才能同时满足系统对存储器的要求。

存储系统的关键是如何组织好速度、容量和价格均不相同的存储器，使这个存储器系统的速度接近速度最快的那个存储器，存储容量与容量最大的那个存储器相等，单位容量的价格接近最便宜的那个存储器。微机是将Cache、主存和硬盘合在一起组织起来，整个存储系统是各种存储器的有机结合。希望达到的目标是容量和硬盘的容量一样大，价格和硬盘的价格差不多，速度和Cache的速度差不多。

计算机系统总希望存储器能在尽可能低的价格下，提供尽量高的速度和尽量大的存储容量。速度上应尽量和CPU匹配，否则CPU的高速性能难以发挥。容量上应尽可能放得下所有系统软件及多个用户软件。同时，存储器的价格又只能占整个计算机系统硬件价格中一个较小而合理的比例。由于存储器的价格、速度和容量互相矛盾，在存储器件一定的条件下，容量越大，因其延迟增大而使速度越低。容量越大，存储器总价格当然也就会越大。存取速度越高，价格也将越高。同等容量的情况下存储器的速度大体上按双极型、MOS型、电荷耦合器件（CCD）、磁泡、定头磁盘、动头磁盘、磁带的顺序依次下降。

4.1.2 并行存储系统

并行存储系统是希望在一个存储周期内可以访问到多个数据。能并行读出多个CPU字的单体多字、多体单字或多体多字的交叉访问存储系统统称为并行存储系统。

并行存储系统可以提高主存的频宽。图4-1是一个字长为W位的单体单字存储器，一次可以访问一个存储器字，所以主存最大频宽$B_m=W/T_M$（W为字长）。假设，此存储器字长W与CPU所要访问的字（数据字或指令字，简称CPU字）的字长W相同，则CPU从主存获得信息的速率就为W/T_M。

要想提高主存频宽B_m，使之与CPU速度匹配，显然可以想到，在同样的器件条件（即同样的T_M）下，只有设法提高存储器的字长W才行。一个存储容量为m字×W位的存储器，每个存储周期只能访问到W位（一个字）。方法是把存储器的字的方向增加n倍，成为m/n字$n\times W$位的存储器（单体多字），容量不变。具体逻辑实现是把地址码分成两个部分，其中一部分作为存储器的地址，另一部分负责选择数据。这样保持总的存储器容量不变，成为m/n个地址单元，一个存储周期T能访问n个字，一下就能读出多个字来。例如，改用图4-2的方式组成，这样，主存在一个存储周期内就可以读出n个CPU字，相

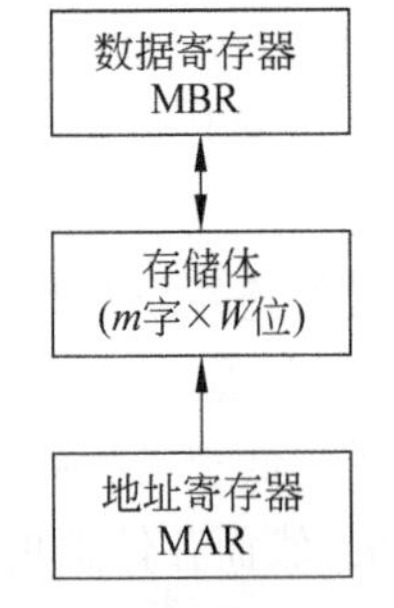

图4-1 单体单字存储器

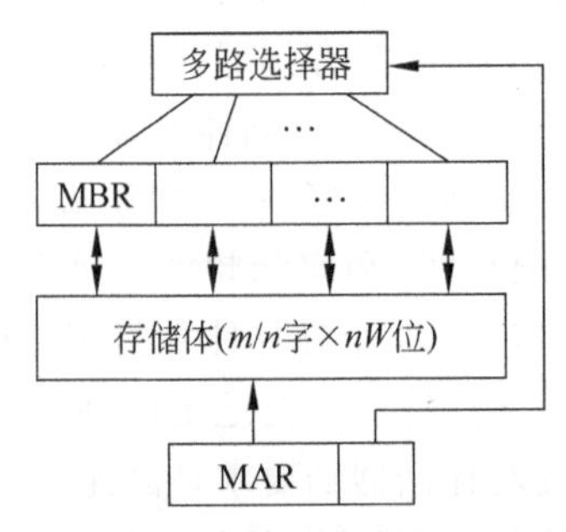

图4-2 单体多字存储器

当于CPU从主存中获得信息的最大速率提高到原来的n倍，即$B_m=nW/T_M$（n为同时访问的字数）。人们称这种主存为单体多字存储器。

并行访问存储器的主要缺点是访问冲突大，主要来自以下几个方面：

(1) 取指令冲突，由于程序有转移。

(2) 读操作数冲突，同时读出存储字的数据不一定都有用。

(3) 写数据冲突，要凑齐了几个数据成一个存储字才能写。

(4) 读写冲突，由于读、写的数据可能处于同一存储字。

单体多字主存的最大频宽$B_m=nW/T_M$。多体单字主存的最大频宽$B_m=nW/T_M$（n为分体数），还可以将多体并行与单体多字相结合，构成多体多字存储器进一步提高频宽，但实际频宽并不是随n值的增大而线性增加的。

虽然，单体多字和多体单字主存的最大频宽是一样的，但多体单字方式要比单体多字方式更易提高主存的实际频宽。这是因为单体多字方式要求访问的字不仅要连续存放，而且还要存放在同一个主存字中，而多体单字方式只要求访问的多个字不发生分体冲突，哪怕不是顺序存放的也可以。

单纯靠增大n来提高并行存储系统的频宽是有限的，而且性能价格比还会随n的增大而下降。如果采用并行存储系统仍不能满足速度上的要求时，就必须采用存储体系。

多体交叉存储器即每个存储体都是CPU字的宽度，称为多体单字存取。交叉访问存储器通常有两种工作方式，一种是地址码低位交叉，另一种是地址码高位交叉。其中，只有低位交叉存储器能够有效地解决访问冲突问题。

1. 高位交叉访问存储器

高位交叉访问存储器的主要目的是扩大存储器容量。其具体实现方法是用地址码的高位区分存储体号，低位地址为体内地址，如图4-3所示。高位地址决定哪个存储体选中工作。

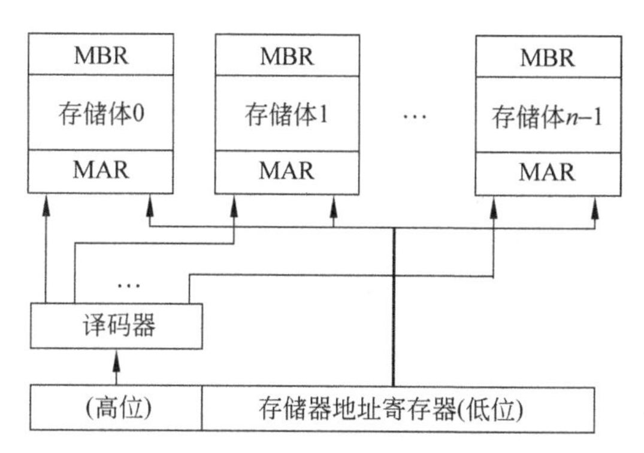

图4-3 高位交叉访问存储器的结构

每个存储模块都有各自独立的控制部件，每个存储模块可以独立工作。但由于程序的局部性原理，绝大多数连续指令分布在同一存储模块中，通常只有一个存储模块在不停地忙碌，其他存储模块是空闲的。程序局部性分为时间局部性和空间局部性。时间局部性是指最近访问的代码是不久将被访问的代码，这是由程序循环造成的。空间局部性是指那些地址上相邻近的代码可能会被一起访问，这主要是由于指令通常是顺序执行的，以及数据一般是以向量、数组、树、表、阵列等形式簇聚地存储所致的。所以，程序在执行时所用到的指令和数据的地址分布不会是随机的，而是相对簇聚的。模块化的主存都采用高位交叉访问存储器。

2. 低位交叉访问存储器

低位交叉访问存储器的主要目的是提高存储器访问速度。其实现方法是用地址码的低位区分存储体号，高位是体内地址，如图 4-4 所示。后面低位地址决定哪个存储体工作，存储器速度提高很多。

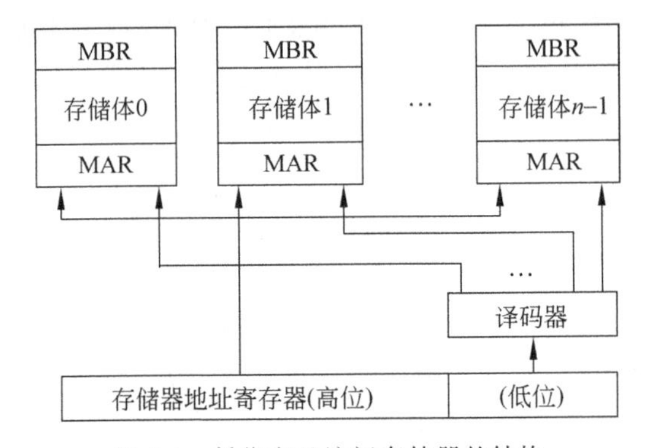

图 4-4 低位交叉访问存储器的结构

由 8 个存储体构成的主存储器的低位交叉编址方式如图 4-5 所示。8 个存储体总容量是 64 字，存储单元 1 在第 2 个体的第 1 个单元。

主存储器数据寄存器

0	1	2	3	4	5	6	7
8	9	10	11	12	13	14	15
16		…	19		…		23
24			…	…			31
32			…	…			39
40			…	…			47
48			…	…			55
56			…	…			63

体内地址(3位)	模块地址(3位)

图 4-5 由 8 个存储体构成的主存储器的低位交叉编址方式

地址的模 4 低位交叉编址如表 4-1 所示。n 个存储体分时启动，实际上是一种采用流水线方式工作的并行存储器。理论上，存储器的速度可望提高 n 倍。4 个分体分时启动的时间关系如图 4-6 所示。在连续工作的情况下，保持每个存储器的速度不变，而整个存储系统速度可望提高 n 倍。但实际上速度不是线性增加的，根本原因是访存冲突。

表 4-1 地址的模 4 低位交叉编址

模体	地址编址序列	对应二进制地址码最末两位的状态
M_0	$0,4,8,12,\cdots,4i+0,\cdots$	00
M_1	$1,5,9,13,\cdots,4i+1,\cdots$	01
M_2	$2,6,10,14,\cdots,4i+2,\cdots$	10
M_3	$3,7,11,15,\cdots,4i+3,\cdots$	11

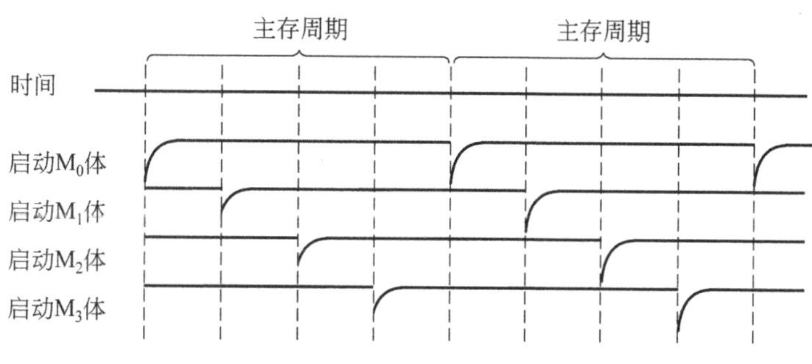

图 4-6　4 个体低位交叉编址存储器分时启动

4.1.3 存储体系定义和分支

1. 存储体系的定义

两个或两个以上速度、容量和价格各不相同的存储器用硬件、软件或软件与硬件相结合的方法连接起来成为一个存储系统（存储体系、存储层次）。这个存储系统对应用程序员透明，从应用程序员看，它们在逻辑上是一个整体。让存储层次的等效访问速度接近速度最快的那个存储器，存储容量与容量最大的那个存储器相等，单位容量的价格接近最便宜的那个存储器。关键是把存储器有机地结合在一起。

典型的存储系统从外部看为一个存储器，如图 4-7 所示。其中，$T\approx\min(T_1, T_2, \cdots, T_n)$，用存储周期表示；$S\approx\max(S_1, S_2, \cdots, S_n)$，用 MB 或 GB 表示；$C\approx\min(C_1, C_2, \cdots, C_n)$，用每位的价格表示。≈表示近似等于，相等或接近。

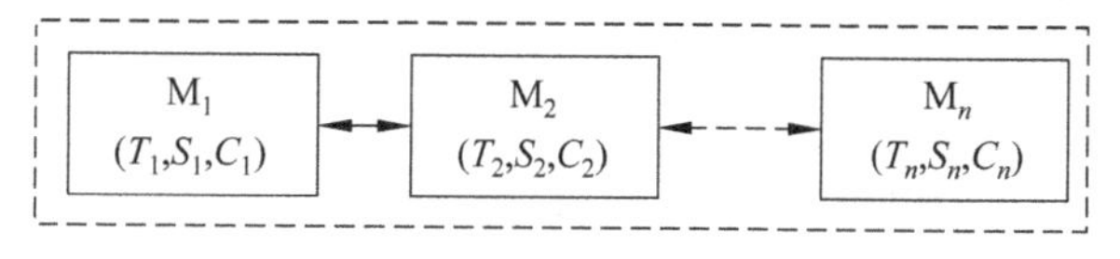

图 4-7　存储系统

存储体系指的是构成存储系统的 n 种不同的存储器（$M_1\sim M_n$）之间，配上辅助软硬件或辅助硬件，使之从 CPU 的角度来看，它们在逻辑上是一个整体。多级存储层次如

图 4-8 所示。其中 M_1 速度最快、容量最小、价格最高，M_n 速度最慢、容量最大、价格最低。整体具有接近于 M_1 的速度，M_n 的容量，接近于 M_n 的价格。在多级存储层次中，最常用的数据在 M_1 中，次常用的在 M_2 中，最少使用的在 M_n 中。

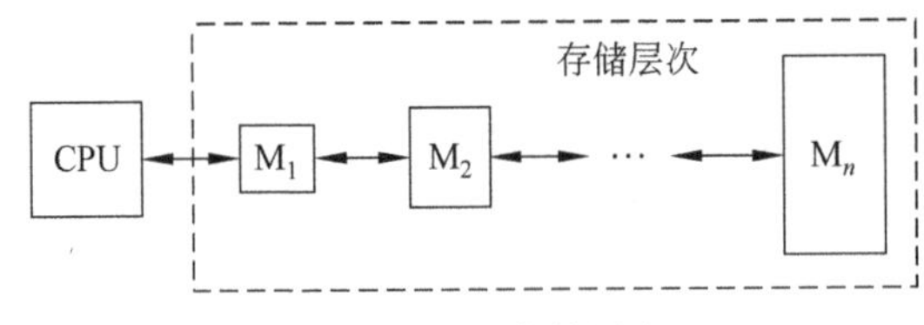

图 4-8　多级存储层次

各层之间的数据块调度根据程序局部性原理，程序在执行时所用到的指令和数据的地址分布不会是随机的，而是相对簇聚的。也就是说，最近的未来要用的指令和数据大多局限于正在用的指令和数据，或是存放在与这些指令和数据位置上邻近的单元中。这样，就可以把目前常用或将要用到的信息预先放在 M_1 中，从而使 CPU 的访问速度大大提高。

CPU 访存时的基本原则是由近到远，首先访问 M_1，若在 M_1 中找不到所要的数据，就要访问 M_2，将包含所需数据的块或页面调入 M_1。若在 M_2 中还找不到，就要访问 M_3，以此类推。如果所有层次中都没有，就出现错误。

2. 存储体系分支

基本的两级存储体系是虚拟存储系统和 Cache 存储系统，这是存储体系的两个不同分支。Cache-主存存储层次(Cache 存储系统)如图 4-9(a)所示，主存-辅存存储层次(虚拟存储系统)如图 4-9(b)所示。

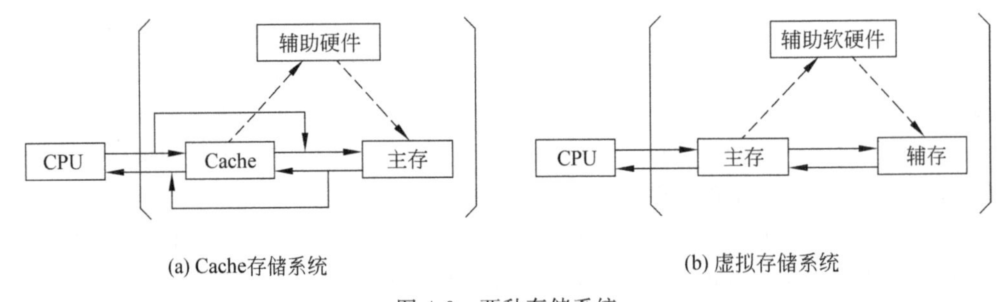

(a) Cache存储系统　(b) 虚拟存储系统

图 4-9　两种存储系统

主存-辅存层次，又称虚拟存储系统，由主存储器和联机的辅存(磁盘存储器)构成。其主要目的是扩大存储器容量，弥补主存容量的不足。

主存-辅存层次由主存和联机的辅存构成，在主存和辅存之间，增加辅助的软硬件，让它们构成一个整体。从 CPU 看，速度接近主存的速度，容量是虚拟地址空间，每位价格接近于辅存的价格。在虚拟存储系统中，为了降低系统的成本，许多功能依靠操作系统的存储管理用软件实现。因此，虚拟存储系统对系统程序员是不透明的，但对应用程序员是透明的。

Cache-主存层次，又称 Cache 存储系统，由 Cache 和主存储器构成。其主要目的是提高存储器速度，弥补主存速度的不足。

Cache-主存层次在 Cache 和主存之间，增加辅助硬件，让它们构成一个整体。从 CPU 看，速度接近 Cache 的速度，容量是主存的容量，每位价格接近于主存的价格。由于 CPU 与主存的速度相差一个数量级，信息在 Cache 与主存之间的传送就只能全部采用硬件来实现，所以 Cache 存储系统不但对应用程序员透明，对系统程序员也透明，操作系统不参与对 Cache 存储系统的管理。微机的 Cache 使用的是 SRAM，主存使用的是 DRAM，程序员只能看到主存（内存）。

4.1.4 存储体系的性能参数

为了简单起见，以二级存储体系（M_1，M_2）为例来分析，如图 4-10 所示。

设 c_i 为 M_i 的每位价格，S_{M_i} 为 M_i 的以位计算的存储容量，T_{A_i} 为 CPU 访问到 M_i 中的信息所需要的时间。为评价存储系统的性能，引入存储系统的每位价格 c、命中率 H 和等效访问时间 T_A。对于由 M_1 和 M_2 构成的两级存储层次结构，假设 M_1、M_2 的容量、访问时间和每位价格分别为 S_{M_1}、T_{A_1}、c_1 和 S_{M_2}、T_{A_2}、c_2。存储系统的每位平均价格计算如下：

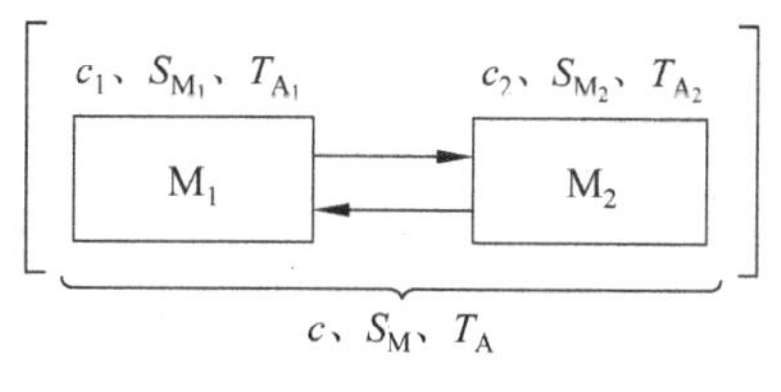

图 4-10 二级存储体系

$$c = \frac{c_1 S_{M_1} + c_2 S_{M_2}}{S_{M_1} + S_{M_2}}$$

存储系统的每位平均价格接近于比较便宜的 M_2，访问速度接近于 M_1。当 $S_{M_1} << S_{M_2}$ 时，$c \approx c_2$，但 S_{M_2} 与 S_{M_1} 不能相差太大。

存储系统的容量要求存储系统的容量等于 M_2 存储器的容量，要提供尽可能大的、能随机访问的地址空间。

存储系统的实现方法有两种，一种是只对 M_2 存储器进行编址，M_1 存储器只在内部编址。另一种是设计一个容量很大的逻辑地址空间，即抽象空间，使用虚拟地址。

值得注意的是存储系统的容量跟最大的存储器一样大，存储系统的容量指的是两个存储器构成系统以后的容量，而不是两个存储器加起来的容量。价格也不是整个花费，而是平均每位价格。

命中率 H 定义为 CPU 产生的逻辑地址能在 M_1 中访问到（命中）的概率，不命中率或失效率是指由 CPU 产生的逻辑地址在 M_1 中访问不到的概率。对于两级存储层次，失效率为 $1-H$。命中率可用实验或模拟方法来获得，即执行或模拟一组有代表性的程序，若逻辑地址流的信息能在 M_1 中访问到的次数为 R_1，当时在 M_2 中还未调到 M_1 的次数为 R_2，则命中率为

$$H = \frac{R_1}{R_1 + R_2}$$

不命中率为 $1-H$，两级存储层次的等效访问时间 T_A 根据 M_2 的启动时间有：

假设 M_1 访问和 M_2 访问是同时启动的，

$$T_A = H \times T_{A_1} + (1-H) \times T_{A_2}$$

假设 M_1 不命中时才启动 M_2

$$T_A = H \times T_{A_1} + (1-H) \times (T_{A_1} + T_{A_2}) = T_{A_1} + (1-H) \times T_{A_2}$$

设 CPU 对存储层次相邻二级的访问时间比 $r = T_{A_2}/T_{A_1}$，为了相互比较，存储系统的访问效率为

$$e = \frac{T_{A_1}}{T_A} = \frac{T_{A_1}}{HT_{A_1} + (1-H)T_{A_2}} = \frac{1}{H + (1-H)r}$$

存储系统的访问效率主要与命中率和两级存储器的速度之比有关。效率值越大，访问速度与速度快的存储器越接近。要想让 T_A 越接近于 T_{A_1}，即接近于比较快的 M_1，也就是让存储层次的访问效率 $e = T_{A_1}/T_A$ 接近于 1。总之，希望命中率比较高。

为降低对 H 的要求，要减少相邻二级存储器的访问速度差。减少相邻二级存储器的容量差也能提高 H，但这与降低每位价格相矛盾。

例 4-1 假设某计算机的存储系统由 Cache 和主存组成。某程序执行过程中访存 1000 次，其中访问 Cache 失效(未命中)50 次，则 Cache 的命中率是多少?

解： 程序访存次数 $N_1 + N_2 = 1000$ 次，其中访问 Cache 的次数 N_1 为访存次数减去访问 Cache 失效次数。

$$H = \frac{1000 - 50}{1000} = 95\%$$

例 4-2 CPU 执行一段程序时，Cache 完成存取的次数为 5000 次，主存完成存取的次数为 200 次。已知 Cache 存储周期 T_C 为 40ns，主存存取周期 T_M 为 160ns。分别求：

(1) Cache 的命中率 H；

(2) 等效访问时间 T_A(假设主存和 Cache 同时启动)；

(3) Cache-主存系统的访问效率 e。

解：

(1) $H = \frac{5000}{5000+200} \approx 96\%$

(2) $T_A = HT_{A_1} + (1-H)T_{A_2} = 0.96 \times 40 + (1-0.96) \times 160 = 44.8\text{ns}$

(3) $e = \frac{T_{A_1}}{T_A} = 40/44.8 = 89.3\%$

例 4-3 假设 $T_2 = 5T_1$，在命中率 H 为 0.9 和 0.99 两种情况下，分别计算存储系统的访问效率。

解：

当 $H = 0.9$ 时，$e_1 = 1/(0.9 + 5(1-0.9)) = 0.72$

当 $H = 0.99$ 时，$e_2 = 1/(0.99 + 5(1-0.99)) = 0.96$

结论是命中率越高，与速度快的存储器越接近。提高存储系统速度的两条途径，一是提高命中率 H，二是两个存储器的速度不要相差太大。其中第二条有时做不到(如虚拟存储系统，主-辅存储器相差 10^5)，因而主要依靠提高命中率。

例 4-4 在虚拟存储系统中，两级存储器的速度相差特别悬殊 $T_2=10^5 T_1$。如果要使访问效率 $e=0.9$，问要求有多高的命中率？

解：

$$0.9=\frac{1}{H+(1-H)\times 10^5}$$

$$0.9H+90\,000(1-H)=1$$

$$89\,999.1H=89\,999$$

解得：

$$H=0.999\,998\,888\,877\,777\cdots\approx 0.999\,999$$

极高的命中率如何达到？根据程序局部性原理，采用预取技术会提高命中率。不管需要还是不需要的，把需要字的前前后后都一起取过来，即取一个数据块。

具体方法是不命中时，把 M_2 存储器中相邻几个单元组成的一个数据块都取出来送入 M_1 存储器中。命中率计算公式如下：

$$H'=\frac{H+n-1}{n}$$

其中，H'是采用预取技术后的命中率；H 是原来的命中率；n 为数据块大小与数据重复使用次数的乘积。

一种证明方法是采用预取技术之后，不命中率降低 n 倍，新的命中率为

$$H'=1-\frac{1-H}{n}=\frac{H+n-1}{n}$$

也可以采用另外一种证明方法。在原有命中率计算公式中，把访问次数扩大到 n 倍，这时，由于采用了预取技术，命中次数为 $nN_1+(n-1)N_2$，不命中次数仍为 N_2，因此新的命中率为

$$H'=\frac{nN_1+(n-1)N_2}{nN_1+nN_2}=\frac{N_1+(nN_1+nN_2)-(N_1+N_2)}{nN_1+nN_2}=\frac{H+n-1}{n}$$

例 4-5 在一个 Cache 存储系统中，当 Cache 的块大小为一个字时，命中率 $H=0.8$；假设数据的重复利用率为 5，计算块大小为 4 个字时，Cache 存储系统的命中率是多少？假设 $T_2=5T_1$，分别计算访问效率。

解：$n=4\times 5=20$，采用预取技术后，命中率提高到：

$$H'=\frac{H+n-1}{n}=\frac{0.8+20-1}{20}=0.99$$

Cache 块为 1 个字大时，$H=0.8$，访问效率为

$$e_1=1/(0.8+5(1-0.8))=0.55$$

Cache 块为 4 个字大时，$H=0.99$，访问效率为

$$e_2=1/(0.99+5(1-0.99))=0.96$$

例 4-6 在一个虚拟存储系统中，$T_2=10^5\ T_1$，原来的命中率只有 0.8，如果访问磁盘存储器的数据块大小为 4K 字，并要求访问效率不低于 0.9，计算数据在主存储器中的重复利用率至少为多少？

解：假设数据在主存储器中的重复利用率为 m，根据前面的公式给出关系：

$$0.9=\frac{1}{H'+(1-H')\times 10^5},\quad H'=\frac{0.8+4096m-1}{4096m}$$

解方程组得 $m=44$，即数据在主存储器中的重复利用率至少为 44 次。

存储器的层次结构，即计算机中多个层次的存储器，由 Register Files（寄存器堆）→Buffers（Lookahead）（缓冲器）→Cache→Main Memory（主存）→Online Storage（联机存储器）→Off-line Storage（脱机存储器）组成。同一台计算机的 n 个存储器连在一起，越接近 CPU 的速度越快，离 CPU 越远的容量越大，单位价格离 CPU 越远的越便宜。如图 4-11 所示，如果用 i 表示层数，则有：

工作速度为 $T_i<T_i+1$，存储容量为 $S_i<S_i+1$，单位价格为 $C_i>C_i+1$。

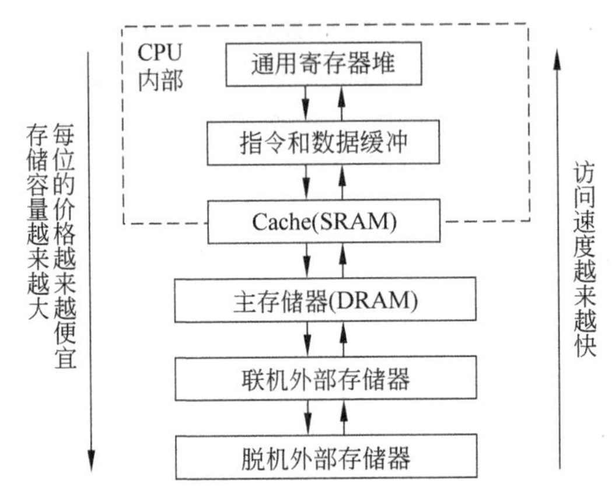

图 4-11 存储器的层次结构

工作速度接近上面的存储器，存储容量和价格接近下面的存储器。联机外存有硬盘，脱机外存有磁带和软盘。各级存储器的主要性能特性如表 4-2 所示。

表 4-2 各种存储器的主要性能特性

存储器层次	通用寄存器	缓冲栈	Cache	主存储器	磁盘存储器	脱机存储器
存储周期	<10ns	<10ns	10～60ns	60～300ns	10～30ms	2～20min
存储容量	<512B	<512B	8KB～2MB	32MB～1GB	1GB～1TB	5GB～10TB
价格/($ C/KB)	1200	80	3.2	0.36	0.01	0.0001
访问方式	直接译码	先进先出	相联访问	随机访问	块访问	文件组
材料工艺	ECL	ECL	SRAM	DRAM	磁表面	磁、光等
分配管理	编译器分配	硬件调度	硬件调度	操作系统	系统/用户	系统/用户
带宽/(MB/s)	400～8000	400～1200	200～800	80～160	10～100	0.2～0.6

CPU 与主存储器的速度差距越来越大。1955 年，第一台大型机 IBM 704，CPU 和主存储器的工作周期均为 12μs，目前，CPU 的工作速度提高了 4 个数量级以上，主存储器的工作速度仅提高两个数量级。今后，CPU 与主存储器的速度差距会更大，研究存储系统的目的就是要找出解决这一问题的办法。

CPU 与主存储器两者根本不能匹配工作，存储器的速度跟不上系统的要求，需要保证频带平衡，即计算机中各级存储器频带应该达到平衡。

例如一台速度为500MIPS的计算机系统，主存储器的各种访问源的频带宽度如下：

(1) CPU取指令：500MW/s。

(2) CPU取操作数和保存运算结果：1000MW/s。

(3) 各种输入输出设备访问存储器：50MW/s。

各访问源的频带宽度三项相加，要求存储器的频带宽度不低于1550MW/s，访问周期不大于0.64ns，实际上主存储器的工作周期为100ns左右，两者相差150多倍。每次访存都要能响应，希望存储器马上能给数据，具体三种途径是多个存储器并行工作、设置各种缓冲存储器和采用存储系统。

使用ARM处理器核的嵌入式系统中的存储层次结构如图4-12所示。

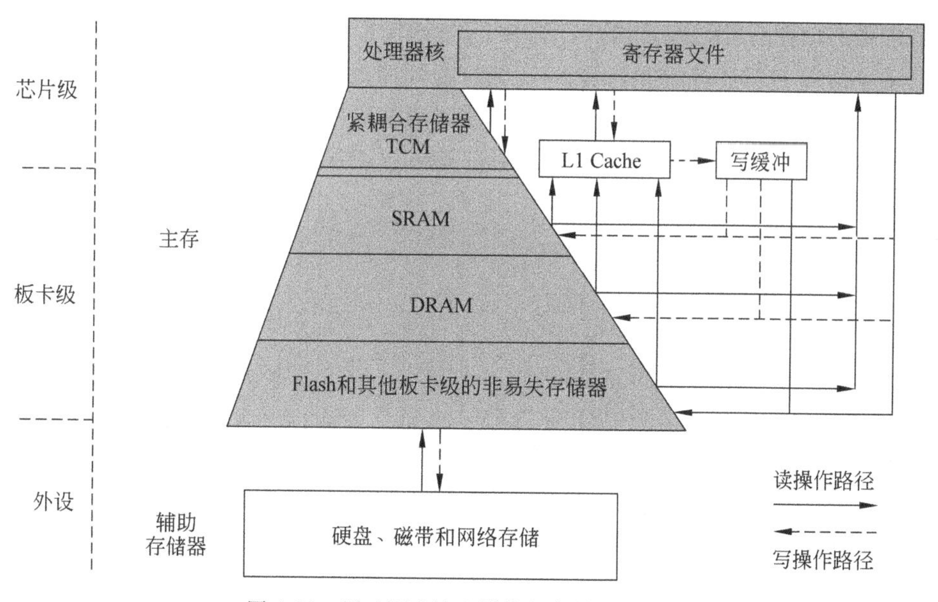

图4-12 用ARM处理器核的存储层次结构

4.1.5 双口RAM

双口RAM是指同一个存储器具有两组相互独立的读写控制电路，是一种高速工作的存储器。它有两个独立的端口，分别具有各自的地址线、数据线和控制线，可以对存储器中的任何地址单元的数据进行独立的存取操作。

双口RAM的核心部分是用于数据存储的存储器阵列，可为左、右两个端口所共用。当两个端口的地址不相同时，在两个端口上进行读写操作，一定不会发生冲突。当任一端口被选中驱动时，就可对整个存储器进行存取，每一个端口都有自己的片选控制和输出驱动控制。

当两个端口同时存取存储器的同一地址单元时，就会因数据冲突造成数据存储或读取错误。两个端口对同一主存地址单元操作有4种情况：

① 两个端口不同时对同一地址单元存取数据；

② 两个端口同时对同一地址单元读出数据；

③ 两个端口同时对同一地址单元写入数据；

④ 两个端口同时对同一地址单元，一个写入数据，另一个读出数据。

在第①、第②种情况时，两个端口的存取不会出现错误，第③种情况会出现写入错误，第④种情况会出现读出错误。为避免第③、第④种错误情况的出现，双口 RAM 设计有硬件$\overline{\mathrm{BUSY}}$功能输出，其工作原理如下：当左、右端口不对同一地址单元存取时，$\overline{\mathrm{BUSY_L}}$＝H，$\overline{\mathrm{BUSY_R}}$＝H，可正常存储。

当左、右端口对同一地址单元存取时，有一个端口的$\overline{\mathrm{BUSY}}$＝L，禁止数据的存取。此时，两个端口中，哪个存取请求信号出现在前，则其对应的$\overline{\mathrm{BUSY}}$＝H，允许存取；哪个存取请求信号出现在后，则其对应的$\overline{\mathrm{BUSY}}$＝L，禁止其写入数据。需要注意的是，两端口间的存取请求信号出现时间要相差在 5ns 以上，否则仲裁逻辑无法判定哪一个端口的存取请求信号在前；在无法判定哪个端口先出现存取请求信号时，两根控制线不会同时为低电平。这样，就能保证对应于$\overline{\mathrm{BUSY}}$＝H 的端口能进行正常存取，对应于$\overline{\mathrm{BUSY}}$＝L 的端口不存取，从而避免双端口存取出现错误。

4.2 虚拟存储系统

随着主存-辅存存储层次的发展完善，逐步形成了虚拟存储系统概念。虚拟存储概念1961 年由英国曼彻斯特大学 Kilbrn 等人提出。

虚拟存储系统的空间大小取决于计算机的访存能力，即它能产生的地址位数，而实际存储空间可以小于虚拟地址空间。这样，从程序员的角度看，存储空间扩大，CPU 访问的地址是一个虚地址（逻辑地址、程序地址），其对应的存储容量称虚存容量（程序空间）；而实际主存地址为实地址（物理地址），其对应的存储容量为主存容量（实存空间）。

虚拟存储系统 20 世纪 70 年代广泛地应用于大中型计算机系统中，目前许多微型机也使用虚拟存储系统。虚拟存储系统由主存储器（DRAM）和联机工作的外存储器（磁盘存储器）共同组成。主存使用 DRAM，容量小，速度快。磁盘容量大，价格低。应用程序员将其看成一个存储器，可使用很大的虚拟空间。

虚拟存储系统通过地址映像机构来实现程序在主存中的定位，根据不同的存储地址映像算法，分为段式、页式和段页式三种不同的存储管理方式。

4.2.1 虚拟存储管理方式

1. 段式存储管理方式

段式存储管理的特点是将程序按逻辑意义分成段，按段进行调入、调出和管理。依据程序的模块性，按照程序的内容和函数关系分段，各个段的长度因程序而异。

段式存储管理地址映像方法是每个程序段都从 0 地址开始编址，长度可长可短，可以在程序执行过程中动态改变程序段的长度。每个程序段可以映像到主存的任意位置，段可以连续存放，也可以不连续存放，可以顺序存放，也可以前后倒置。

为了把程序虚地址变换成主存实地址，需要一个段表。段表中每一行记录了某个段对应的若干信息，包括段名(段号)、段起始地址、装入位、段长和访问方式等。段长和访问方式是用来保护程序段的，是否越界，是否保护和保护的级别。装入位为"1"，表示该段已调入主存；装入位为"0"，则表示该段不在主存中，段表中均无用。由于段的大小可变，所以在段表中要给出各段的起始地址与段的长度。段表本身也是一个段，一般驻留在主存中。段号连续可以省略，段唯一地映像到主存确定的位置。各个不同区域中每个段都从0开始编址，可映像到主存的任意位置上。多用户虚地址由三部分组成，分为用户号、段号和段内偏移。每道程序由一个段表控制装入主存，如果系统有 N 道程序，就有 N 个段表。用 N 个段表基址寄存器分别记录各道程序的段表在主存中的起始地址。在CPU中有一个段表基址寄存器堆，段表放在主存储器中。段式管理的地址变换过程如图4-13所示。程序实际执行时进行虚拟地址到物理实地址的变换，具体地址变换方法如下：

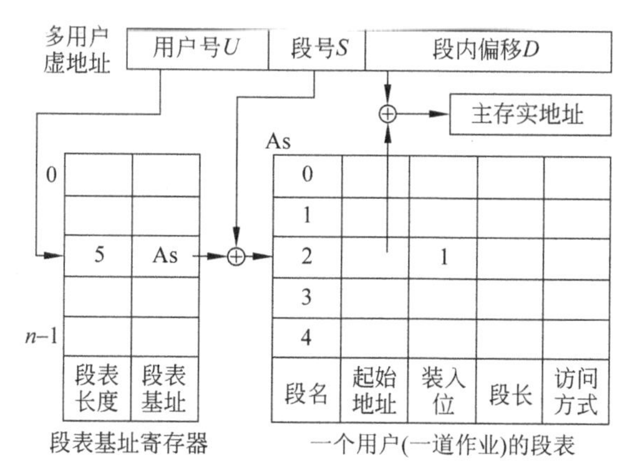

图4-13 段式虚拟存储系统的地址变换

(1) 由用户号找到基址寄存器。

(2) 从基址寄存器中读出段表的起始地址。

(3) 把起始地址与多用户虚地址中段号相加得到段表地址。

(4) 把段表中给出的起始地址与段内偏移 D 相加就能得到主存实地址。

段式虚拟存储系统的主要优点如下：

(1) 程序的模块化性能好。将大的程序划分成多个程序段，可并行编程。

(2) 便于程序和数据的共享。段按功能划分，主存只装一份即可。

(3) 程序的动态链接和调度比较容易。程序段是有独立意义的数据或具有完整功能的程序段。

(4) 便于实现信息保护。保护段内容不被破坏。

段式虚拟存储系统的主要缺点如下：

(1) 地址变换所花费的时间比较长，要做两次加法运算，而且要查两次表。

(2) 主存储器的利用率往往比较低。段要求装入连续的空间，段间会有许多空隙，即段间的零头浪费。

(3) 对辅存(磁盘存储器)的管理比较困难。磁盘是按固定大小的块来访问的。从不定长的段到固定长的磁盘块,要进行一次变换,读起来比较麻烦。

段式存储器分配算法如图 4-14 所示。首先分配法是按空闲区域找到能放下段的就分配,而最佳分配法是根据段的长度选相近大小的空闲区域分配,以减少浪费。图中首先分配法优于最佳分配法,但不意味着首先分配法就一定好,完全可能出现相反的情况。

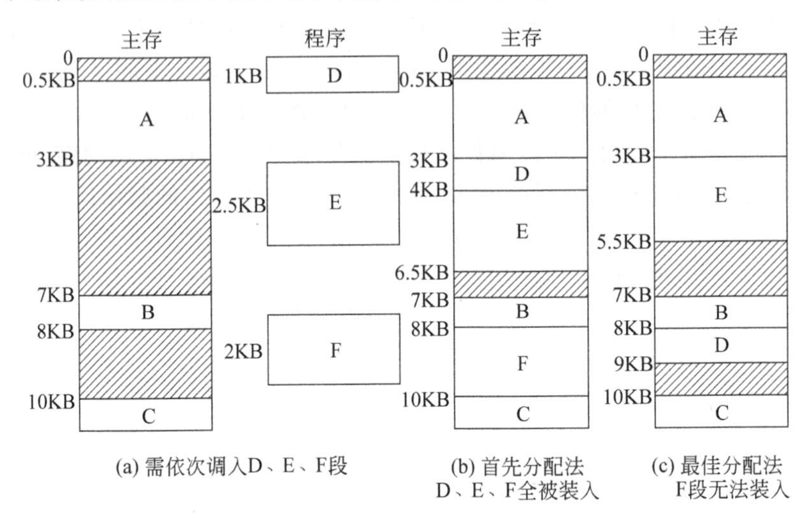

图 4-14 段式存储器分配算法

2. 页式存储管理方式

页式存储管理是将主存空间和程序空间都机械等分成固定大小的页面(页面的大小随机器而异,一般为 512B 到几千字节),让程序的起点必须处在主存中某一个页面位置的起点上。这就像一本书是由许多页组成的一样,每页的字数相同,如 4096 字。

主存(实存)的页称为实页,虚存的页称为虚页,由地址映像机构将虚页号转换成主存的实页号。磁盘物理块大小为 0.5KB,虚拟页大小为 0.5KB 的整数倍 1～16KB。虚页号到实页号的变换如图 4-15 所示,每页的长度是固定的。

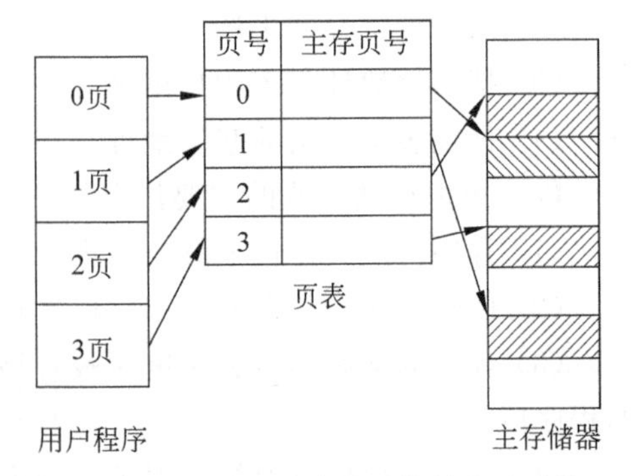

图 4-15 页式虚拟存储系统的地址映像

页式管理需要一个页表。页表是一张存放在主存中的虚页号和实页号的对照表,页表中每一行记录了某个虚页对应的若干信息,包括虚页号、装入位和实页号等。若装入位为"1",表示该页面已在主存中,将对应的实页号与虚地址中的页内地址拼接就得到了完整的实地址;若装入位为"0",表示该页面不在主存中,于是要启动 I/O 系统,把该页从辅存中调入主存后再供 CPU 使用。

与段式存储管理一样，也要配备 N 个页表基址寄存器，来存放 N 道程序各自所用页表在主存中的起始地址。页式虚拟存储系统的地址变换如图 4-16 所示。CPU 内部基址寄存器堆存放用户页表基址，读出 Pa 页表起始地址，和虚页号做一次加法得到页表地址。由页表查出的主存实页号 p 与页内偏移 d 拼接得到主存实地址。例如：1M 字内存大小，1024 字为 1 页。若主存地址是 20 位地址，则页内偏移占 10 位，页号占 10 位。

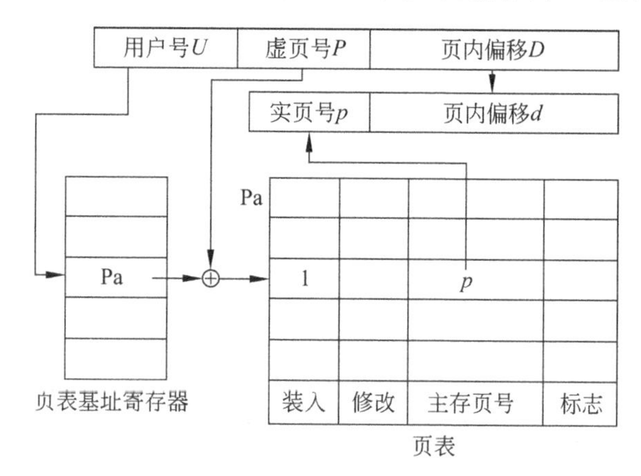

图 4-16 页式虚拟存储系统的地址变换

页是按固定大小机械划分的，页式虚拟存储系统的主要优点如下：

(1) 主存储器的利用率比较高，只有不到一页的浪费；

(2) 页表相对比较简单，保存的字段比较少；

(3) 地址变换的速度比较快，只要查页号之间的对应关系；

(4) 对磁盘的管理比较容易，页大小是磁盘块大小的整数倍。

页式虚拟存储系统的主要缺点如下：

(1) 程序的模块化性能不好，页不能表示一个完整的程序功能；

(2) 页表很长，需要占用很大的存储空间。每一个页，在页表中占用一字(4 字节)，虚页很多，一页一行。例如：虚拟存储空间 4GB，页大小 1KB，则页表的容量为 4M 字，即 16MB。

3. 段页式存储管理方式

在段式、页式虚拟存储系统的基础上，还有一种段页式虚拟存储系统。段页式管理是上述两种方法的结合，它将程序按其逻辑结构分段，每段再划分为若干大小相等的页，访存通过一个段表和若干个页表进行。主存空间也划分为若干同样大小的页。虚存和实存之间以页为基本传送单位。每道程序对应一个段表，每段对应一个页表。CPU 访问时，虚地址包含段号、段内页号和页内偏移三部分。

首先将段表起始地址与段号相加得到段表地址，然后从段表中取出该段的页表起始地址与段内页号相加得到页表地址，最后从页表中取出实页号与页内地址拼接形成主存实地址。段页式虚拟存储系统综合了前两种管理方式的优点，但要经过两级查表才能完成地址转换，因而费时要长些。

段的长度必须是页的长度的整数倍，段的起点必须是某一页的起点。用户按照程序段来编写程序，每个程序段分成几个固定大小的页。每道程序需要一张段表，多张页表。对用户原来编写程序的虚拟存储空间采用分段的方法管理，而对主存的物理空间采用分页方法管理。

例如，一个用户程序由三个独立的程序段组成。一张段表，三张页表。段表中给出该程序段的页表长度和页表的起始地址。页表中给出了每一页在主存中的实页号，如图4-17所示。

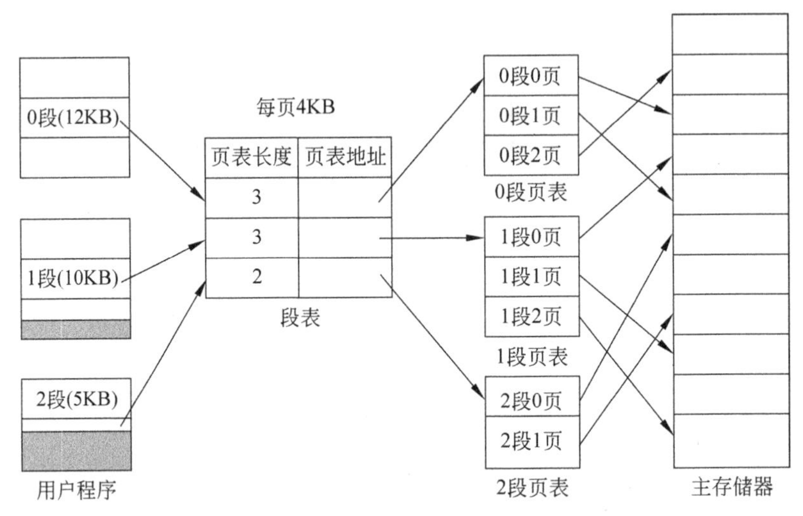

图4-17 段页式虚拟存储系统的地址映像

用户程序三个独立的程序段，0段长度12KB分3页；1段长度10KB分3页，2KB浪费；2段长度5KB分2页，3KB浪费。段页式与段式管理不同，每一页不能映像到主存的任意位置上，只能整页放置。CPU访问时，虚地址包含用户号、段号、段内页号、页内偏移4部分。段页式虚拟存储系统的地址变换如图4-18所示，地址变换方法如下：

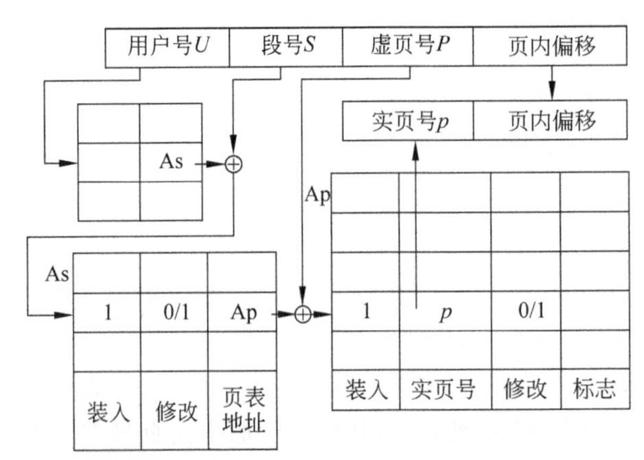

图4-18 段页式虚拟存储系统的地址变换

（1）由用户号找到段表基址寄存器。

（2）将段表起始地址与段号相加，得到段表地址，查段表，得到该程序段的页表起始地址和页表长度。

（3）将页表起始地址，与段内页号相加，得到页表地址，再查页表找到要访问的主存实页号。

（4）最后把实页号 p 与页内偏移 d 拼接得到主存的实地址。

段页式虚拟存储系统综合了前两种虚拟存储系统的优点，但要经过两级查表才能完成地址转换，因而费时要长些。

段页式虚拟存储系统地址变换具体分两步，先查段表得到页表起始地址和页表长度，再查页表得到实页号，共要访问三次主存。造成虚拟存储系统速度降低的主要原因如下：

（1）要访问主存储器须先查段表或页表，主存访问速度降低 2～3 倍；

（2）可能需要多级页表。页表级数的计算公式如下：

$$g=\left\lceil\frac{\log_2 \mathrm{Nv}-\log_2 \mathrm{Np}}{\log_2 \mathrm{Np}-\log_2 \mathrm{Nd}}\right\rceil$$

其中 Np 为页面的大小，Nv 为虚拟存储空间大小，Nd 为一个页表存储字的大小。分母为每页放几个表项，分子为虚页数。

例 4-7 虚拟存储空间大小 Nv＝4GB，页的大小 Np＝1KB，每个页表存储字占用 4 个字节。整个页表共有 4M 个表项，远大于一个页面，所以需要建立多级页表。计算得到页表的级数如下：

$$g=\left\lceil\frac{\log_2 4\mathrm{G}-\log_2 1\mathrm{K}}{\log_2 1\mathrm{K}-\log_2 4}\right\rceil=\left\lceil\frac{32-10}{10-2}\right\rceil=3$$

需要三级页表，共 256×256×64＝4(M 字)。1 页有 256 个存储字，即页表 $2^8\times2^8\times2^6$。通常把 1 级页表驻留在主存储器中，2、3 级页表只驻留一小部分在主存中。

4. 三种管理方式的优缺点比较

表 4-3 列出了段式、页式和段页式存储方式的优缺点。

表 4-3　三种存储管理方式的优缺点

管理方式	优　点	缺　点
段式管理	（1）支持程序的模块化设计和并行编程的要求，缩短程序编程时间 （2）各程序段的修改相互不会有影响 （3）便于多道程序共享主存中的某些段 （4）便于按逻辑意义实现存储器的访问方式保护	（1）段表机构太庞大 （2）查表速度太慢 （3）存储管理麻烦 （4）主存利用率不是很高，大量零头浪费
页式管理	（1）页表硬件少 （2）地址变换的速度快，零头较少 （3）主存空间分配和管理简便	（1）强制分页，页无逻辑意义，不利于存储保护和扩充 （2）不能完全消除零头浪费
段页式管理	具有段式、页式的优点	速度较慢

4.2.2 页式虚拟存储系统构成

1. 地址映像和变换

一个主存地址 A 由两部分组成，实页号 p 和页内偏移 d。

实页号 p	页内偏移 d

一个多用户虚拟地址 Av 由三部分组成，用户号 U、虚页号 P 和页内偏移 D。

用户号 U	虚页号 P	页内偏移 D

所谓地址映像是每一个虚存单元将按什么规则(算法)装入实存，即建立多用户虚地址 Av 与实主存地址 A 之间的对应关系。对于页式虚存而言，实际上就是将多用户虚页号为 P 的页可装入主存中的哪些页面位置，建立起 Av 与 A 的对应关系。而地址变换则指的是程序按照这种映像关系装入实存后，在执行时，多用户虚地址 Av 如何变换成对应的实地址 A。对页式虚存而言就是多用户虚页号 P 如何变换成实页号 p。

首先进行内部地址变换，即虚页号变换成主存实页号，进而多用户虚拟地址 Av 变换成主存实地址 A。所需要的页在内存(微机中的主存)称作内部地址变换，查内页表。多用户虚拟地址中的页内偏移 D 直接作为主存实地址中的页内偏移 d。主存实页号 p 与它的页内偏移 d 直接拼接起来就得到主存实地址 A。

如果内部地址变换失效(不命中)，所需要的页不在内存，必须访问磁盘(微机中的辅存)，就要进行外部地址变换。虚页号变换成磁盘实地址，主要由软件实现。首先通过查外页表得到磁盘实地址，然后再查主存实页表，看主存是否有空页。若有空页，把磁盘存储器实地址和主存储器实页号送入输入输出处理机。在输入输出处理机的控制下，把要访问的数据所在的一整页都从磁盘存储器调入主存储器。若没空页，就需要使用替换算法。

要想把某道程序的虚页调入主存，就必须给出该页在辅存中的实际地址。为了提高调页效率，辅存一般是按信息块来编址的，而且通常让块的大小等于页面的大小。以磁盘为例，辅存实地址 Ad 的格式为

Ad

磁盘机号	柱面号	磁头号	块号

内部地址变换失败(未命中——页面失效)，要进行外部地址变换，其目的是要找到磁盘的实地址，并把需要的那一页调入主存。

在操作系统中，把页面失效当作一种异常故障来处理。每个用户程序都有一张外页表，虚拟地址空间中的每一页，在外页表中都有对应的一个存储字。每一个存储字除了包括磁盘存储器的地址之外，至少还包括一个装入位。虚地址到辅存实地址的地址变换如图 4-19 所示。

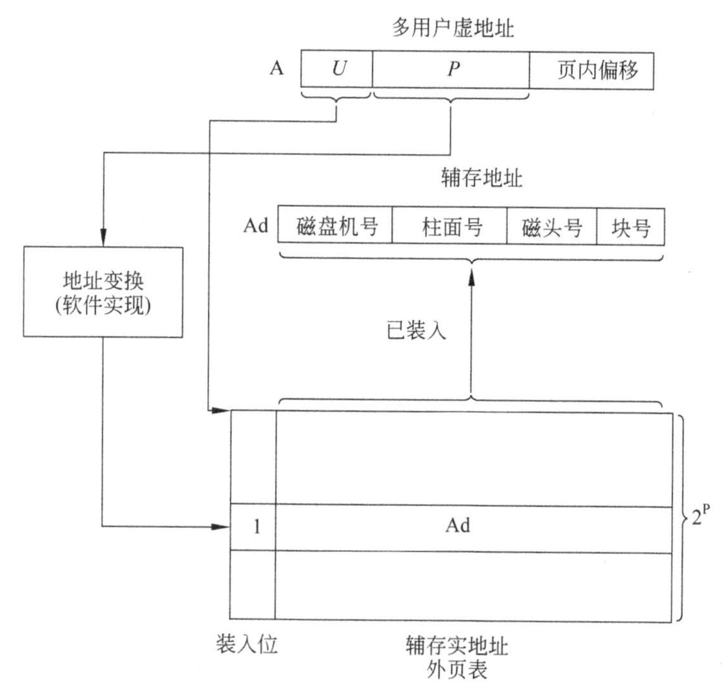

图 4-19　虚地址到辅存实地址的地址变换

页表或段表中的有效位指示还没有装入主存，必须进行外部地址变换。外页表的装入位为 1，表示此页已在磁盘，否则要从海量存储器（磁带、光盘）调页。程序中给出的地址是虚拟地址，外部地址变换查出的是磁盘实地址。总之，地址变换先做内部地址变换查内页表，页面失效时再做外部地址变换查外页表。

2. 页面替换算法

页面失效是该页未装入主存，需要从辅存中调页。页面冲突（页面争用）是两个以上的虚页想要进入主存中同一个页面位置的现象。页面失效时不一定发生页面冲突，但页面冲突一定是由页面失效引起的。

当页面失效后，需要从辅存将一个虚页调入主存，而此时主存已满，就会发生实页冲突。只有腾出主存中某个页后才能接纳由辅存调入的新页，选择主存中哪个页作为被替换的页，就是替换算法要解决的问题。替换算法的确定主要是看按这种替换算法替换是否有高的主存命中率，其次要看替换算法是否便于实现，辅助软硬件成本是否低。

多用户程序的虚页数比主存实页数多，虚存中能容纳页数比主存能存放的页数多，必然会出现页面失效。页面替换发生时间是当发生页面失效时，要从磁盘中调入一页到主存。如果主存所有页面都已经被占用，必须从主存储器中淘汰掉一个不常使用的页面，以便腾出主存空间来存放新调入的页面。

替换算法要正确反映程序的局部性。如把 100 个页放到 4 页的主存中，放不下就要决定把哪个页面替换出去，采用替换算法。评价页面替换算法好坏的标准一是命中率要高，二是算法要容易实现。

涉及一个大的存储器和一个小的存储器的地址映像和地址变换时，小存储器满了就有替换算法问题。替换算法具体用在哪些地方，即页面替换算法的使用场合如下：

(1) 虚拟存储系统中，主存页面的替换一般用软件实现；

(2) Cache 存储系统的块替换一般用硬件实现；

(3) 虚拟存储系统的快慢表中，快表中存储字的替换，用硬件实现；

(4) 虚拟存储系统中，用户基地址寄存器的替换，用硬件实现；

(5) 在有些虚拟存储系统中目录表的替换。

目前已研究过多种替换算法，典型的页面替换算法有以下几种：

(1) 随机算法(RANDom algorithm，RAND)。

随机算法随便找一个页，利用软件或硬件的随机数产生器来确定被替换的页。这种算法简单，容易实现，但没有利用主存使用的历史信息，没有反映程序的局部性，使主存的命中率很低。

(2) 先进先出算法(First-In First-Out algorithm，FIFO)。

先进先出算法是选择最早装入主存的页作为被替换的页。这种算法比较容易实现，利用了历史信息，但没有反映程序的局部性。在主存页面表中给每页配一个计数器，每当一页装入主存时，让该页的计数器清零，其他已装入主存的那些页的计数器加“1”。需要替换时，计数器值最大的页的页号就是最先调入的页，作为替换的页。然而最先调入主存的页面，很可能也是经常要使用的页面。

(3) 近期最少使用算法(Least Frequently Used algorithm，LFU)。

近期最少使用算法是选择近期最少访问的页作为被替换页。这种算法既充分利用了历史信息，又反映了程序的局部性，但完全按此算法实现非常困难。LFU 算法比较合理，最少使用的页很可能也是将来最少访问的页面。事实上，近期最少使用算法需要为每个实页配置一个位数很长的计数器，实现起来是很困难的。所以，一般将近期最少使用算法改为近期最久未访问算法，称其为 LRU 法。

(4) 最久没有使用算法(Least Recently Used algorithm，LRU)。

最久没有使用算法把 LFU 算法中的“多”与“少”简化成“有”与“无”，实现起来比较容易。LRU 算法采用堆栈、比较对方法实现。

(5) 最优替换算法(OPTimal replacemant algorithm，OPT)。

这是一种理想化的算法，用来作为评价其他页面替换算法好坏的标准。理想情况下应选择将来最久不被访问的页面作为替换页，唯一的方法是让程序先执行一遍。

在虚拟存储系统中，实际上有可能采用的只有 FIFO 和 LRU 两种算法。

替换算法一般是通过用典型的页地址流模拟其替换过程，再根据所得到的命中率的高低来评价其好坏的。当然影响命中率的因素除了替换算法外，还因地址流、页面大小、主存容量等不同而不同。

例 4-8 设有一道程序，有 1—5 共 5 页，执行时的页地址流(即执行时依次用到的程序页的页号)为

2，3，2，1，5，2，4，5，3，2，5，2

按页地址流，先调入 2 页，再调入 3 页……而分配给该道程序的主存只有三个页面。如

图 4-20 所示，星号标明要替换的页，FIFO 和 LRU 算法向前看历史信息，OPT 算法向后看页的使用情况。FIFO 算法的命中率最低，而 LRU 算法的命中率非常接近于 OPT 算法。

时间t	1	2	3	4	5	6	7	8	9	10	11	12
页地址流	2	3	2	1	5	2	4	5	3	2	5	2
先进先出 FIFO	2	2	2	2*	5	5	5*	5*	3	3	3	3*
		3	3	3	3*	2	2	2	2*	2*	5	5
命中3次				1	1	1*	4	4	4	4	4*	2
	调进	调进	命中	调进	替换	替换	替换	命中	替换	命中	替换	替换
最久没有使用 LRU	2	2	2	2	2*	2	2	2*	3	3	3*	3*
		3	3	3*	5	5	5*	5	5	5*	5	5
命中5次				1	1	1*	4	4	4*	2	2	2
	调进	调进	命中	调进	替换	命中	替换	命中	替换	替换	命中	命中
优化 OPT	2	2	2	2	2	2*	4*	4*	4*	2	2	2
		3	3	3	3*	3	3	3	3	3*	3	3
命中6次				1*	5	5	5	5	5	5	5	5
	调进	调进	命中	调进	替换	命中	替换	命中	命中	替换	命中	命中

图 4-20　三种页面替换算法对同一页地址流的调度过程

替换算法的选择应尽可能使主存的命中率要高，同时实现要方便，成本要低。表 4-4 列出了常见的 4 种替换算法的比较。

表 4-4　4 种替换算法的比较

算　法	思　想	优　点	缺　点
随机算法(RAND)	用软的或硬的随机数产生器产生待替换的页号	简单、易于实现	没有反映出程序局部性，命中率低
先进先出算法(FIFO)	选择最早装入主存的页作为被替换的页	实现方便，利用了主存的"历史"信息	不一定能正确地反映程序局部性，命中率不一定高
近期最久没使用算法(LRU)	选择近期最久没访问的页作为被替换的页	比较正确地反映程序局部性，利用访存的历史信息，命中率较高	实现较复杂
最优替换算法(OPT)	将未来近期不用的页替换出去	命中率最高，可作为衡量其他替换算法的标准	不现实，只是一种理想算法

命中率也与页地址流有关。例如一个循环程序，当所需页数大于分配给它的页数时，无论 FIFO 还是 LRU 算法的命中率都明显低于 OPT 算法。如图 4-21 所示，分配给该道程序的主存页数只有 3 个页面，有一 4 个页的循环程序，在 FIFO 和 LRU 算法中，总是发生下次就要使用的页面本次被替换出去的情况，这就是"颠簸"现象，即"乒乓"效应。

OPT 算法命中三次，FIFO 和 LRU 算法一次也没命中。对于循环程序，当分配给它

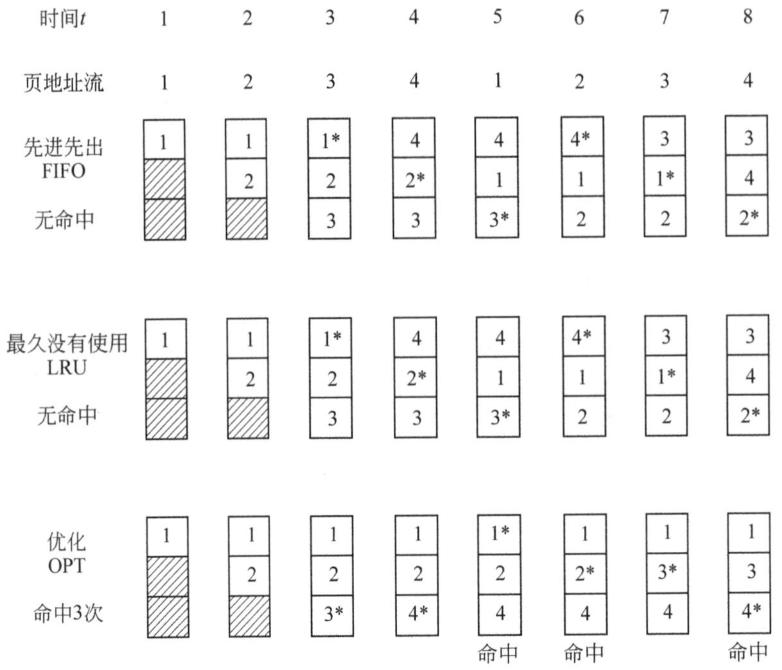

时间t	1	2	3	4	5	6	7	8
页地址流	1	2	3	4	1	2	3	4
先进先出 FIFO 无命中	1	1, 2	1*, 2, 3	4, 2*, 3	4, 1, 3*	4*, 1, 2	3, 1*, 2	3, 4, 2*
最久没有使用 LRU 无命中	1	1, 2	1*, 2, 3	4, 2*, 3	4, 1, 3*	4*, 1, 2	3, 1*, 2	3, 4, 2*
优化 OPT 命中3次	1	1, 2	1, 2, 3*	1, 2, 4*	1*, 2, 4 命中	1, 2*, 4 命中	1, 3*, 4	1, 3, 4* 命中

图 4-21 命中率与页地址流有关

的页面数小于程序所需的页面数，命中率不仅与地址流有关，还与分配给该程序的实页数有关。一般来说，随着分配给程序的主存实页数越多，虚页装入主存的机会越多，但命中率是否提高还与使用的替换算法有关，如 FIFO 算法的实页数增加，命中率还有可能下降，如图 4-22 所示。而堆栈型替换算法，随着分配给程序的主存页面数的增加，主存的命中率也提高，至少不下降。

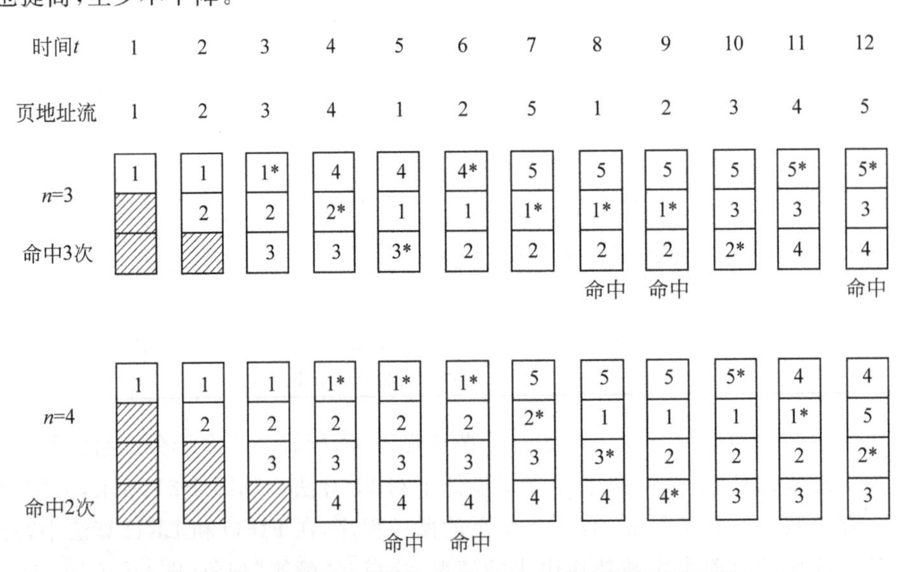

图 4-22 FIFO 算法的实页数增加命中率反而有可能下降

在4种替换算法中，LRU和OPT算法都属于堆栈型的替换算法，而RAND和FIFO算法则不是堆栈型的替换算法。

什么是堆栈型替换算法呢？设A是长度为L的任意一个页面地址流，t为已处理过$t-1$个页面的时间点，n为分配给该地址流的主存页面数，$B_t(n)$表示在t时间点、在n页的主存中的页面集合，L_t表示到t时间点已遇到过的地址流中相异页的页数。如果替换算法具有下列包含性质：

$$n < L_t \text{ 时}, B_t(n) \subset B_t(n+1)$$
$$n \geqslant L_t \text{ 时}, B_t(n) = B_t(n+1)$$

则此替换算法属堆栈型的替换算法。

LRU算法在主存中保留的是n个最近使用的页面，它们又总是被包含在$n+1$个最近使用的页面之中，所以LRU算法是堆栈型替换算法。OPT算法也是堆栈型算法，FIFO算法不具有任何时刻都能满足上述包含性质的特性。

以图4-22为例，从$t7$可以看出，$n=3$，$B_7(3)=\{5,1,2\}$，$n=4$，$B_7(4)=\{5,2,3,4\}$，$B_7(3)\not\subset B_7(4)$。所以，FIFO算法不是堆栈型替换算法。

用堆栈处理技术对地址流进行模拟处理时，主存在t时间点的状况用堆栈S_t表示。S_t是L_t个不同页面号在堆栈中的有序集，$S_t(1)$是t时间点的S_t的栈顶项，$S_t(2)$是t时间点的S_t的次栈顶项，以此类推。按照堆栈型算法具有的包含性质，必有

$$n < L_t \text{ 时}, B_t(n) = \{S_t(1), S_t(2), \cdots, S_t(n)\}$$
$$n \geqslant L_t \text{ 时}, B_t(n) = \{S_t(1), S_t(2), \cdots, S_t(L_t)\}$$

对不同的堆栈型替换算法，S_t各项的改变过程是不同的。例如，LRU算法是把主存中刚访问过的页号置于栈顶，而把最久未被访问过的页号置于栈底。确切地说，t时间点访问的页A_t，若$A_t \notin S_{t-1}$，则把A_t压入堆栈使之成为$S_t(1)$，而$S_{t-1}(1)$成为$S_t(2)$，$S_{t-1}(2)$成为$S_t(3)$，……，即S_{t-1}各项都下推一个位置；若$A_t \in S_{t-1}$，则把它由S_{t-1}中取出，压入栈顶成为$S_t(1)$，在A_t之下各项的位置不动，而A_t之上的各项都下推一个位置。

LRU算法的堆栈实现如图4-23所示，堆栈法的堆栈容量是主存页面数2^p，替换过程是先判断页面是否在堆栈中。

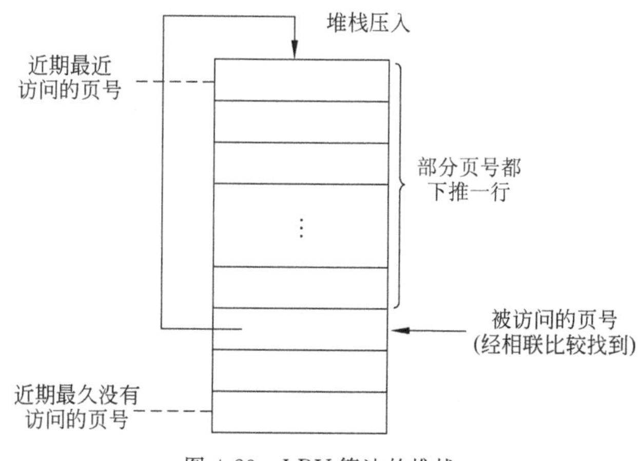

图4-23　LRU算法的堆栈

若是则将该页面调置栈顶，并把该项上面的项下推一行，该项下面的不动。

若否则把新页调入堆栈，弹出栈底的页。

LRU 算法的堆栈最终结果为：

(1) 栈顶恒为近期最近访问过的页号。

(2) 栈底恒为近期最久没有访问过的页号。

LRU 算法用栈顶至栈底的先后次序记录管理规则，本次访问的页号与堆栈中所有页号进行相联比较。相联比较不等就是失效，栈顶压入本次访问页，替换的页从栈底移出。相联比较相等就是命中，把此页从堆栈中调出，从栈顶压入。LRU 算法对堆栈的要求如下：

(1) 有相联比较功能。

(2) 全下推或部分下推功能。

(3) 从中间抽走一项的功能。

若要访问的虚页 4 已在主存，此时的堆栈操作如图 4-24 和图 4-25 所示。

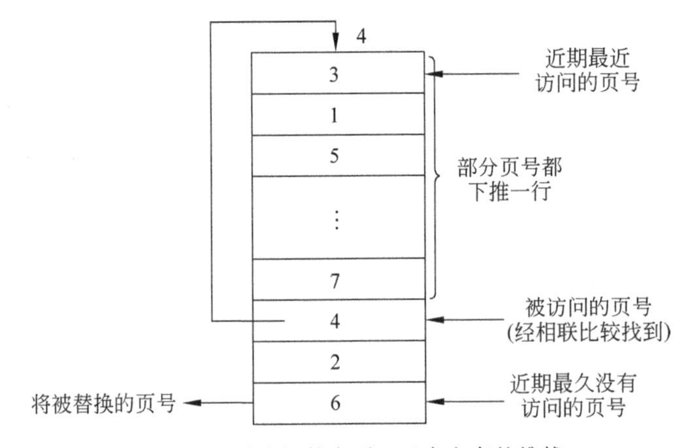

图 4-24　要访问的虚页 4 已在主存的堆栈

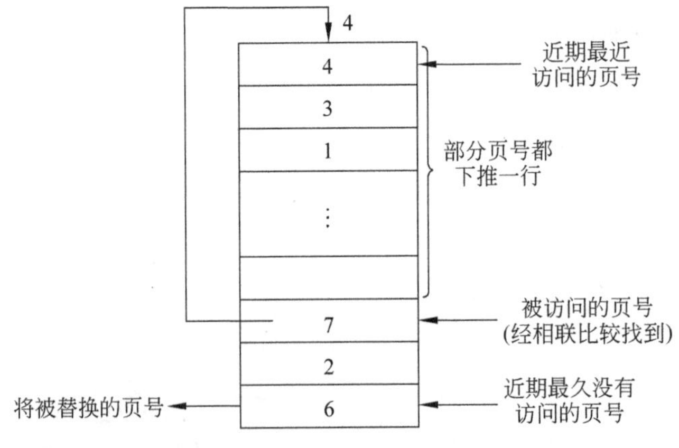

图 4-25　要访问的虚页 4 已在主存时的堆栈操作结果

例 4-9　一个程序共由 5 个页面组成，分别是 P1～P5。程序执行过程中的页地址流为：P1,P2,P1,P5,P4,P1,P3,P4,P2,P4。假设分配给这个程序的主存储器共有三个页面。图 4-26 是采用堆栈法的 LRU 替换算法对页地址流的调度过程。

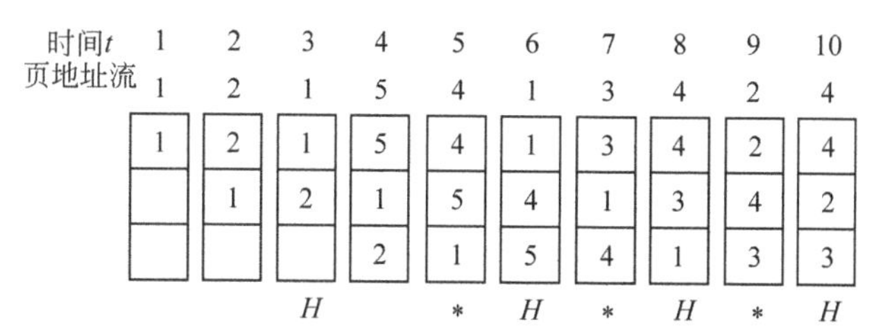

图 4-26 采用堆栈法的 LRU 算法对页地址流的调度过程

使用 LRU 算法对例 4-8 的页地址流进行堆栈处理如图 4-27 所示。由图中的 S_t 可确定对应这个页地址流和主存页数 n 取不同值时的命中率。只要对不同的 n 值，当 $A_t \in S_{t-1}$ 时，则命中；当 $A_t \notin S_{t-1}$ 时，则不命中。例如，对 $n=4$，其 $S_5=\{5, 1, 2,3\}$，因为 $A_6=2\in S_5$，所以命中；但对 $n=2$，其 $S_5=\{5, 1\}$，因为 $A_6=2\notin S_5$，所以不命中。这样就可算出各个 n 值的命中率 H^* 如表 4-5 所示。

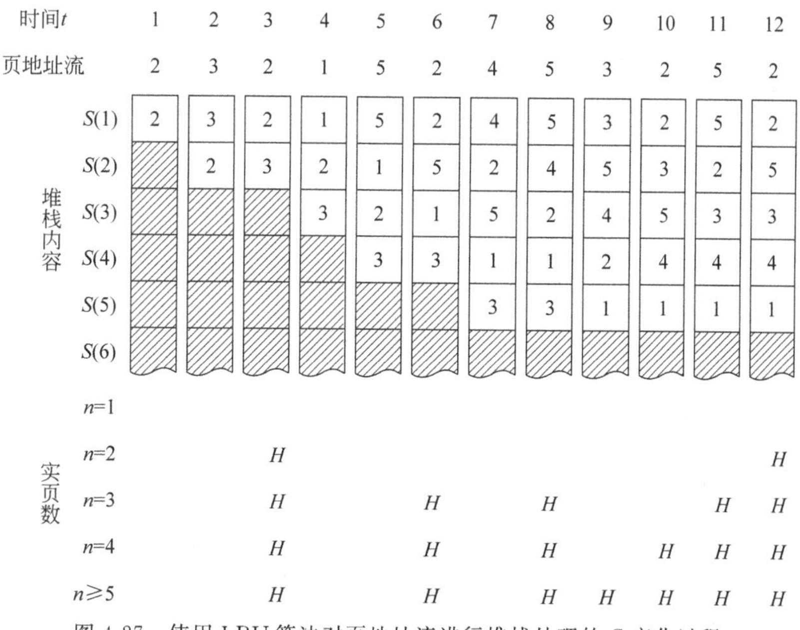

图 4-27 使用 LRU 算法对页地址流进行堆栈处理的 S_t 变化过程

表 4-5 不同实页数 N 的命中率 H^*

N	1	2	3	4	5	>5
H^*	0.00	0.17	0.42	0.50	0.58	0.58

LRU 算法在主存中保留的是 n 个最近使用的页，它们又总是被包含在 $n+1$ 个最近使用过的页中，所以 LRU 算法是堆栈型的替换算法。这样，使用 LRU 算法替换时，随着分配给程序的主存页数增多，其命中率只会增加，至少不会下降。命中率总趋势应随 n 增

加而增大。

只要替换算法是堆栈型的，对页地址流用堆栈处理一次，即可同时获得不同实页数时的命中率。

页面失效频率(PFF)替换算法是对 LRU 替换算法的改进。在程序的运行过程中，操作系统不断地根据所统计出的各道程序的页面失效率，来动态调节分配给各道程序的实页数。给页面失效率高的程序适当多分配一些实页，给页面失效率很低的程序少分配一些实页，从而可使实主存页数一定时，整个虚拟存储系统的总实页命中率得到提高。这样，也有利于提高主存空间的利用率。显然，这是由于 PFF 替换算法也是堆栈型的替换算法所带来的结果。

3. 页式虚拟存储系统工作的全过程

页式虚拟存储系统工作的全过程如图 4-28 所示。页式虚拟存储系统每当用户用虚拟地址访问主存时，都必须先进行内部地址变换，查内页表，将多用户虚地址变换成主存

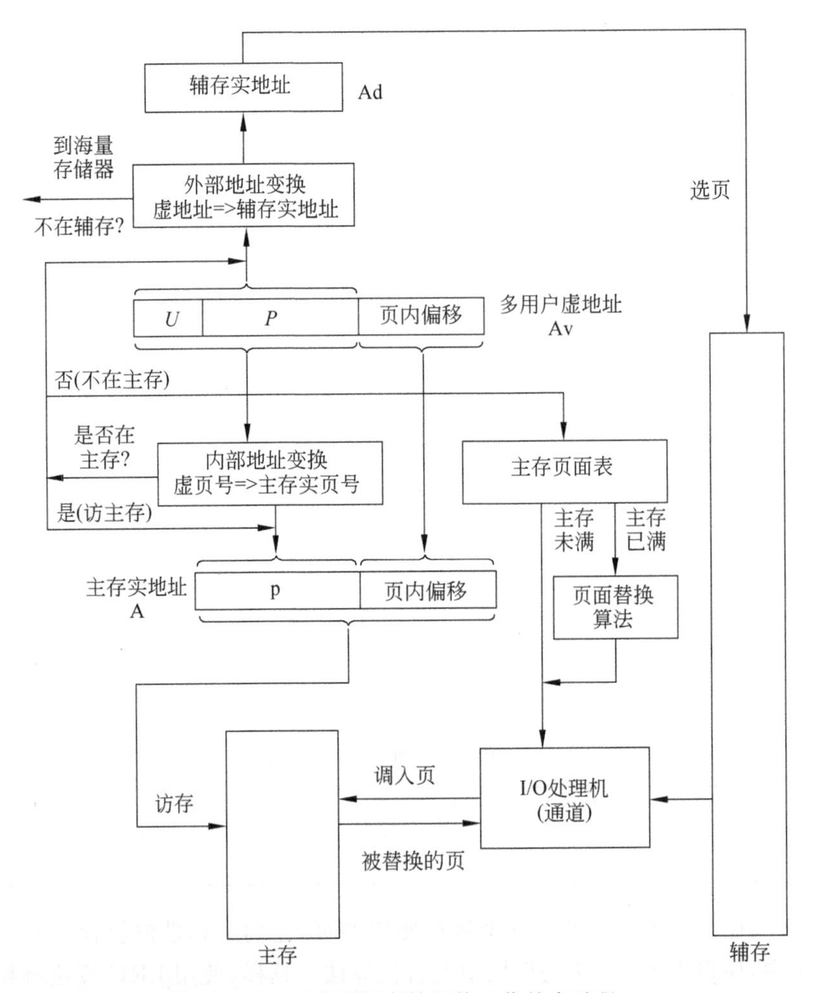

图 4-28　页式虚拟存储系统工作的全过程

实地址。如果装入位为 1,就取出主存实页号,拼接上页内位移形成主存实地址后访主存。如果该虚页的装入位为 0,表示该虚页未在主存中,就产生页面失效,程序换道从辅存中调页。也就是说虚页在主存不命中后再进行外部地址变换,这时需要查外页表。在查外页表时,若该虚页的装入位为 0,表示该虚页尚未装入辅存,产生缺页故障(异常),要由海量存储器调入。页不在磁盘有可能存在磁带中。在查外页表时,若该虚页的装入位为 1,就将多用户虚地址变换成辅存中的实块号,告诉 I/O 处理机到辅存中调页,将从辅存查到的页经 I/O 通道送入主存。

一旦发生页面失效,还需要确定调入页应放入主存中的哪一页位置,这就需要操作系统查主存页面表。若占用位为 0,表示主存未满,按映像算法找到页面位置。若占用位全为 1,表示主存已装满,页式虚拟存储系统还有替换算法问题,就需要通过替换算法寻找替换页。在页面替换时,如被替换的页调入主存后一直未经改写,则不需送回辅存;如果已经修改,则需先将它送回辅存原处,再把调入页装入主存。

页式虚拟存储系统的访问过程中,可能会用到三张表,即内页表、外页表和主存页面表。

(1) 内页表是在内部地址变换时使用的。

(2) 外页表是在外部地址变换时使用的。

(3) 主存页面表是查看主存中是否有空页的。这张表是对主存而言的,整个主存只有一张表。操作系统为实现主存管理设置主存页面表,定期置全部使用位为“0”。

4.2.3 页式虚拟存储系统实现中的问题

1. 页面失效的处理

页面失效会在一条指令的分析和执行过程发出。页面失效不能按一般的中断对待,应看作一种故障,一旦出现,处理机必须立即予以响应和处理。

2. 提高虚拟存储系统等效访问速度的措施

要想使虚拟存储系统的等效访问速度提高到接近于主存的访问速度是不容易的。从存储层次的等效访问速度公式可以看出,这一方面要求能有很高的主存命中率,另一方面要求能有尽可能短的访主存时间。采用目录表、快慢表和散列函数可提高虚拟存储系统等效访问速度。

1) 目录表

基本思想是用一个小容量高速存储器存放页表。目录表是专用存储器,不放在主存中,用相联访问查找。内页表中装入位为 1 的只有 2^p 个。目录表的格数越多,造价越高,即容量越大,价格就越贵。

地址变换过程是把多用户虚地址中 U 与 P 拼接起来,相联访问目录表,如图 4-29 所示。读出主存实页号 p,把 p 与多用户虚地址中的 D 拼接得到主存实地址。如果相联访问失败,发出页面失效请求。

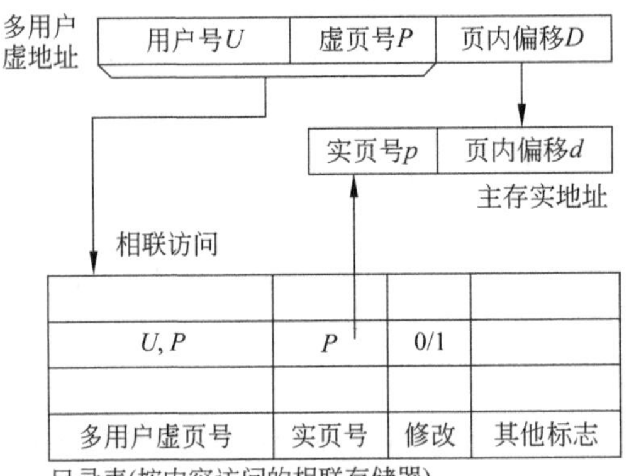

图 4-29 采用目录表的地址变换过程

目录表的主要优点是与内页表放在主存中相比,目录表查表速度快。其主要缺点是可扩展性比较差。主存储器容量增加时,目录表的造价高,速度降低。

目录表是相联访问的,容量越大,命中率越高。但容量越大,相联查找的速度也越慢。目录表的命中率与查表速度是矛盾的。

2) 快慢表

把经常访问的页面地址存放在一个小容量的高速存储器中,慢表是全表,快表只是慢表一部分的副本,很少的一部分。快表与慢表也构成了一个两级存储系统,其速度近似于快表的,其容量近似于慢表的,原理同 Cache-主存层次。在一段时间里实际可能只用到表中的很少几行,称这部分目录表为快表。整个内页表放主存,再建一个小容量的表,在外面再做一个存储器,就是快表。

快表(Translation Lookaside Buffer,TLB)是小容量(几个字到几十个字),高速硬件实现,采用相联方式访问。当快表中查不到时,从存放在主存储器中的慢表中查找,按地址访问用软件实现。

如图 4-30 所示,同时查快表和慢表,快表查到就立即中止慢表查找。慢表查到的实页号送入主存,送入快表。若快表已满,就要采用替换算法。快表容量越大,命中率越高,要注意快表是按相联方式访问的。

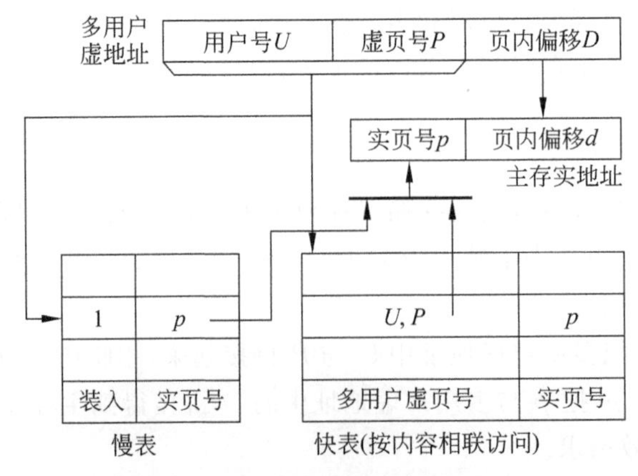

图 4-30 采用快慢表的地址变换过程

3）散列函数

表的查找方法有顺序、对分和散列查找。散列函数的目的是把相联访问变成按地址访问，从而加大快表容量。基本思想是必须把多用户虚页号加入快表，让虚页号 Pv 与存放该虚页号的快表地址 Ah 之间有某种散列函数关系。虚页号 Pv 到快表地址 Ah，即散列（Hashing）函数为

$$\mathrm{Ah} = H(\mathrm{Pv})$$

把 20 位左右地址变换到只有 5～8 位。采用散列变换实现快表按地址访问。散列变换是把长的多用户虚页号 Pv 变换成短的快表地址，这样很多虚页号可能散列变换到相同地址，会有散列冲突。

避免散列冲突采用相等比较器。地址变换过程是相等比较与访问存储器同时进行的，如图 4-31 所示。首先把多用户虚页号（$U+P$）送硬件的散列变换部件得 Ah，从表中读出虚页号 Pv 和实页号 p。p 与页内偏移拼接形成主存实地址。访问存储器同时进行相等比较，比较不等即发生散列冲突。

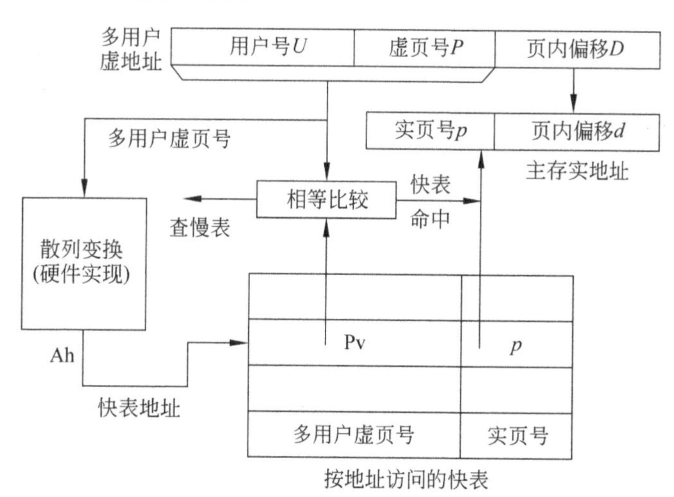

图 4-31 采用散列变换实现快表按地址访问

快表改为按地址访问，容量要比按内容访问的相联存储器大。散列变换进一步提高了快表的命中率，而且仍能有很高的查表速度。

例如，IBM 370/168 计算机的虚拟存储系统快表结构及地址变换过程，如图 4-32 所示。虚拟地址共长 48 位，页面大小为 4KB，每个用户最多占用 4K 个页面，最多允许 16M 个用户，但同时上机的用户数一般不超过 6 个。

采用了两项新的措施：一是采用两个相等比较器；二是用相联寄存器组把 24 位用户号 U 压缩成 3 位。

快表中存放两对多用户虚页号和主存实页号，只有两对都不相等时，才认为没命中。虚页号和 ID 拼接（15 位）作为输入。页面大小 4KB，页内地址占 12 位。16M 个用户，用户号 24 位，虚地址（24+12 位）。散列压缩将快表地址 15 位压缩成 6 位。

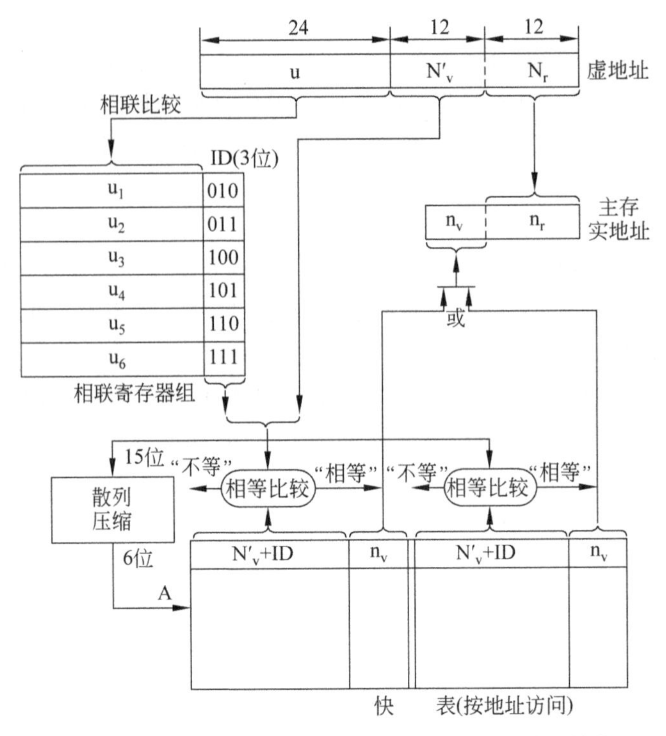

图 4-32 IBM 370/168 计算机的虚拟存储系统快表结构

3. 影响主存命中率和 CPU 效率的某些因素

要提高虚拟存储系统的等效速度，提高主存的命中率是关键。命中率与主存容量和页地址流分布等多种因素有关，影响主存命中率的主要因素有：

(1) 程序执行过程中的页地址流分布情况，由程序本身决定；

(2) 所采用的页面替换算法；

(3) 页面大小；

(4) 主存储器的容量；

(5) 所采用的页面调度算法。

从替换算法看，FIFO 算法的命中率低于 LRU 算法。

从页地址流看，当一个循环程序所需页数大于分配给它的主存页数时，无论是 FIFO 还是 LRU 算法的命中率都明显低于 OPT 算法。

从主存页数看，一般来说分配给程序的主存页数越多，命中率也就可能越高，但还与替换算法有关，如非堆栈型算法(FIFO 算法)就不一定。

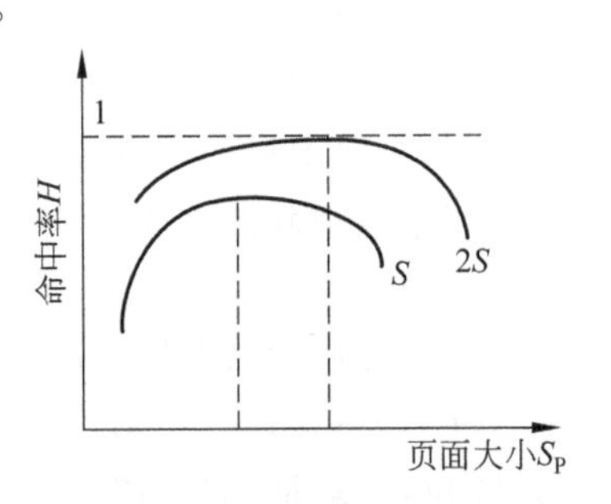

图 4-33 页面大小与主存命中率的关系

下面对后三个因素进行分析。

(1) 页面大小与命中率的关系。

页面大小与命中率的关系如图 4-33 所示，命中率与页面大小的关系不是线性的。页面大小为某个值时，命中率达到最大。页面大小与命中率关系的解释如下：

假设 A_t 和 A_{t+1} 是相邻两次访问主存的逻辑地址，$d=|A_t-A_{t+1}|$。如果 $d<S_p$，随着 S_p 的增大，A_t 和 A_{t+1} 在同一页面的可能性增加，即 H 随着 S_p 的增大而提高。如果 $d>S_p$，A_t 和 A_{t+1} 一定不在同一个页面内。随着 S_p 的增大，主存页面数减少，页面替换将更加频繁。H 随着 S_p 的增大而降低。

当 S_p 比较小的时候，前一种情况是主要的，H 随着 S_p 的增大而提高。当 S_p 达到某一个最大值之后，后一种情况成为主要的，H 随着 S_p 的增大而降低。当页面大小增大时，造成的浪费也要增加，最后一个页面一般是装不满的。当页面大小减小时，页表和页面表在主存储器中所占的比例将增加。

(2) 主存容量与命中率的关系。

主存容量与命中率的关系如图 4-34 所示。主存命中率 H 随着分配给该程序的主存容量 S 的增加而单调上升。分配给程序的主存容量增加时，如果页面大小是一定的，那么页数增加，命中率提高。在 S 比较小的时候，H 提高得非常快。随着 S 的逐渐增加，H 提高的速度逐渐降低。当 S 增加到某一个值之后，H 几乎不再提高。再多的页面也是白分配，不起作用了，所需的页已经全部放进去了。

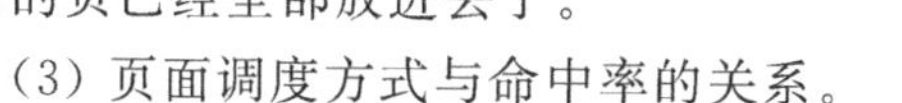

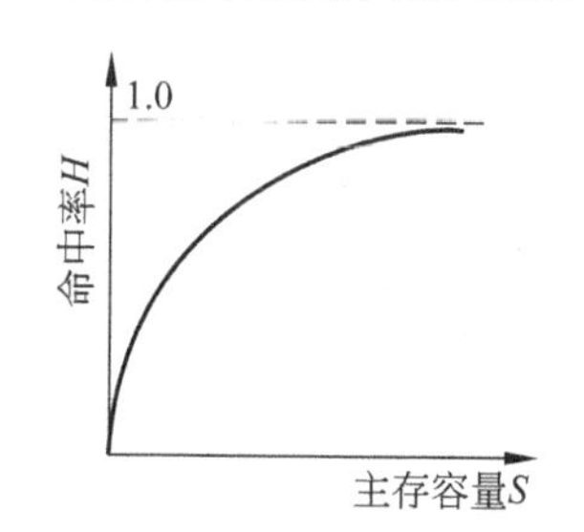

图 4-34　命中率 H 与主存容量 S 的关系

(3) 页面调度方式与命中率的关系。

主存命中率也与所用的页面调度策略有关。

请求式是当页面使用到的时候，再将页面调入主存。请求式页面调度方式的优点是主存利用率高。其缺点是经常发生页面失效，尤其在程序开始的一段时间内。

预取式是在程序重新开始运行之前，把上次停止运行前一段时间内用到的页面先调入主存储器，然后才开始运行程序。预取式页面调度方式的优点是可以避免在程序开始运行时，频繁发生页面失效的情况。其缺点是如果调入的页面用不上，不仅浪费了调入的时间，而且还占用了主存资源。

4.3　高速缓冲存储器

Cache 存储系统与虚拟存储系统在工作原理上没有本质上的区别。在 Cache 存储系统中，Cache 块的大小一般只有十几到几十字节，只是虚拟存储系统页面大小的几十分之一。Cache 存储器一旦发生块失效时，程序是不能切换的，CPU 此时只能等待着从主存中将所需的块调入 Cache。所以，Cache 存储系统的地址映像和变换、替换算法的实现都全部采用硬件来实现。同时，为了减少 Cache 调块时的 CPU 空等时间，在 CPU 与主存之间设置有数据传送的直接通路。这样，在 Cache 块失效时，Cache 的调块与 CPU 访问主存字在时间上可以重叠地进行。表 4-6 给出了 Cache 存储系统与虚拟存储系统的简单比较。

表 4-6 Cache 存储系统与虚拟存储系统的主要区别

存 储 系 统	Cache 存储系统	虚拟存储系统
目的	为了弥补主存速度的不足	为了弥补主存容量的不足
存储管理实现	全部由专用硬件实现	主要由软件实现
访问速度的比值(第一级:第二级)	3～10 倍	10^5 倍
典型的页(块)大小	几十个字节	几百到几千字节
等效存储容量	主存储器	虚拟地址空间
透明性	对系统和应用程序员	仅对应用程序员
不命中时处理方式	等待主存储器	任务切换

主存的工作速度比 CPU 的慢 100 倍以上，Cache 存储系统两级的第一级在 CPU 内部，第二级在主板上，慢 5 倍。Cache 存储系统以块为单位进行数据交换，全部用硬件实现。

4.3.1 Cache 存储系统基本结构

在 Cache 存储系统中，把 Cache 和主存都机械地划分成相同大小的块。如果 Cache 命中，把主存地址变换成 Cache 地址，直接访问 Cache。如果 Cache 失效(不命中)，用主存地址访问主存，从主存中读出一个字送往 CPU，同时，把包括该字在内的一整块都装入 Cache。Cache 存储系统的基本结构如图 4-35 所示。

主存地址由块号 B 和块内地址 b 组成。通过地址变换把 B 变换成 b，变换成功后用得到的 Cache 地址访问 Cache，不成功则产生失效信息，直接用主存地址。Cache 已满时采用替换算法腾出空间。主存和处理机之间还设有直接通路。

访问 Cache 的时间一般可以是访主存时间的 1/4～1/10。如 IBM 3033、Amdahl 470V/7 等许多机器的主存周期为 300～600ns，而访问 Cache 的时间只需要 50～100ns。因此，只要 Cache 的命中率足够高，就相当于能以接近于 Cache 的速度来访问大容量的主存。Cache 存储系统已在大、中、小以及微型机上普遍采用。

为了加速调块，一般让每块的容量等于在一个主存周期内由主存所能访问到的字数，因此在有 Cache 存储器的主存系统都采用多体交叉存储器，例如，IBM 370/168 的主存是模 4 交叉，每个分体是 8 个字节宽，所以 Cache 的每块为 32 个字节；CRAY-1 的主存是模 16 交叉，每个分体是单字宽，所以其指令 Cache(专门存放指令的 Cache)的块容量为 16 个字。

另外，主存被机器的多个部件所共用，应尽量提高 Cache 的访主存优先级，一般应高于通道的访主存级别，这样在采用 Cache 存储器的系统中，访存申请响应的优先顺序通常安排成 Cache、通道、写数、读数、取指。因为 Cache 的调块时间只占用 1～2 个主存周期，这样做不会对外设访主存带来太大的影响。

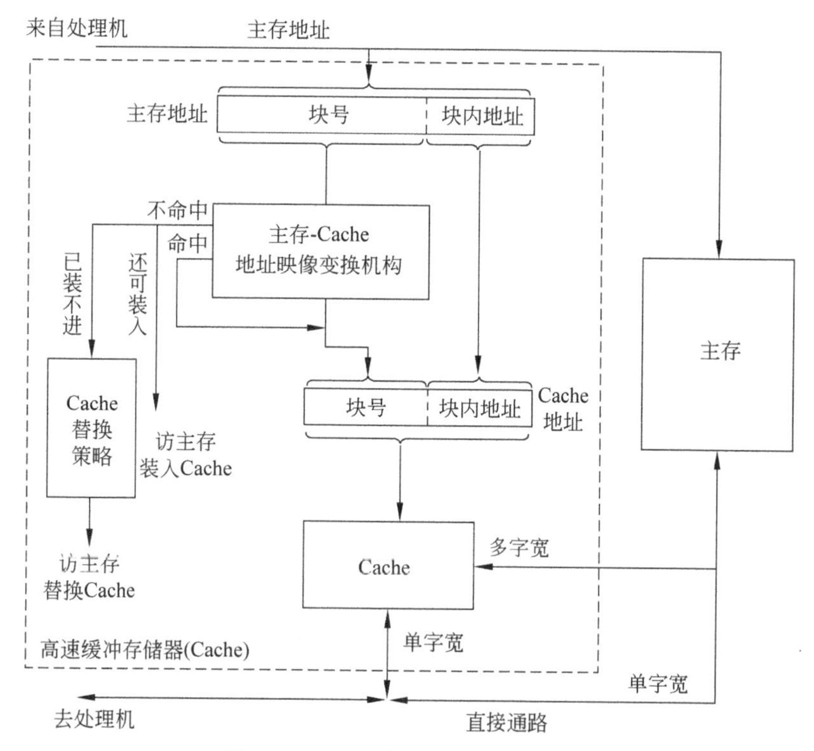

图 4-35 Cache 存储系统的基本结构

4.3.2 地址映像和变换

主存中程序怎么放到 Cache 中是地址映像。地址映像是把存放在主存中的程序按照某种规则装入 Cache 中，并建立主存地址与 Cache 地址之间的对应关系。

主存地址与 Cache 地址之间如何变换就是地址变换。地址变换是当程序已经装入 Cache 之后，在实际运行过程中，把主存地址变换成 Cache 地址。

映像是放到哪个地址，以块为单位进行调度。把主存地址空间映像到 Cache 空间，最好是访问 Cache，这样速度快。

选取地址映像方法要考虑的主要因素有：①地址变换的硬件要容易实现；②地址变换的速度要快；③主存空间利用率要高；④发生块冲突的概率要小。

在 Cache 存储系统中，地址映像就是将每个主存块装入物理 Cache 中的哪些块位置的规则。衡量映像规则好坏的标准除去看硬件是否速度高、价格低和实现方便外，就是看 Cache 的块冲突概率是否比较低，物理 Cache 的空间利用率是否比较高。地址映像的方法有三种，即全相联映像、直接映像和组相联映像。

1. 全相联映像和变换

全相联映像(Fully Associative Mapping)就是让主存中任何一个块均可以映像装入

Cache 中任何一个块的位置上。块随便放，只要 Cache 有空。全相联映像方式的 Cache 的块冲突概率是最低的，物理 Cache 的空间利用率是最高的，但由于用于地址映像的相联目录表容量太大，成本极高，查表进行地址变换的速度太低。

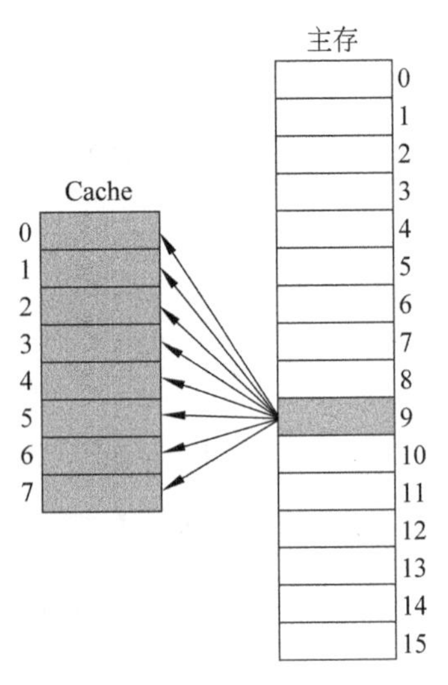

图 4-36 全相联映像方式

全相联映像规则是主存中的任意一块都可以映像到 Cache 中的任意一块。

如果 Cache 的块数为 C_b，主存的块数为 M_b，映像关系共有：$C_b \times M_b$种。用硬件实现非常复杂。在虚拟存储系统中，一般采用全相联映像，全部用软件实现。将虚拟地址变换成主存实地址，不命中从磁盘调入。全相联映像方式如图 4-36 所示。全相联映像的地址变换过程如图 4-37 所示。

相联存储器按内容进行查找，采用目录表存放映像关系。容量 C_b，字长为块号加上一个有效位，标记目录表中各存储单元是否有效，是主存的正确副本。访问 Cache 时，用块号 B 与目录表中的块号字段进行相联比较。若相等，即命中，用查到的块号 b 直接拼接块内地址得到 Cache 地址。若不相等就访问主存读块，修改目录表。块放进 Cache 时把目录表造好，为使用 Cache 做准备。

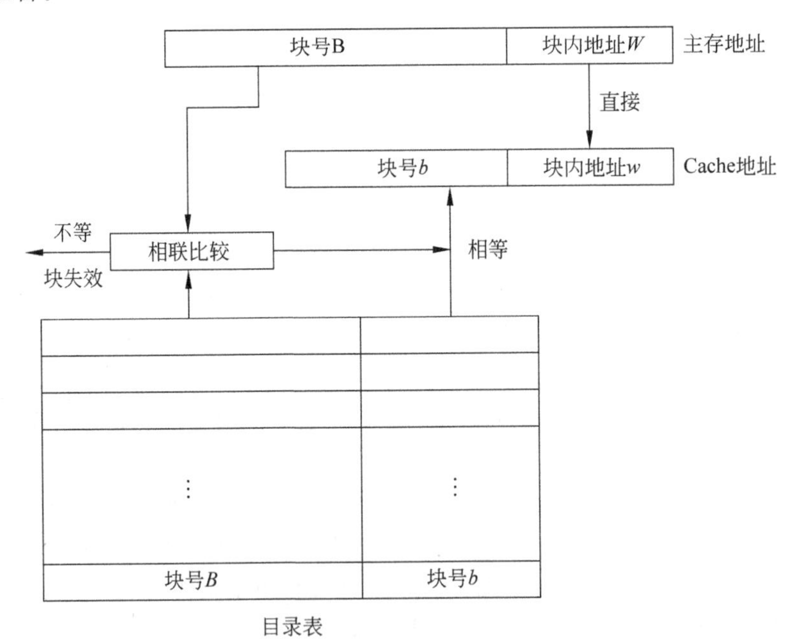

图 4-37 全相联映像的地址变换

全相联映像方式的主要优点是块冲突概率比较小，Cache 的利用率高。全相联映像方式的主要缺点是需要一个相联存储器，其代价很高。相联比较所花费的时间将影响

Cache的访问速度。

2. 直接映像及其变换

直接映像(Direct Mapping)是指主存中的每一个块只能被放置到Cache中唯一的一个指定位置，若这个位置已有放了一块，则产生块冲突，原来的块将无条件地被替换出去。注意不是放在哪块都可行的。直接映像方式成本低，易实现，地址变换速度快，而且不涉及其他两种映像方式中的替换算法问题。但Cache的块冲突概率是最高的，物理Cache的空间利用率是最低的。

直接映像规则是主存中一块只能映像到Cache的一个特定的块中，如图4-38所示。计算公式如下：

$$b = B \bmod C_b$$

其中b为Cache的块号，B是主存的块号，C_b是Cache的块数。整个Cache地址与主存地址的低位部分完全相同。

主存按Cache的大小分区，各区中相对块号相同的块映像到Cache中同一块号的那个确定位置。每个区的第一个块只能放最上面的位置，最后一个块只能放最下面的位置。需要有一个存放主存区号的小容量存储器，容量C_b，字长为区号+有效位。地址变换如图4-39所示，地址变换过程如下：

用主存地址中的块号B去访问区号存储器，把读出来的区号与主存地址中的区号E进行相等比较。若比较结果相等，且有效位为1，则Cache命中；若比较结果相等，有效位为0，表示Cache中的这一块已经作废；若比较结果不相等，有效位为0，表示Cache中的这一块是空的；若比较结果不相等，有效位为1，表示原来在Cache中的这一块是有用的，必须把这块写回主存，腾出空间以装入新块，填写区号。

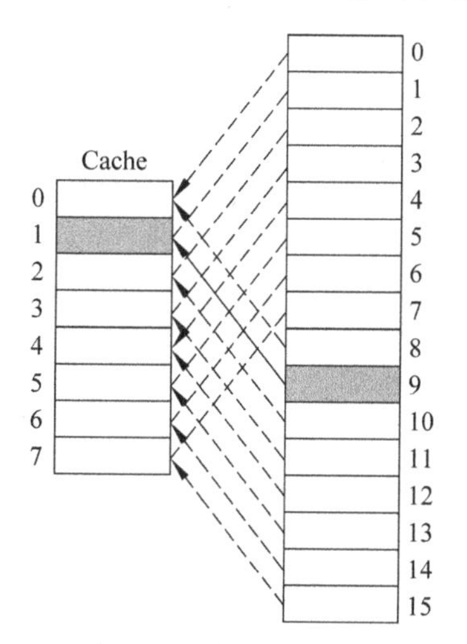

图4-38　直接映像方式

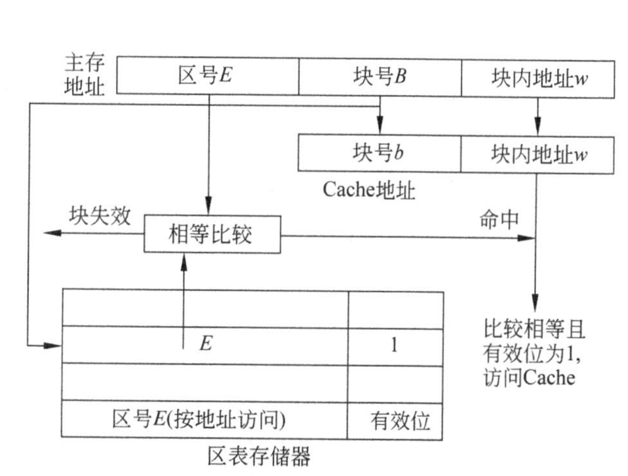

图4-39　直接映像的地址变换

截取与块号b对应的部分作为Cache地址。若整个主存地址码为10位，长出来的部分称为区号。区内块号及块内地址割下来就是Cache地址。10个区有10种可能的放法,32 个区就有 32 种可能放法。要区分出主存哪个区的块放 Cache,放进去没有就要进行区号的比较。

直接映像方式的主要优点是硬件实现很简单，不需要相联访问存储器。访问速度也比较快，实际上不做地址变换。直接映像方式的主要缺点是块的冲突率较高。

提高 Cache 速度的一种方法是把区号存储器与 Cache 合并成一个存储器,如图 4-40 所示。

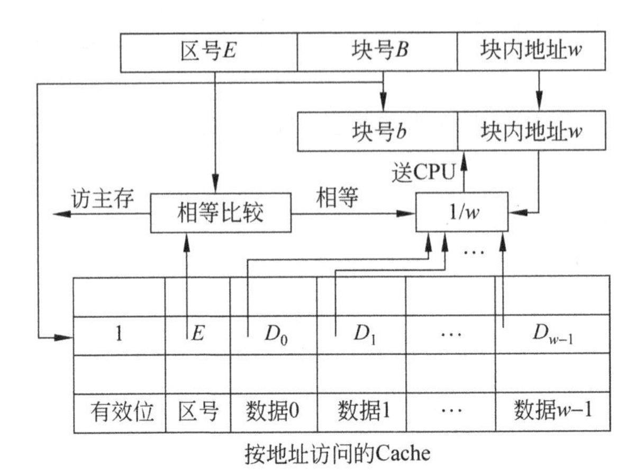

图 4-40 快速度的直接映像地址变换

ARM 嵌入式处理器直接映像如图 4-41 所示。Tag 字段是 18 位宽,Index 字段是 8 位宽,而 4 位字段(位 5～2)用于索引块,使用 16～1 的多路选择器从块中选择字。对 Cache 一次读请求的步骤如下:

① 送地址给 Cache。地址来自 PC(对于指令),来自 ALU(对于数据)。

② 若 Cache 命中,请求的字在数据线上。由于在需要的块中有 16 个字,需要选择正确的那个。地址的 Index 字段用于控制送给多路选择器的块,多路选择器从 Index 块的 16 个字中选择请求的字。

③ 若 Cache 失效,就需要把地址送给主存。当主存储器返回数据,就把数据写入 Cache,然后读 Cache 完成请求。

3. 组相联映像及其变换

组相联映像(Set Associative Mapping)将主存和 Cache 按同样大小划分成块,Cache 空间等分成大小相同的组,组里有若干个块。让主存中的任何一块只能被放置到 Cache 中唯一的一个指定组,均可全相联映像装入 Cache 中对应组的任何一块位置上,即组间采取直接映像,而组内采取全相联映像。

组相联映像实际上是全相联映像和直接映像的折中方案,当组数等于 1(不再分组),组相联映像就变成为全相联映像;当组数等于 Cache 中块的数目,组相联映像就变成为直接映像。所以其优点和缺点介于全相联和直接映像方式的优缺点之间。

组相联映像规则是主存和 Cache 按同样大小划分成块,Cache 还按同样大小划分成组,组内有若干个块。从主存的块到 Cache 的组之间采用直接映像方式。在对应的组内

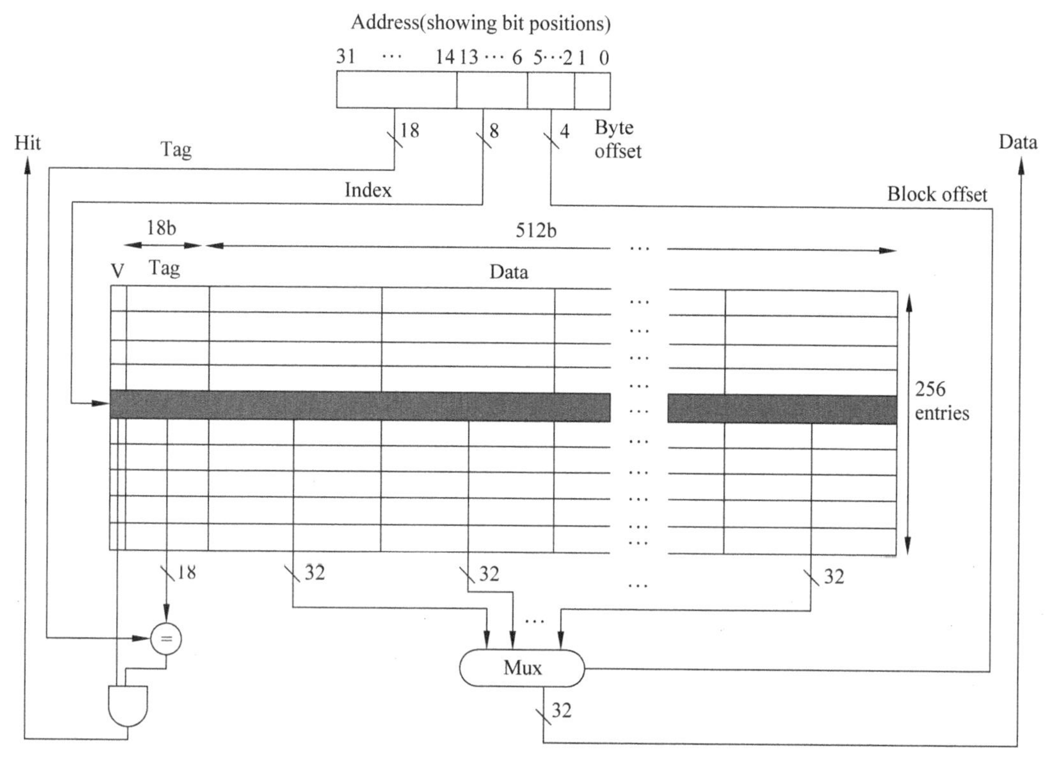

图 4-41 包含 256 块,每块 16 字的 16KB Cache

部采用全相联映像方式,组内随便放。

假设 Cache 空间分成 C_g 组($C_g=2^g$),每组为 G_b 块($G_b=2^b$)。主存地址分为三部分:标记、组号、块内地址;Cache 地址分为三部分:组号、组内块号、块内地址。主存地址的组号由 G 来表示,它的宽度和 Cache 地址的组号 g 是一致的。Cache 地址和主存地址的格式如图 4-42 所示。

主存地址	标记T	组号G	块内地址W
Cache地址	组号g	组内块号b	块内地址w

图 4-42 Cache 地址和主存地址格式

g 和 b 的选取主要依据对块冲突概率、块失效率、映像表复杂性和成本、查表速度等的折中权衡。组内块数 b 越多,块冲突概率和块失效率越低,映像表越复杂、成本越高,查表速度越慢。

在组的容量为 n 个块时,称这个 Cache 是 n 路(n way)组相联的。通常将组内两块的组相联映像称为二路组相联,组内 4 块的组相联映像称为四路组相联。以二路组相联为例,Cache 分成 4 组,组相联映像方式如图 4-43 所示。块 9 直接映像到 Cache 的组 1(1=9 mod 4),块 9 可映像到组 1 的块 0 和块 1。

组相联映像也使用低位地址直接访问 Cache 块,但它选中的是一个组,组内包含两块或多个块。给定的内存块可以放在选中组中的任意一块内。一组内的块数，一般称为相联度或相联路数。选中一组后，组内所有块的标识(tag)同时进行比较，如果有一个匹配，则“命中”。组相联映像实际上是靠比较器的个数及增宽Cache位来降低Cache块的冲突的。图4-44是ARM处理器二路组相联的示意图。图中的Cache为8KB，每行16字节，分为两个组直接映像Cache，每个为256行。32位地址中的4位作为行内的字节选择，组号(Index)只需8位，其余的高20位作为地址标识。组相联是通过“单体多字存储器”来并行查询的，二路组相联即通过单体双字存储器来查询，有两个比较器。地址码字段如下：

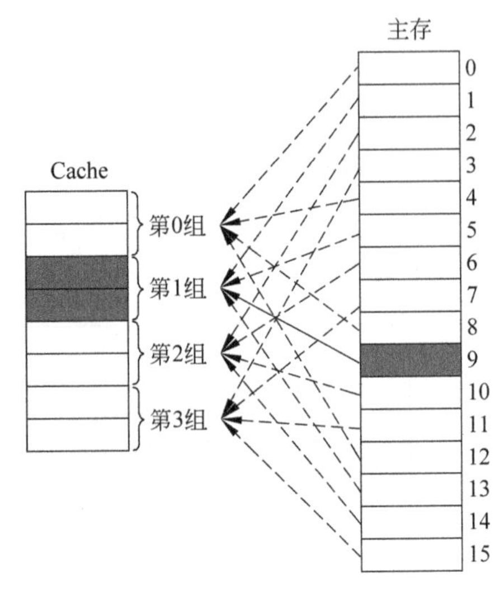

图4-43 组相联映像方式

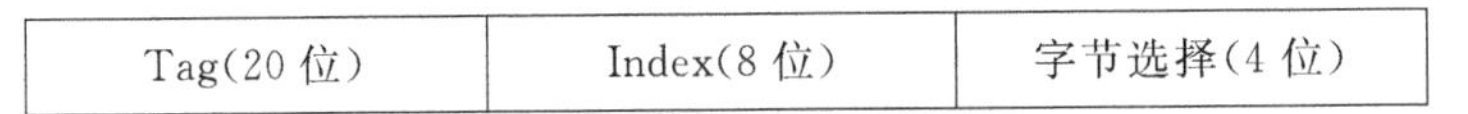

Tag(20位)	Index(8位)	字节选择(4位)

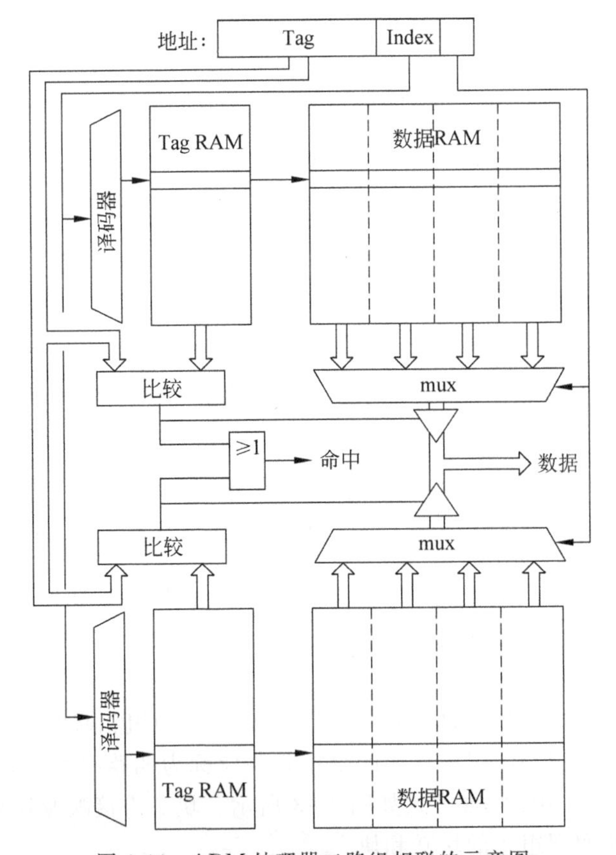

图4-44 ARM处理器二路组相联的示意图

图 4-45 是 ARM 处理器 4 路组相联的示意图。比较器判定所选组的内容和 tag 是否相同。比较器的输出用于从索引组的 4 块之一选择数据，使用一个带译码选择信号的多路选择器。

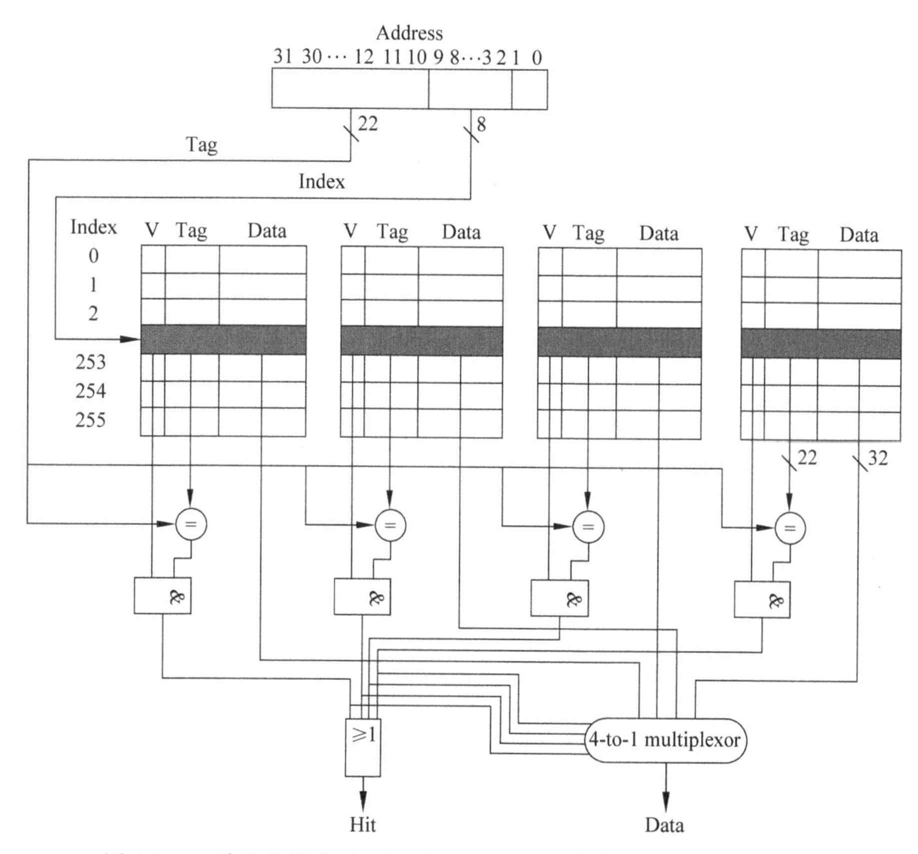

图 4-45 4 路组相联 Cache 的实现需要 4 个比较器和 4 到 1 多路选择器

例 4-10 某计算机的 Cache 共有 16 块，采用二路组相联映像方式(即每组两块)。每个主存块大小为 32 字节，按字节编址。主存 129 号单元所在主存块应装入的 Cache 组号是多少？

解：由于每个主存块大小为 32 字节，按字节编址。根据计算主存块号的公式，主存块号=$\lfloor$主存地址/块大小$\rfloor$=$\left\lfloor\frac{129}{32}\right\rfloor$=4，所以主存 129 号单元所在的主存块应为第 4 块。若 Cache 共有 16 块，采用二路组相联映像方式，可分为 8 组。根据组相联映像的映像关系，主存第 4 块进入 Cache 第 4 组(4 mod8)。

组相联映像方式的优点是块的冲突概率比较低，块的利用率大幅度提高，块失效率明显降低。组相联映像方式的缺点是实现难度和造价要比直接映像方式高。

与全相联映像相比容易实现，命中率与全相联接近，被广泛使用。组相联映像的地址变换如图 4-46 所示，地址变换过程如下：

用主存地址的组号 G 按地址访问块表存储器。把读出来的标记与主存地址中的标

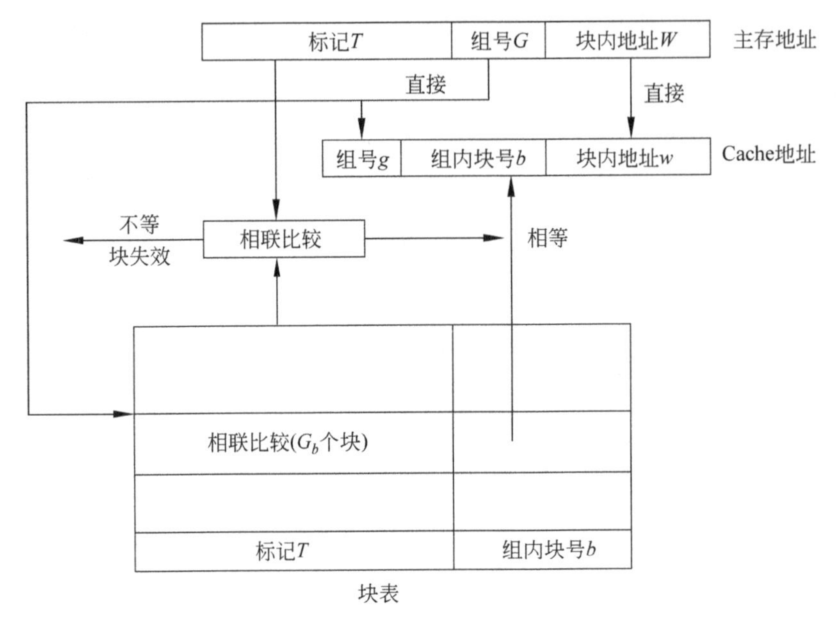

图 4-46　组相联映像的地址变换

记进行相联比较，如果有相等的，表示 Cache 命中，访问 Cache；如果没有相等的，表示 Cache 没有命中，访问主存，块装入 Cache，修改块表。

通常，Cache 存储系统的地址映像使用组相联映像或直接映像，而不采用全相联映像。否则，主存-Cache 的地址映像表太大，查表速度太慢，硬件无法实现。

共用 C_g 个目录表，每个目录表只需 G_b 行。用高速小容量存储器做成块表存储器，组内采用全相联映像方式，在组之间采用按地址访问。块表容量与 Cache 的块数相等。

总地来讲，给出一个长地址码，要使用短地址码访问存储器就有地址映像问题，把大空间的内容放到小空间里面，可采用全相联、直接和组相联映像。地址变换是块已经放进去，来的是长地址码要变换成短地址码访问小容量存储器。若小空间已满要采用替换算法，从小的存储器中挑出一块腾出空间放新块。

虚拟存储系统也需要地址映像和地址变换，相应的主存和虚拟地址空间被机械划分成大小相等的页。

两个以上的虚页要想进入主存中同一个实页位置时，就会产生实页冲突(页面争用)。地址映像方式的选择应考虑尽量降低实页冲突发生的概率，同时希望辅助硬件较少，成本较低，以及地址变换的速度较快。虚拟存储系统一般都采用全相联的映像规则，让每道程序的任何一个虚页均可以映像装入主存中任何一个实页位置上。全相联映像的实页冲突概率是最低的。

在发生页面失效后，还需要为每道程序配备一个外部地址映像表(外页表)，以实现由虚存页号与辅存实(块)地址的映像和变换。这种外部地址的映像规则也是采用全相联的映像规则。外页表一般放在磁盘上，需要用到时再临时调入主存，以提高主存空间的利用率。

由于页面的划分是对程序和主存空间进行机械等分，对于按字节编址的存储器中的数据和指令都又可能被跨在两个不同的页面上，使页面失效可能发生在取指令、分析指令和执行指令的任一过程中。所以，页面失效不能按一般的中断对待，应看作一种故障，必须立即响应和处理。

4.3.3 替换算法的实现

Cache 替换算法使用的时间：发生块失效，且可以装入新调入块的几个 Cache 块都已经被装满时。

直接映像方式实际上不需要替换算法，直接取模就可以确定要替换的块。全相联映像方式的替换算法最复杂。Cache 替换算法要解决的问题是把哪个块替换出去，具体如下：

(1) 记录每次访问 Cache 的块号。

(2) 管理好所记录的 Cache 块号，为找出被替换的块号提供方便。

(3) 根据记录和管理的结果，找出被替换的块号。

Cache 替换算法的主要特点是全部用硬件实现。

当 Cache 块失效且将主存块装入 Cache 又出现 Cache 块冲突时，就必须采用某种替换算法选择 Cache 中的一块替换出去。Cache 存储系统中替换算法的实现必须是全硬件的，常用的 LRU 算法具体的实现有堆栈法和比较对法两种。

1. 堆栈法

全相联映像 LRU 法经堆栈实现如前面 4.2.2 节的图 4-23 所示。栈顶恒存放近期最近访问过的块号，每组一个堆栈，2^b项。堆栈要有相联比较的功能，又要能全下移、部分下移和从中间取出一项的功能，成本较高。

2. 比较对法

堆栈法由于要使用具有相联访问功能的寄存器堆，设备量大，价格较贵，所以更多的是采用比较对法。

用比较对法实现 LRU 算法如图 4-47 所示。比较对法的基本思路是让各个块成对组合，用一个触发器的状态来表示该比较对内两块访问的远近次序，再经门电路就可找到 LRU 块。例如有 A、B、C 共三块，互相之间可组合成 AB、BA、AC、CA、BC、CB 共 6 对，其中 AB 和 BA、AC 和 CA、BC 和 CB 是重复的，所以只需取 AB、AC、BC 这三对。各对内块的访问顺序分别用“对触发器”T_{AB}、T_{AC}、T_{BC}表示。T_{AB}为“1”，表示 A 比 B 更近被访问过；T_{AB}为“0”，表示 B 比 A 更近被访问过。T_{AC}、T_{BC}也类似定义。这样，当访问过的次序为 ABC，即最近访问过的为 A，最久未被访问过的为 C，则这三个触发器状态分别必为 $T_{AB}=1$，$T_{AC}=1$，$T_{BC}=1$。

如果访问过的次序为 BAC，C 为最久未被访问过的块，则此时必有 $T_{AB}=0$，$T_{AC}=1$，$T_{BC}=1$。因此以最久未被访问过的块 C 作为被替换掉的块的话，用布尔代数式必有：

$$C_{LRU} = T_{AB} \cdot T_{AC} \cdot T_{BC} + \overline{T_{AB}} \cdot T_{AC} \cdot T_{BC} = T_{AC} \cdot T_{BC}$$

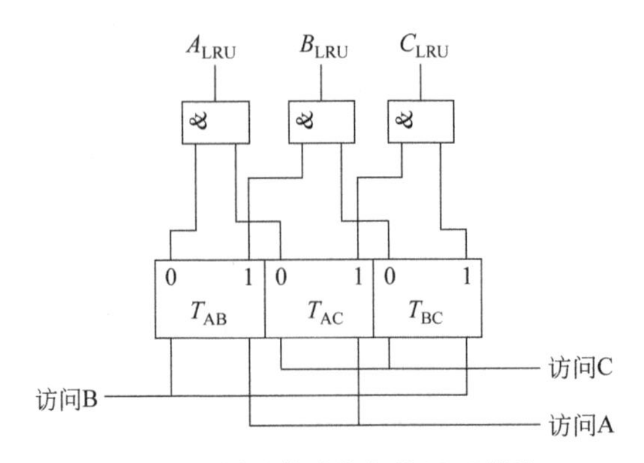

图 4-47 用比较对法实现 LRU 算法

$$B_{LRU} = T_{AB} \cdot \overline{T_{BC}}$$
$$A_{LRU} = \overline{T_{AB}} \cdot \overline{T_{AC}}$$

现在来分析比较对法所用的硬件量。由于每块均可能作为 LRU 块,其信号需要用一个与门产生,所以有多少块,就得有多少个与门;每个与门接收与它有关的触发器来的输入,例如 A_{LRU}与门要有从 T_{AB}、T_{AC}来的输入,B_{LRU}要有从 T_{AB}、T_{BC}来的输入,而与每块有关的对数为块数减去 1,所以与门的扇入数是块数减去 1。

如果采用组相联的地址映像规则,则每一组都有一套用比较对法找 LRU 块的硬件。若 p 为组内块数,两两组合,比较对触发器的个数应为 C_p^2,即为 $p \cdot (p-1)/2$。表 4-7 给出了比较对法块数 p 的取值与比较对触发器数、门数及门的输入端数的关系。比较对触发器的个数会随块数的增多以较快的速度增加,块数超过 8 块,就不能承受。因而比较对法只适合于组内块数 p 比较小(p=2～8)的情况,否则所需比较对触发器的数量太大。

表 4-7 块数与比较对触发器数、门数、门的输入端数的关系

块　数	3	4	8	16	64	256	…	p
比较对触发器数	3	6	28	120	2016	32 640	…	$p(p-1)/2$
门数	3	4	8	16	64	256	…	p
门输入端数	2	3	7	15	63	255	…	$p-1$

综上所述,替换算法实现的设计是围绕下述两点来考虑的:一是如何对每次访问进行记录(使用位法、堆栈法、比较对法所用的记录方法都不同);二是如何根据所记录的信息来判定近期内哪一块是最久没有被访问过的。由此可见,实现方法和所用的映像方法密切相关。例如,对于主存-辅存存储层次的全相联映像宜于采用使用位法或类似的方法,而不宜采用堆栈法和比较对法;但对于 Cache-主存存储层次的组相联映像,因为组内块数较少,就宜用比较对法或堆栈法。

4.3.4 Cache的透明性及性能分析

1. Cache的透明性分析

Cache存储层次对系统程序员和应用程序员都是透明的。CPU只输出主存的地址码，不知Cache的地址码。Cache是主存的一部分副本，应该和主存内容一致。Cache与主存内容能否一致，是计算机能否可靠工作的关键。Cache与主存不一致的两种情况如图4-48所示，造成Cache与主存不一致的原因如下：

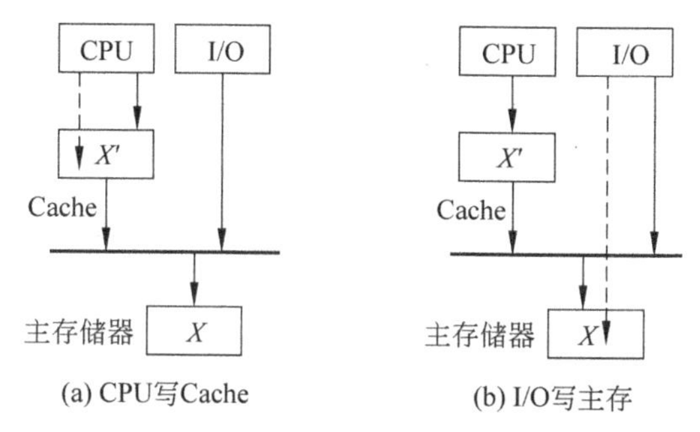

图4-48 Cache与主存不一致的两种情况

(1) 由于CPU写Cache，没有立即写主存，主存单元内容没变。若把在主存的数据X输出到设备，就是过时的数据。

(2) 由于I/O处理机或I/O设备写主存，Cache单元内容没变。CPU要读Cache中的X'就不对。

由于Cache存储器采用全硬件实现，所以它对应用程序员和系统程序员都是透明的。为此，需要在硬件上采取一系列相应措施来解决好透明性所带来的问题。

虽然物理Cache中的内容是主存中某些块的副本，但却不能保证这两者对应块的内容完全一致。为解决Cache中某些块的内容已变，而主存对应块的内容未跟着改变的情况，提出了两种Cache存储系统的更新算法。它们是写直达法和写回法。

(1) 写直达法(Write-Through，WT)。

写直达法又称写透法，CPU在执行写操作时，把数据同时写入Cache和主存。写直达法是每当CPU写Cache命中时，不仅写入Cache，也经CPU到主存的直达通路直接写入主存，使两者对应块的内容始终保持一致。这样，Cache中的块被替换时，就不必再花时间去写回主存了。写直达法速度慢，相当于主存的速度，但能保证Cache与主存一致。

(2) 写回法(Write-Back，WB)。

CPU数据只写入Cache，不写入主存，仅当替换时，才把修改过的Cache块写回主存。写回法在CPU执行写操作时，如果Cache命中，就只写入Cache，而暂不写入主存。改变了的Cache块只有在块替换时，才花一个主存周期写回主存相应的块位置上，使两者对应的内容一致起来。写回法速度快多了，有不一致问题，但是暂时的。不一致时，若在Cache快表中有一个“修改位”为1，必须写回主存，才能调入新块。

写回法与写直达法的优缺点比较如下：

(1) 可靠性，写直达法优于写回法。因为 Cache 始终是主存的正确副本。

(2) 与主存的通信量，写回法少于写直达法，由于 Cache 的命中率高。

例如：写操作占总访存次数的 20%，Cache 命中率为 99%，每块 4 个字。当 Cache 发生块替换时，有 30%的块需要写回主存，其余的因未被修改过而不必写回主存。则对于 WT 法，写主存次数占总访存次数的 20%。而 WB 法为(1－99%)×30%×4＝1.2%。因此，WB 法与主存的通信量要比 WT 法少 10 多倍。

写回法把开销集中在发生失效时，写回法是写直达法的十几分之一。

(3) 控制的复杂性，写直达法比写回法简单。写回法要对修改位进行管理和判断。

(4) 硬件实现的代价，写回法要比写直达法好。写直达法采用高速小容量缓存。

写 Cache 时有从主存读入 Cache 的问题，写 Cache 的两种方法如下。

(1) 不按写分配法：在写 Cache 不命中时，只把所要写的字写入主存，即该地址所对应的数据块不从主存调入 Cache。

(2) 按写分配法：在写 Cache 不命中时，还把一个块从主存读入 Cache，包括所写字的数据块从主存读入。

写回法和写直达法都是对应于 Cache 写命中时的情况。如果 Cache 写不命中时，还涉及是否需要从主存调块的问题。"不按写分配"法只写主存，不进行调块。"按写分配"法则除了要写入主存外，还要将该块从主存调入 Cache。一般情况下，写回法宜用按写分配法，写直达法宜用不按写分配法。

对于单处理机系统的 Cache，多数采用写回法，目的是减少 Cache 与主存之间的通信量。单处理机系统的 Cache 存储系统多采用写回法以节省成本；共享主存的多处理机系统，为保证各处理机经主存交换信息时不出错，较多采用写直达法。写直达法是为了硬件的控制比较简单。

对于共享主存的多处理机系统，各 CPU 都有自己的 Cache，如图 4-49 所示。

仅靠写直达法不能保证一致性。例如，CPU A 写入 Cache a 的同时，采用写直达法也写入主存，如果 Cache b 中也有此单元，其内容则未并变，此时 CPU B 读出的内容就是原来的内容。解决的方法如下：

(1) 播写法是任何处理机在要写入 Cache 时，不仅写入自己的 Cache，还把信息播写到所有 Cache 有此单元的地方或让所有 Cache 有此单元的块作废。

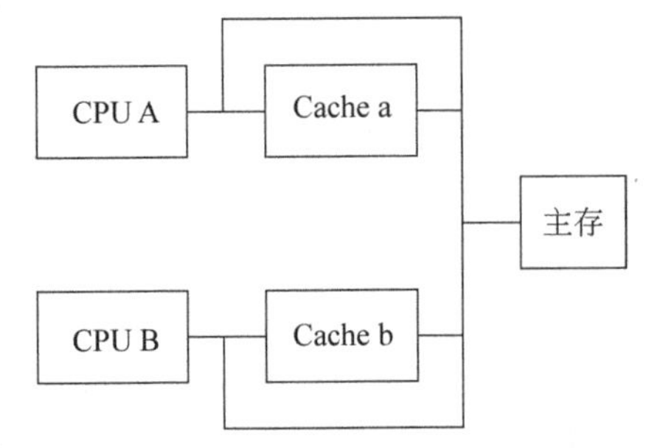

图 4-49 每个处理机都有 Cache 的共享主存多处理机系统

(2) 控制某些共享信息不得进入 Cache。

(3) 目录表法在不命中时，先查目录表，以判定目标块是否在别的 Cache 中，以及是否正在被修改等，然后再决定如何读写。

2. Cache的预取算法

一般情况预取能大幅度地提高Cache的命中率，预取算法有以下几种：

(1) 按需取是在出现Cache不命中时，把一个块取到Cache中来。包括所要访问字在内的整个块取过来，这根据的是程序的局部性。

(2) 恒预取是无论Cache是否命中，都把下一块取到Cache中。

(3) 不命中预取是当Cache不命中，把本块和下一块一起取到Cache中。不命中怎么取，要对下次的命中有好处。

主要考虑因素是命中率的提高以及Cache与主存之间通信量的增加。

从模拟实验的结果看，采用恒预取能使Cache的不命中率降低75%～85%。采用不命中预取能使Cache的不命中率降低30%～40%。恒预取增加的通信量要比不命中预取大得多。

Cache所用的预取算法基本上仍是按需取进法，即在出现Cache块失效时，才将要访问的字所在的块取进Cache。由于程序存在局部性，只要适当选择好Cache的容量、块的大小、组相联的组数和组内块数，是可以保证有较高的命中率的。然而，如辅之以采用在未用到某信息块之前就将其预取进Cache的预取算法，还有进一步提高命中率的可能。

Cache采用预取算法，在多数情况下是会提高Cache的块命中率的。恒预取比不命中预取算法对Cache块命中率改进的效果要好些，但在Cache与主存之间，会因为预取操作增大信息的传送量。

为了便于硬件实现，通常只预取直接顺序的下一块，即在访问到主存的第i块(不论是否已取进Cache)时，只有第$i+1$块才是可能的预取块。至于何时将该块取进，可以有恒预取和不命中预取两种不同的算法。恒预取指的是只要访问到主存第i块的某个字，不论Cache是否命中，恒发预取命令。不命中预取仅当访问第i块不命中时，才发预取命令。Amdahl 470V/8采用的就是不命中预取法。

采用预取法并非一定能提高命中率，它还和其他因素有关。

一是块的大小。若每块的字节数过少，预取的效果不明显。从预取需要出发，希望块尽可能增大。但若每块的字节数过多，一方面可能会预取进不需要的信息，另一方面由于Cache的容量有限，块数减少，又可能把正在使用或近期内就要用到的信息给替换出去，反而降低了命中率。从已有的模拟结果来看，每块的字节数如果超过256，就会出现这种情况。

二是预取开销。要预取就要有访主存开销和将它取进Cache的访Cache开销，还要加上把被替换块写回主存的开销。这些开销会增加主存和Cache的负担，干扰和延缓程序的执行。

3. 任务切换对失效率的影响

受限于Cache的容量，多个进程的工作区很难同时保留在Cache内。因此，造成Cache失效的一个重要原因是任务切换。失效率的高低当然就和任务切换的频度有关，或者说与任务切换的平均时间间隔的大小有关。

由于任务切换引起的 Cache 失效率可以通过下述几种办法来解决：增大 Cache 容量；修改调度算法，使任务切换回来之前，有用的信息仍能保留在 Cache 中不被破坏；设置多个 Cache，例如设置两个 Cache，一个专用于管理程序，一个专用于用户程序。这样，在管态和目态之间切换时，不会破坏各自 Cache 中的内容。此外，对于某些操作，例如长的向量运算、长的字符行运算等，可以不经过 Cache 直接进行，以避免这些操作由于使用 Cache，而从 Cache 中置换出大量更有希望将重新使用的数据。

4. 影响 Cache 存储系统性能的因素

块的大小、组的大小与 Cache 容量对 Cache 命中率的影响如图 4-50 所示。随着块的增大，Cache 的不命中率总是呈下降趋势。

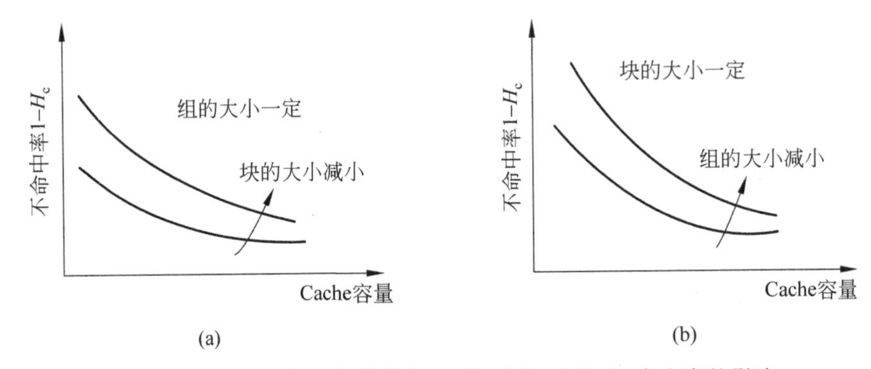

图 4-50　块的大小、组的大小与 Cache 容量对 Cache 命中率的影响

以地址变换为例，CPU 提供访存的虚地址就可能需要变换成 Cache 地址、主存地址和辅存地址。如果对应此虚地址的单元已在 Cache 中，就需把虚地址直接变换成 Cache 地址，访问 Cache，而不是先把虚地址变换成主存实地址，再由主存实地址变换成 Cache 地址，这样可以缩短地址变换的时间。如果对应单元已在主存但尚未调入 Cache 时，则需把虚地址经快表和慢表变换成主存实地址去访主存，对读访问以及采用按写分配法的写访问还必须进行虚地址到 Cache 地址的映像或变换，以便把包含对应此单元所在的一块调入或替换进 Cache。

如果对应单元还不在主存，就要把虚地址变换成辅存实地址，去辅存调页，同时，还要将虚地址映像变换成主存实地址将页调入主存，以及把虚地址映像变换成 Cache 地址，将其中的一块装入 Cache。在这种三级层次中通常总是让页的大小恰好是块的 2 的幂倍，每一块的大小又是字的 2 的幂倍。而且每次用虚页号查快表和慢表以取得主存实地址和用虚地址对应 Cache 块号位置的虚块号经组相联去访 Cache(Cache 中每个单元存放有主存实地址和对应的数据)同时进行。若能在快表中找到，就用由快表来的主存实地址与由 Cache 中读出的主存实地址相比较。当两者相符时，存在 Cache 中该单元的数据就是要访问的虚、实地址的内容。写 Cache 的过程与此类似。

由于每次访问 Cache，都要查快表，因此，查快表的速度必须尽可能快，不能因为它使访 Cache 周期延长过多。快表的内容是能随任务切换而变的，因此，Cache 的内容也能正确反映任务的切换。当然，在实际实现中，可以有很多技巧。例如，Cache 中每个单元所存的不必是整个主存实地址而只是其某种压缩。也有的机器是用和主存实地址完全无关的虚地址访问 Cache 的。此外也还有一些其他的方案。

5. Cache 存储系统的性能分析

Cache 存储系统的命中率与替换算法、块地址流、采用组相联时组的大小(组内块数)、块的大小、块的总数(物理 Cache 的总容量)等有关。

增加块的大小和组相联中组内的块数,以及增加 Cache 的总容量都会使 Cache 命中率提高。当 Cache 命中率上升到一定程度后,就趋于平缓了。

Cache 存储系统的等效访问时间 t_a 为

$$t_a = H_c t_c + (1 - H_c) t_m$$

其中,H_c是指命中率,t_c是 Cache 的访问时间,t_m为主存周期。

使用 Cache 存储系统比不使用 Cache 存储系统,其 CPU 的访存速度提高的倍数为

$$\rho = \frac{t_m}{t_a} = \frac{t_m}{H_c t_c + (1 - H_c) \cdot t_m} < \frac{1}{1 - H_c}$$

也就是说,在 Cache 的命中率 H_c一定时,用 Cache 存储系统后,CPU 访存速度的提高倍数不会超过 $1/(1-H_c)$倍。如果等效访问时间 t_a已非常接近于第一级物理 Cache 本身的访问时间,这时,只有用比 t_c更小的高速物理 Cache 去更换掉原先的低速物理 Cache,才能进一步提高存储器的等效访问速度。否则,采取其他措施都是无用的。而当 Cache 存储系统的等效访问时间 t_a比第一级物理 Cache 的 t_c大得多时,表明 H_c太低。此时,应该从提高 Cache 的命中率着手,例如,调整组的大小、块的大小;改进替换算法;增大 Cache 的容量,加快 Cache 映像表的查表速度等。这样,才能有效地提高 Cache 存储系统的访问速度。如果采取将低速 Cache 全部更换成高速 Cache,只会花费掉大量的金钱,而对提高 Cache 存储系统的访问速度并无明显的效果。

4.4 Cache-主存-辅存三级层次

在大部分计算机系统中,既有 Cache 存储系统,也有虚拟存储系统。存储系统可以有多种构成方法,不同的构成只是实现技术不同。Cache 存储系统采用与主存相同的按地址随机访问的方式工作。

存储系统的组织方式,Cache、主存、磁盘这三个存储器可以分别构成“Cache-主存”和“主存-磁盘”两个存储系统,也可以构成一个“Cache-主存-磁盘”存储系统,如图 4-51 所示,或没有主存,构成一个“Cache-磁盘”存储系统,即所谓的全 Cache 存储系统,如图 4-52 所示。

存储系统的几种组织方式如下:

(1) 有“Cache-主存”和“主存-磁盘”两个独立的存储系统,两个存储系统的组织方式,即物理地址 Cache 存储系统,如图 4-53 所示。目前的大部分处理机均采用这种两级存储系统。

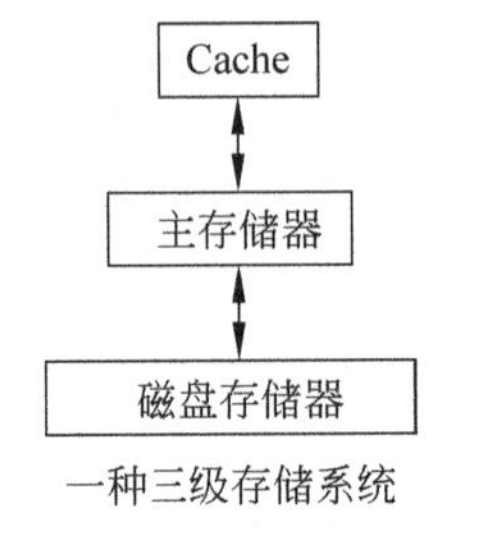

图 4-51 “Cache-主存-磁盘”存储系统

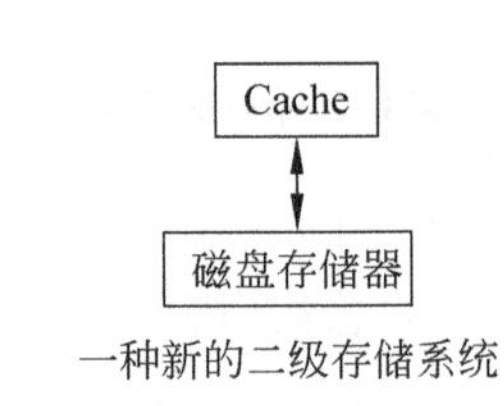

图 4-52 “Cache-磁盘”存储系统

(2) 一个存储系统组织方式,即虚拟地址 Cache 存储系统,如图 4-54 所示。Cache 能接受虚拟地址,Cache 访问失效时才访问主存,如 Intel 公司的 i860 等处理机采用这种组织方式。

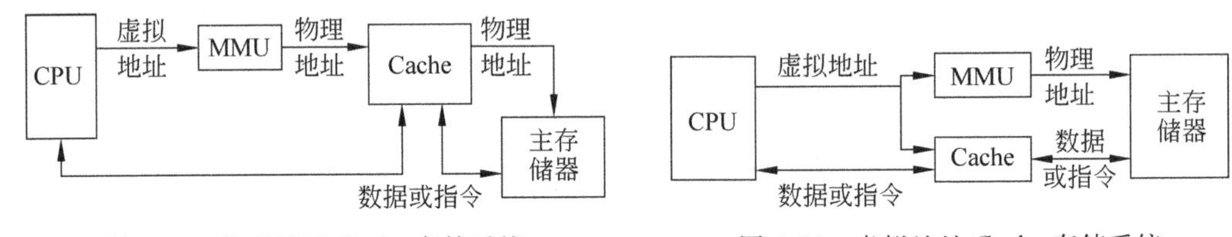

图 4-53 物理地址 Cache 存储系统

图 4-54 虚拟地址 Cache 存储系统

(3) 全 Cache 系统。全 Cache 系统没有主存储器,采用 Cache-磁盘存储系统。

4.5 ARM 存储系统

ARM 处理器采用存储器管理单元(Memory Management Unit,MMU)管理虚拟地址到物理地址的变换,如图 4-55 所示。MMU 提供读取存储器中地址变换表的硬件(称作 Table walking),CP15 表基址寄存器(Table Base Registers ,TTBR)存储表的物理基址,地址变换旁视缓冲器(Translation Look-aside Buffers ,TLBs)缓存(Cache)最近的变换关系。内核可以有分开的指令和数据 TLB,或一个共享的统一 TLB。当 MMU 使能时,内核的所有访问都经过 MMU。MMU 使用 TLB 缓存(Cache)的变换或完成表游走。

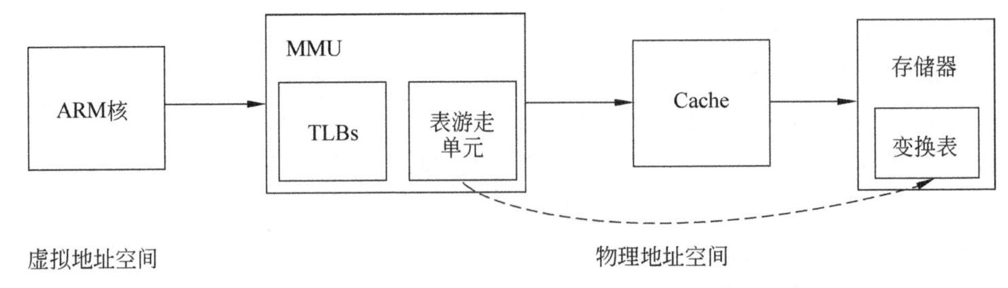

图 4-55 ARM 处理器虚拟地址到物理地址的变换

ARM 使用的操作系统(OS)和应用变换表如图 4-56 所示。虚拟地址空间可以分离(split)成两部分,上半部分由 TTBR1 指向的表来控制,下半部分由 TTBR0 指向的表来控制。分离是由变换表基址控制寄存器(Translation Table Base Control Register, TTBCR)来控制的。TTBR1 典型用于操作系统和外设,TTBR0 典型用于应用。

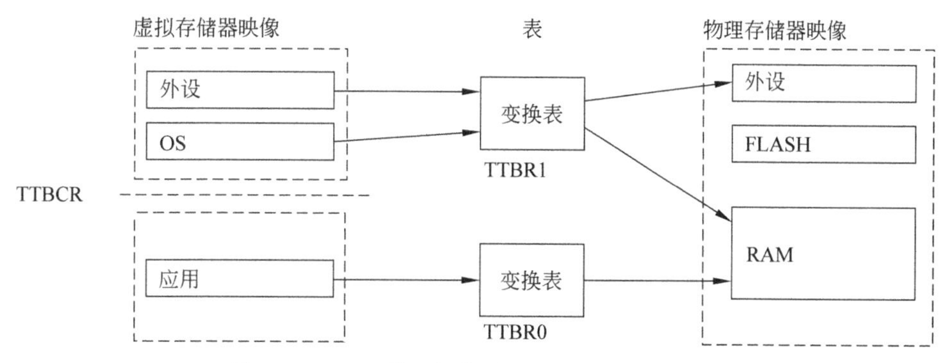

图 4-56 ARM 使用操作系统(OS)和应用变换表

带 Cache 的 ARM 宏核(Cached ARM Macrocell)如图 4-57 所示。对于存储器管理,ARM 核可包含 MMU 或 MPU。存储器管理单元(MMU)实现虚拟存储系统体系结构(Virtual Memory System Architecture ,VMSA),存储器保护单元实现物理存储器系统体系结构(Physical Memory System Architecture,PMSA)。

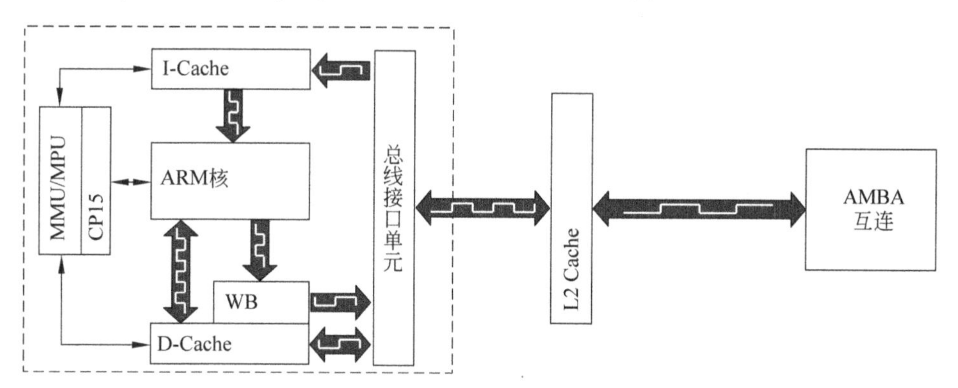

图 4-57 带 Cache 的 ARM 宏核

习 题 4

4-1 采用页式管理的虚拟存储系统中,什么叫"页面失效"? 什么叫"页面争用"? 什么时候,这两者不同时发生? 什么时候,这两者又同时发生?

4-2 对于一个由两个存储器 M1 和 M2 构成的存储系统,设 M1 的命中率为 h,两个存储器的存储容量分别为 $s1$ 和 $s2$,访问速度分别为 $t1$ 和 $t2$,每千字节的价格分别为 $c1$ 和 $c2$。

(1) 在什么条件下,整个存储系统的每千字节平均价格会接近于 $c2$?

(2) 写出这个存储系统的等效访问时间 ta 的表达式。

(3) 假设存储系统的访问效率 $e=t1/ta$,两个存储器的速度比 $r=t2/t1$。试以速度比

r 和命中率 h 来表示访问效率 e。

(4) 如果 $r=100$，为了使访问效率 $e>0.95$，要求命中率 h 是多少？

(5) 对于(4)所要求的命中率实际上很难达到。假设实际的命中率只能达到 0.96。现采用一种缓冲技术来解决这个问题。当访问 M1 不命中时，把包括被访问数据在内的一个数据块都从 M2 取到 M1 中，并假设被取到 M1 中的每个数据平均可以被重复访问 5 次。请设计缓冲深度(即每次从 M2 取到 M1 中的数据块的大小)。

4-3 在页式虚拟存储系统中，一个程序由 P1～P5 共 5 个页面组成。在程序执行过程中依次访问到的页面如下：

P2，P3，P2，P1，P5，P2，P4，P5，P3，P2，P5，P2

假设系统分配给这个程序的主存有三个页面，分别采用 FIFO、LRU 和 OPT 三种页面替换算法对这三页主存进行调度。

(1) 画出主存页面调入、替换和命中的情况表。

(2) 统计三种页面替换算法的页命中率。

4-4 假设在一个采用组相联映像方式的 Cache 中，主存由 B0～B7 共 8 块组成，Cache 有两组，每组两块，每块的大小为 16 个字节，采用 LRU 块替换算法。在一个程序执行过程中依次访问这个 Cache 的块地址流如下：

B6，B2，B4，B1，B4，B6，B3，B0，B4，B5，B7，B3

(1) 写出主存地址的格式，并标出各字段的长度。

(2) 写出 Cache 地址的格式，并标出各字段的长度。

(3) 画出主存与 Cache 之间各个块的映像的对应关系。

(4) 采用 LRU 替换算法，计算 Cache 的块命中率。

(5) 如果改为全相联映像方式，再做(4)，可以得出什么结论？

(6) 如果在程序执行过程中，每从主存装入一块到 Cache，则平均要对这个块访问 16 次。请计算在这种情况下的 Cache 命中率。

4-5 某虚拟存储系统共 8 个页面，每页为 1024 个字，实际主存为 4096 个字，采用页表法进行地址映像。页表的内容如表 4-8 所示。

表 4-8 页表

虚页号	实页号	装入位
0	3	1
1	1	1
2	2	0
3	3	0
4	2	1
5	1	0
6	0	1
7	0	0

（1）列出会发生页面失效的全部虚页号；

（2）按以下虚地址：0，3278，1023，1024，2055，7800，4096，6800，计算对应的主存实地址。

4-6 某程序包含5个虚页，其页地址为4，5，3，2，5，1，3，2，2，5，1，3。当使用LRU法替换时，为获得最高的命中率，至少应分配给该程序几个实页？其可能的最高命中率为多少？

4-7 有一个Cache存储系统，主存共分8个块（0～7），Cache为4个块（0～3），采用组相联映像，组内块数为两块，替换算法为近期最少使用算法（LRU）。

（1）画出主存、Cache地址各字段的对应关系（标出位数）图；

（2）画出主存、Cache空间块的对应关系示意图；

（3）对于以下主存块地址流：1，2，4，1，3，7，0，1，2，5，4，6，4，7，2，如主存中内容一开始未装入Cache中，请列出Cache中各块随时间的使用状况；

（4）对于（3），指出块失效又发生块争用的时刻；

（5）对于（3），求出此期间Cache之命中率。

4-8 若系统要求主存实际频宽至少为8MB/s，采用模 m 多体交叉存取，但实际频宽只能达到最大频宽的0.55倍。

（1）现设主存每个分体的存取周期为 $2\mu s$，宽度为8个字节，则主存模数 m（取2的整数幂）应取多少才能满足要求？

（2）若主存每个分体的存取周期为 $2\mu s$，宽度为2个字节呢？

4-9 采用FIFO替换的页式虚拟存储系统，运行某道程序的命中率过低。分析下列改进办法是否会使 H 提高，或是降低，影响的程度如何？

（1）多给该道程序分配一个实页。

（2）将FIFO算法改成LRU算法，同时再酌量多分配一些实页。

4-10 有一个虚拟存储系统，主存有0～3四页位置，程序有0～7八个虚页，采用全相联映像和FIFO替换算法。给出以下程序页地址流：2，3，5，2，4，0，1，2，4，6。

（1）假设程序的2，3，5页已先后装入主存的第3、第2、第0页位置，请画出上述页地址流工作过程中，主存各页位置上所装程序各页页号的变化过程图，标出命中时刻。

（2）求出此期间虚存总的命中率 H。

4-11 设某虚拟存储系统上运行的程序含5个虚页，其页地址流依次为4，5，3，2，5，1，3，2，5，1，3，采用LRU替换算法。

（1）用堆栈对该页地址流模拟一次，画出此模拟过程，并标出实页数为3，4，5时的命中情况。

（2）为获得最高的命中率，应分配给该程序几个实页？其可能的最高命中率是多少？

4-12 页式虚拟存储系统共有9页空间准备分配给A、B两道程序。已知B道程序若给其分配4页时，命中率为8/15；而若分配5页时，命中率可达10/15。现给出A道程序的页地址流为2，3，2，1，5，2，4，5，3，2，5，2，1，4，5。

（1）画出用堆栈对A道程序页地址流的模拟处理过程图，统计给其分配4页或5页时的命中率。

(2) 根据已知条件和上述统计结果，给 A、B 两道程序各分配多少实页，可使系统效率最高？

4-13 Cache-主存存储层次中，主存有 0～7 共 8 块，Cache 为 4 块，采用组相联映像。假设 Cache 已先后访问并预取进了主存的第 5、第 1、第 3、第 7 块，现访存块地址流又为 1、2、4、1、3、7、0、1、2、5、4、6 时，

(1) 画出用 LRU 替换算法，Cache 内各块的实际替换过程图，并标出命中时刻。其中 Cache 分为两组。

(2) 求出在此期间的 Cache 命中率。

4-14 设主存每个分体的存取周期为 2μs，宽度为 4 个字节。采用模 m 多分体交叉存取，但实际频宽只能达到最大频宽的 0.6 倍。现要求主存实际频宽为 4MB/s，问主存模数 m 应取多少，方能使两者速度基本适配？其中，m 取 2 的幂。

4-15 一个段页式虚拟存储系统，虚地址有 2 位段号、2 位页号、11 位页内位移(按字编址)，主存容量为 32K 字。每段可有访问方式保护，其页表和保护位如表 4-9 所示。

表 4-9 段访问保护方式及虚页的位置

段　　号	段 0	段 1	段 2	段 3
访问方式	只读	可读/执行	可读/写/执行	可读/写
虚页 0 所在位置 虚页 1 所在位置 虚页 2 所在位置 虚页 3 所在位置	实页 9 实页 3 在辅存上 实页 12	在辅存上 实页 0 实页 15 实页 8	(页表不在主存中)	实页 14 实页 1 实页 6 在辅存上

(1) 此地址空间共有多少个虚页？

(2) 当程序中遇到表 4-10 中的各情况时，写出由虚地址计算出的实地址，说明哪个会发生段失效、页失效或保护失效。

表 4-10 程序中遇到的情况

方　式	段	页	页内位移
取数	0	1	1
取数	1	1	10
取数	3	3	2047
存数	0	1	4
存数	2	1	2
存数	1	0	14
转移至此	1	3	100
取数	0	2	50
取数	2	0	5
转移至此	3	0	60

4-16 考虑一个 920 个字的程序,其访问虚存的地址流为 20,22,208,214,146,618,370,490,492,868,916,728。

(1) 若页面大小为 200 字,主存容量为 400 字,采用 FIFO 替换算法,请按访存的各个时刻,写出其虚页地址流,计算主存的命中率。

(2) 若页面大小为 100 字,再做一遍。

(3) 若页面大小为 400 字,再做一遍。

(4) 由(1)、(2)、(3)的结果可得出什么结论?

(5) 若把主存容量增加到 800 字,按第(1)小题再做一遍,又可得到什么结论?

4-17 在一个页式二级虚拟存储系统中,采用 FIFO 算法进行页面替换,发现命中率 H 太低,因此有下列建议:

(1) 增大辅存容量;

(2) 增大主存容量(页数);

(3) 增大主、辅存的页面大小;

(4) FIFO 改为 LRU;

(5) FIFO 改为 LRU,并增大主存容量(页数);

(6) FIFO 改为 LRU,且增大页面大小。

试分析上述各建议对命中率的影响情况。

4-18 采用组相联映像、LRU 替换算法的 Cache 存储系统,发现等效访问速度不高,为此提议:

(1) 增大主存容量;

(2) 增大 Cache 中的块数(块的大小不变);

(3) 增大组的大小(块的大小不变);

(4) 增大块的大小(组的大小和 Cache 总容量不变);

(5) 提高 Cache 本身器件的访问速度。

试问分别采用上述措施后,对等效访问速度可能会有什么样的显著变化?其变化趋势如何?如果采取措施后并未能使等效访问速度有显著提高的话,又是什么原因?

4-19 如果你对 Cache 存储系统的速度不满意,于是申请到一批有限的经费,为能发挥其最大的经济效益,有人建议你再买一些同样速度的 Cache 芯片以扩充其容量;而另有人建议你干脆去买更高速的 Cache 芯片,将现有低速 Cache 芯片全部更换掉。你认为哪种建议可取?你如何做决定?为什么?

第5章　流水线和向量处理机

本章着重讨论重叠和流水等控制方式的基本原理。讲述向量的流水处理方式、向量流水机的结构。最后介绍在指令级上发展高度并行的超标量处理机、超流水线处理机、超标量超流水线处理机及超长指令字处理机的工作原理。

5.0　学习指南

1. 知识点和学习要求

• 重叠方式。

领会顺序与重叠方式的定义和特点,"一次重叠"方式的含义及好处。

了解对有关条件转移指令与后继指令之间的相关、指令相关、主存数相关、通用寄存器组的数相关和变(基)址值相关等的定义及各自的处理方法。

了解设置相关专用通路的目的及其适用的场合。

在给出指令之间各种微操作时间重叠关系的要求后,能熟练计算连续执行完若干条指令所需要的时间。

• 流水方式。

领会流水方式的工作原理。

了解从不同角度对流水线的分类和定义。

熟练掌握流水线时空图的画法。能够计算出流水线的最大吞吐率、实际吞吐率、效率和加速比。

掌握消除流水线瓶颈两种方法的时空图画法,吞吐率和效率的计算。

了解同步流动和异步流动的区别。

熟练掌握在单功能非线性流水线上,任务流入流水线的最佳调度方案,求出极限吞吐率。按此方案实际调度若干条指令,画出时空图,并求出此时实际的吞吐率和效率。

• 向量的流水处理与向量处理机。

了解处理向量的三种方式和向量的流水处理含义。

• 指令级高度并行的超级处理机。

了解超标量、超流水线、超标量超流水线、超长指令字处理机在指令级并行的工作原理。给出指令数和并行的度数,能画出各自的工作时空图,计算出所需时间、加速比。

2. 重点和难点

本章的重点: 重叠解释方式;"一次重叠"方式中各种相关的处理;流水线的分类;流水线的性能(吞吐率、加速比、效率)分析及时空图;流水线处理机的主要性能;流水线瓶颈段的处理;单功能非线性流水线的调度;向量的流水处理;向量流水处理机;向量处理方式;超标量处理机、超流水线处理机、超标量超流水线处理机的指令执行时序及性能。

本章的难点:针对所要求的时间重叠关系,计算全部指令完成的时间;为消除流水线瓶颈,所采取的措施及相应的流水线时空图画法,吞吐率和效率的计算;优化单功能非线性流水线的调度方案;在超标量、超流水线、超标量超流水线、超长指令字处理机上,给出指令数和并行的度数,画出时空图,计算加速比。

5.1 重叠方式

5.1.1 重叠原理和一次重叠

一条指令的执行过程可以分成多个子过程,具体分法依据各种处理器的设计。图5-1中对一条机器指令的解释执行分三个子过程,即取指令、分析取操作数、执行把结果送回。

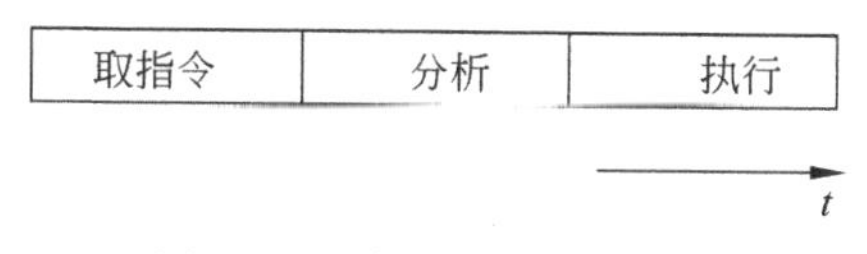

图5-1 一条指令的执行过程

指令的顺序解释方式指的是指令与指令之间顺序串行,指令内的各个微操作之间也是顺序串行的。顺序执行方式,执行 n 条指令所用的时间为。

$$T=\sum_{i=1}^{n}(t_{取指令i}+t_{分析i}+t_{执行i})$$

如果取指、分析和执行指令的时间都相等,每段时间都为 t,则执行 n 条指令所用的时间为 $T=3nt$。

采用顺序执行方式的主要优点是控制简单,节省设备,转入下条指令的时间易于控制。主要缺点是执行指令的速度慢,功能部件的利用率很低。只有上一条指令执行完,下一条指令才能执行。在取指和分析指令时,主存是忙碌的,而执行部件是空闲的。

指令的重叠解释方式是在相邻的指令之间,让取指、分析、执行各部分的操作在时间上重叠地进行,而指令内部的微操作仍然是顺序串行的。重叠解释虽不能加快每条指令的解释,但却能加快相邻两条以至整段程序的解释,使系统的性能价格比有显著提高。顺序解释只有一条指令在执行,取指时主存忙碌,执行部件空闲。

一次重叠执行方式是一种最简单的流水线方式。指令执行过程分成三个子过程,如果各子过程的时间相等,把执行第 k 条指令与取第 $k+1$ 条指令同时执行,如图5-2所示,则执行 n 条指令的时间为 $T=(1+2n)t$。与顺序执行相比时间缩短近三分之一。

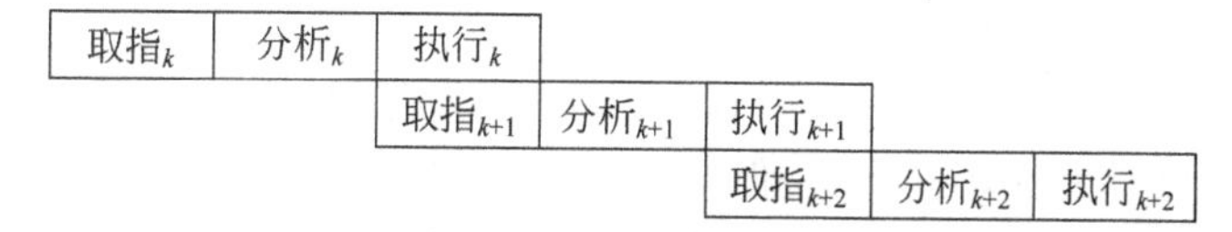

图5-2 一次重叠执行方式

采用一次重叠方式的主要优点是指令的执行时间缩短,功能部件的利用率明显提高,主存基本上处于忙碌状态。主要缺点是需要增加一些硬件，控制过程稍复杂。

如果每次都可以从指令缓冲器中取得指令，则“取指”的时间很短，可把这个微操作合并到“分析”内，从而由原先的“取指$_{k+2}$”、“分析$_{k+1}$”、“执行$_k$”重叠变成只有“分析$_{k+1}$”与“执行$_k$”的重叠。这种在任何时间都只有“执行$_k$”和“分析$_{k+1}$”在时间上重叠的一次重叠执行方式如图 5-3 所示。

为了实现“执行$_k$”与“分析$_{k+1}$”的重叠，硬件上应有独立的指令分析部件和指令执行部件。为了使“一次重叠”方式的系统有较高的重叠效率，应使“分析”和“执行”的时间尽可能等长。

为了进一步提高指令的执行速度，采用二次重叠执行方式如图 5-4 所示，取指$_{k+2}$、分析$_{k+1}$和执行$_k$重叠。如果执行一条指令的三个子过程的时间相等，执行 n 条指令的时间为 $T=(2+n)t$。进一步提高执行速度，执行时间比顺序执行缩短近三分之二。

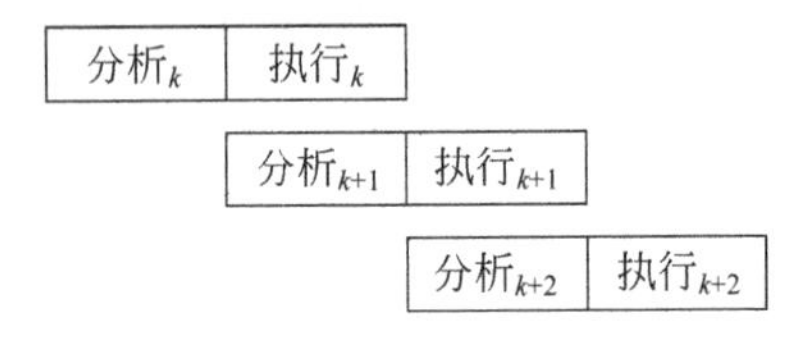

图 5-3 两功能段一次重叠执行方式

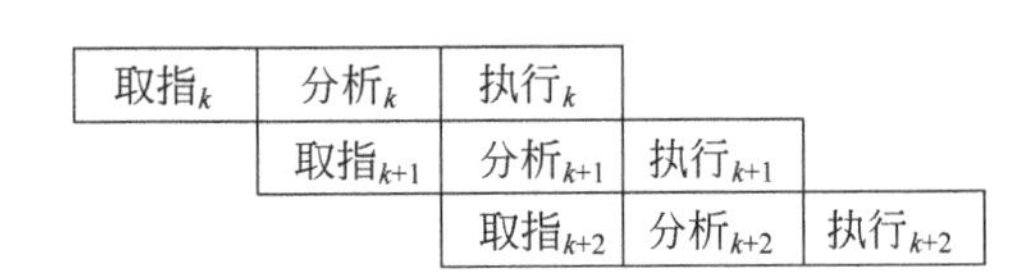

图 5-4 二次重叠执行方式

理想情况下处理机同时有三条指令在执行，处理机的结构要做比较大的改变，必须采用先行控制方式。采用二次重叠执行方式重叠必须解决两个问题：

① 有独立的取指令部件、指令分析部件和指令执行部件。三个子过程都有独立的部件，独立的控制器包括存储控制器、指令控制器和运算控制器。

② 要解决访问主存储器的冲突问题。

取指令、分析指令、执行指令都可能要访问存储器，要解决主存能否同时被访问的冲突问题。

假设解释一条机器指令的微操作被分为取指、分析和执行三个部分，这三个部分都可能需要访问主存储器。为解决“取指$_{k+2}$”、“分析$_{k+1}$”、“执行$_k$”在重叠时的访存冲突，可采取的解决访存冲突方法有：

(1) 分别设置各自独立编址的数据存储器和指令存储器，让存、取操作数和取指令可同时访存。其不足之处在于增加了总线控制和软件设计的负担。

(2) 仍维持指令和数据混存，但采用多体交叉主存结构，只要第 k 条指令的操作数与第 $k+1$ 条指令不在同一个存储体内，仍可在一个主存周期内取得。其不足之处在于可能会发生分体冲突。

① 采用低位交叉存取方式。

这种方法不能根本解决冲突问题，有取指令、读操作数、写结果的访存冲突。存储器分成几个模块，连续单元在不同模块，但要求三个操作在不同模块。

② 两个独立的存储器：独立的指令存储器和数据存储器。

如果再规定，执行指令所需要的操作数和执行结果只写到通用寄存器，那么，取指令、分析指令和执行指令就可以同时进行了。

在许多高性能处理机中，有独立的指令 Cache 和数据 Cache，这种结构被称为哈佛结构。这种结构取指令和取数据不会冲突。

③ 采用先行控制技术。

先行控制技术的关键是缓冲技术和预处理技术。缓冲技术是在工作速度不固定的两个功能部件之间设置缓冲栈，用以平滑它们的工作。预处理技术是早些取来指令和操作数。在采用了缓冲技术和预处理技术之后，运算器能够专心于数据的运算，从而大幅度提高程序的执行速度。增加了指令缓冲栈、数据缓冲栈，执行速度快了。可以把取指和分析结合在一起，每次从指缓中取指令，取指时间很短。

(3) 增设采用先进先出方式工作的指令缓冲寄存器，让主存抽空闲时间将预取的指令存入指令缓冲器。

5.1.2 相关处理

因机器语言程序中邻近指令之间出现了关联，为防止出错让它们不能同时解释的现象称为发生了“相关”。相关又可细分为数据相关和指令相关。

数据相关是指第 k 指令和第 $k+1$ 指令的数据地址之间有关联。例如，第 $k+1$ 条指令的源操作数地址正好是第 k 条指令存放运算结果的地址。数据相关不仅会发生在主存空间，也会发生在通用寄存器空间。

指令相关是因为指令在程序的执行过程中允许被修改造成的。例如，经第 k 条指令的执行形成第 $k+1$ 条指令。

无论发生何种相关，或者使解释出错，或者使重叠效率显著下降，所以必须加以正确的处理。

1. 指令相关的处理

当条件转移成功时，重叠效率会下降。假设第 k 条指令是条件转移指令，并成功转移到第 m 条指令去。如果第 m 条指令已在指令缓冲器中，则在“分析$_{k+1}$”之后接着“分析$_m$”和“执行$_m$”；若第 m 条指令还没取到指令缓冲器，则在“分析$_{k+1}$”之后还需先进行“取指$_m$”才能“分析$_m$”和“执行$_m$”。图 5-5 给出第 k 条指令是条件转移指令时的时间关系示意图。条件转移成功时，重叠实际变成了顺序执行。

如果 Von Neumann 型机器上指令可修改的办法是经第 k 条指令的执行来形成第 $k+1$ 条指令，如

```
k:        STORE 通用寄存器,k+1              ;(通用寄存器)→k+1
k+1:      ……
```

由于在“执行$_k$”的末尾才形成第 $k+1$ 条指令，按照一次重叠的时间关系，“分析$_{k+1}$”所分析的是早已预取进指缓的第 $k+1$ 条指令的旧内容，这就会出错。为了避免出错，第 k 条和第 $k+1$ 条指令就不能同时解释，称此时这两条指令之间发生了“指令相关”。特别是当指令缓冲器可缓冲存放 n 条指令的情况下，执行到第 k 条指令时，与已预取进指缓的

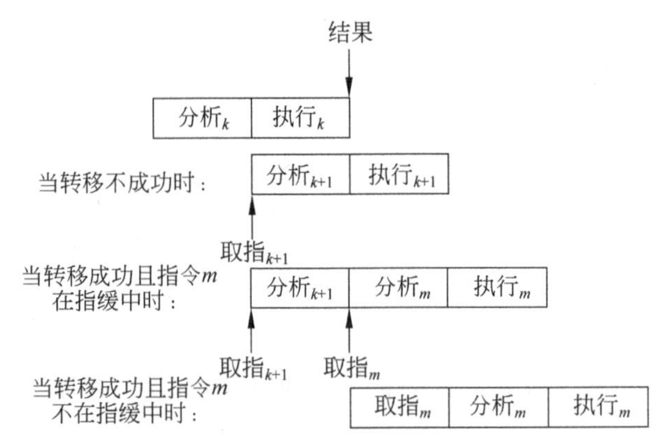

图 5-5　第 k 条指令是条件转移指令时的时间关系

第 $k+1$ 到第 $k+n$ 条指令都有可能发生指令相关。指缓的容量越大，或者说指令预处理能力越强的机器发生指令相关的概率就越高。

重叠方式的机器在程序中应尽量减少使用条件转移指令，在需要使用条件转移指令时，可采用"延迟转移"技术，由编译程序将条件转移指令与其前面的指令交换位置，可使重叠效率不下降。对于指令相关：

① 规定指令在执行过程中不允许修改。

② 在需要修改指令时，可以设置类似 IBM 370 的"执行"指令，将指令相关转成操作数相关，统一按操作数相关来处理。

"执行"指令是 IBM 370 机器为此设置的一条指令，其形式为

执行	R_1	X_2	B_2	D_2

当执行到"执行"指令时，将第二操作数地址$(X_2)+(B_2)+D_2$取出操作数区中单元的内容作为指令来执行。指令相关是因为机器指令允许被修改引出的。被修改的指令是以"执行"指令的操作数形式出现的，将指令相关转化成了数相关，统一按数相关进行处理。

2. 主存空间数据相关的处理

主存空间数据相关是相邻两条指令之间出现对同一单元要求先写而后读的关联，可采取推后后续指令对相关单元的读操作的方法。如在存储器的控制器内，让访存的"写"申请优先于"读"申请得到响应。主存数相关的处理如图 5-6 所示，第 $k+1$ 条指令分析读出的 m 不是第 k 条指令写入的结果，对 m 存在先写后读的关联，就可采用推后读进行处理。

3. 通用寄存器组相关的处理

通用寄存器一般除了放操作数、运算结果外，也可能放形成访存操作数物理地址的变址值或基址值，因此通用寄存器组的相关又有操作数的相关和变址值/基址值的相关两种。设机器的基本指令格式为

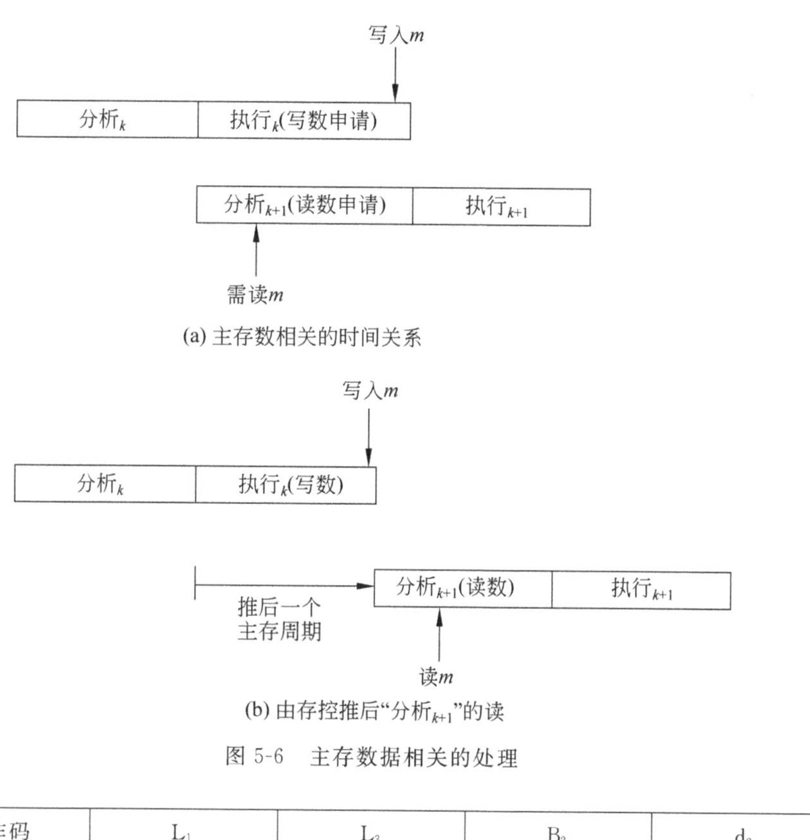

(a) 主存数相关的时间关系

(b) 由存控推后"分析$_{k+1}$"的读

图 5-6 主存数据相关的处理

操作码	L_1	L_3	B_2	d_2

或

操作码	L_1	L_3		L_2

指令解释过程中与通用寄存器内容有关的微操作时间关系如图 5-7 所示。用基/变址值在分析的前半段，取操作数在分析的后半段，存结果在执行的最后。L_3 为结果，指令有操作数的相关和基址/变址值相关。"执行$_k$"和"分析$_{k+1}$"重叠时访问通用寄存器的时间关系如图 5-8 所示 。当出现 $L_1(k+1)=L_3(k)$时，就发生了 L_1 相关。一种方法是推后读，另一种方法就是相关专用通路(Forwarding Path)。用相关专用通路解决通用寄存器组的数相关如图 5-9 所示。在运算器的输出到 B 或 C 输入之间增设"相关专用通路"，发

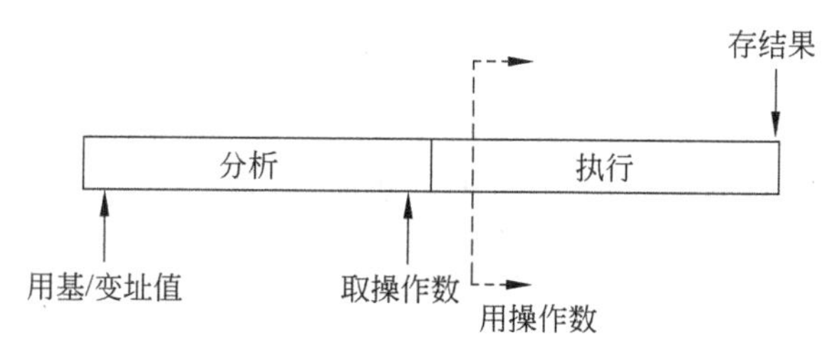

图 5-7 指令解释过程中与通用寄存器内容有关的微操作时间关系

生 L_1 或 L_2 相关时，结果送寄存器的同时，直接将结果回送到 B 或 C。

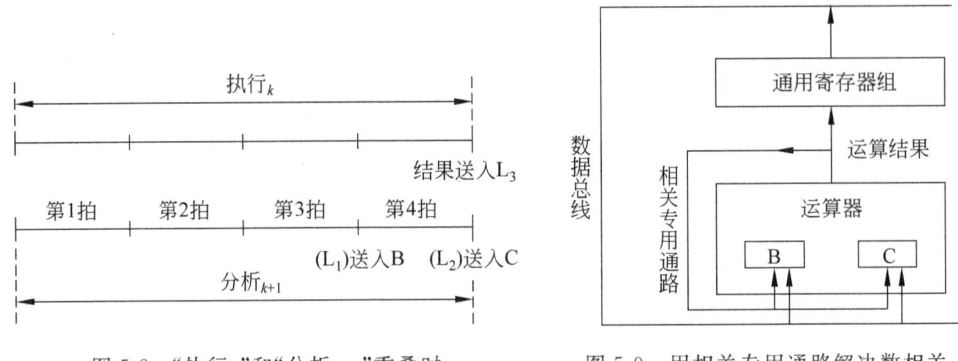

图 5-8 “执行$_k$”和“分析$_{k+1}$”重叠时访问通用寄存器的时间关系

图 5-9 用相关专用通路解决数相关

通用寄存器组的基(变)址值相关与通用寄存器组相关的处理方法相同。设操作数的有效地址：

$$(X_d)+(B_2)\cdot(B_2\neq 0000)+d_2$$

由分析器内的地址加法器形成。由于通常情况下，“分析”周期等于主存周期，所以，从时间关系上要求在“分析”周期的前半段，就能由通用寄存器输出总线取得(B_2)，送入地址加法器。由于运算结果是在“执行”周期的末尾才送入通用寄存器组的，它当然不能立即出现在通用寄存器输出总线上。也就是说，在“执行$_k$”得到的、送入通用寄存器的运算结果来不及作为“分析$_{k+2}$”的基址值用，更不用说作为“分析$_{k+1}$”的基址值用。因此，虽然是一次重叠，但基址值相关(B 相关)就不止会出现一次相关，还会出现二次相关。即当出现 $B(k+1)=L_3(k)$时，称为发生了 B 一次相关；而当出现 $B(k+2)=L_3(k)$时，称为发生了 B 二次相关，几次相关是指相隔的指令条数，如图 5-10 所示。

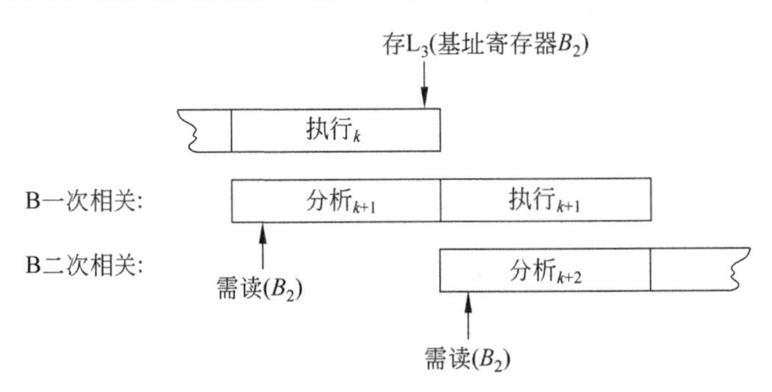

图 5-10 B 一次相关与二次相关

总之，处理主存空间数相关可采用推后“分析$_{k+1}$”和设置“相关专用通路”两种基本方法。前者以降低速度为代价，使设备基本上不增加；后者以增加设备为代价，使重叠效率不下降。

5.2 流水方式

5.2.1 基本概念

1. 流水是重叠的引申

流水是重叠的引申。流水和重叠的差别只在于"一次重叠"是把一条指令的解释分为两个子过程，而流水是分为更多个(m 个)子过程。如能把一条指令的解释分解成时间相等的 m 个子过程，则每隔 $\Delta t = T/m$ 就可以处理一条指令。指令流水线与工厂中的生产流水线相似，汽车装配生产线每个工段装配的不是同一辆汽车。

采用流水方式后，机器的最大吞吐率取决于子过程的经过时间 Δt，而实际吞吐率则还与连续进入流水线的任务数、各种相关等因素有关，因此，实际吞吐率总是低于最大吞吐率的。

指令分解为"分析"和"执行"子过程如图 5-11 所示。流水线中的锁存器如图 5-12 所示。

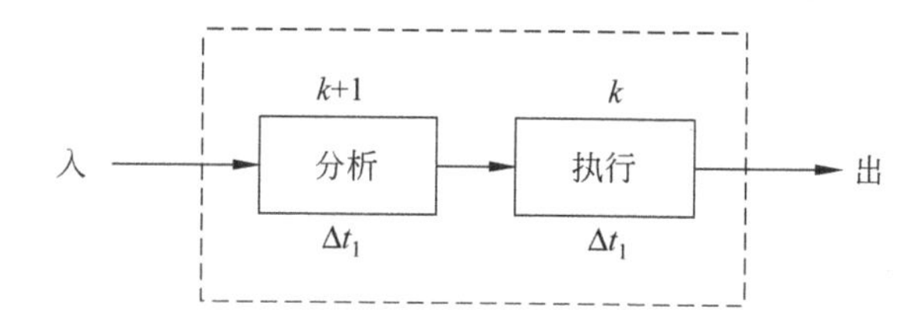

图 5-11 指令分解为"分析"和"执行"子过程

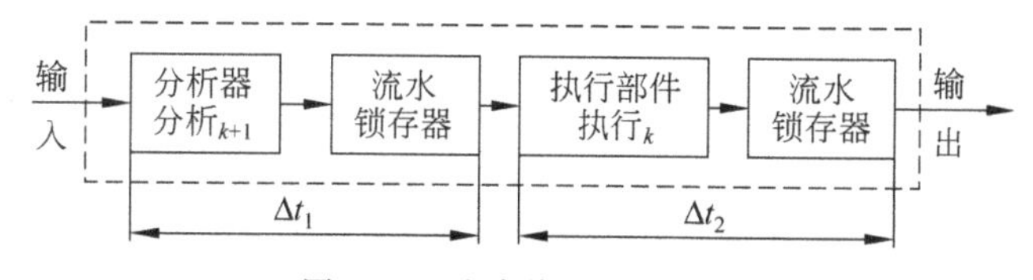

图 5-12 流水线中的锁存器

流水线的每一个子过程即阶段(Stage)，又称为流水步、流水步骤、流水段、流水线阶段、流水功能段、功能段、流水级或流水节拍等。在每一个流水段的末尾或开头必须设置一个寄存器，称为流水寄存器、流水锁存器、流水闸门寄存器等。流水锁存器会增加指令的执行时间。为了简化，在一般流水线中不画出流水锁存器。流水线的表示方法有三种，连接图、时空图和预约表。指令的流水处理如图 5-13 所示。时空图中空间是指流水线的功能段，每隔 Δt 流水线输出一个结果。每条指令的执行时间没变，如同汽车装配流水线，装配每辆汽车的时间并没有减少。

在处理机中采用流水线方式有以下主要特点：

(1) 只有连续提供同类任务才能充分发挥流水线的效率。

对于指令流水线要尽量减少因条件分支造成的"断流"，转移和不转移的分支都预取。

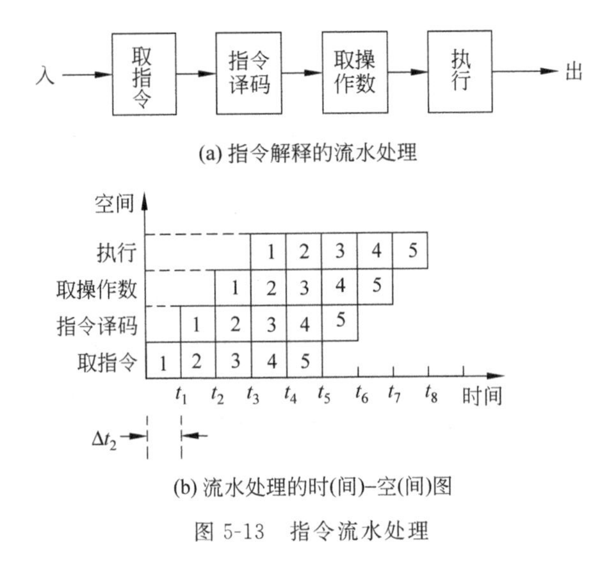

(a) 指令解释的流水处理

(b) 流水处理的时(间)–空(间)图

图 5-13　指令流水处理

对于操作部件主要通过编译技术，尽量提供连续的同类操作。

(2) 在流水线的每一个流水线段中都要设置一个流水锁存器。

从时间开销看，流水线的执行时间加长。流水锁存器是流水线中需要增加的主要硬件之一。

(3) 各流水段的时间应尽量相等，否则将引起流水线“阻塞”。

流水线处理机的基本时钟周期等于时间最长的流水段的时间长度，即“瓶颈”段的时间。

(4) 流水线需要有“装入时间”和“排空时间”。

只有完全充满时，整个流水线的效率才能得到充分发挥。

2. 流水线的分类

从不同的角度对流水线可进行不同的分类。按照流水线的处理级别的高低来分，将流水分为部件级、处理机级和系统级三个不同的等级。

部件级流水线(操作流水线)，是指构成部件的各子部件间的流水，如浮点加法器流水线，如图 5-14 所示。

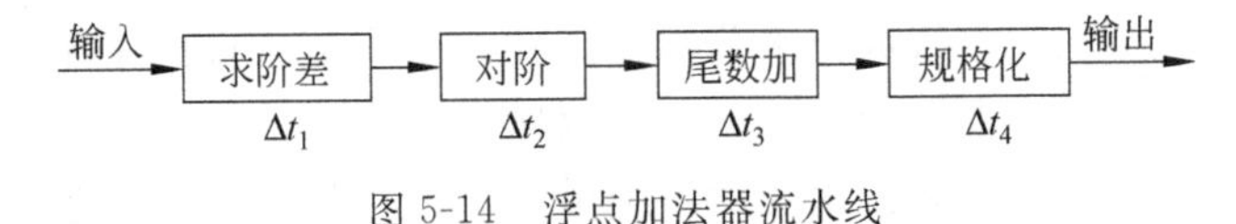

图 5-14　浮点加法器流水线

处理机级流水线，以指令为单位又称为指令流水线，是指构成处理机的各个功能部件的流水。例如在采用先行控制器的处理机中，各功能部件之间的流水线，如图 5-15 所示。

系统级流水，即处理机之间的流水线，是指构成计算机系统的多个处理机之间的流水，也称为宏流水。每个处理机对同一个数据流的不同部分分别进行处理，如图 5-16

所示。

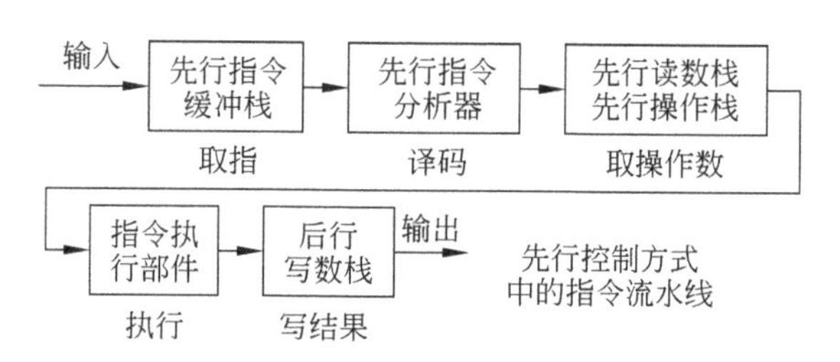

图 5-15 处理机级流水线

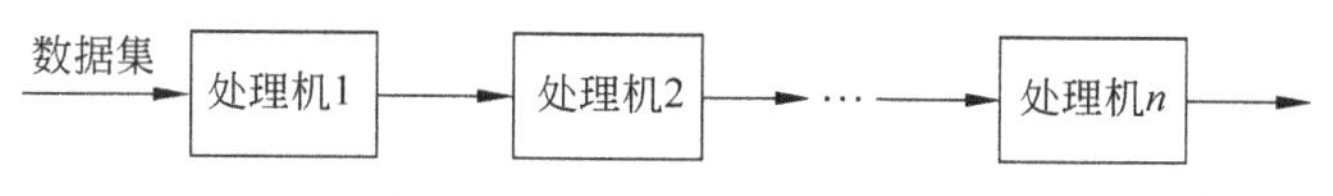

图 5-16 处理机间的流水处理

按流水线具有功能的多少，将流水线分为单功能和多功能流水线两类。

单功能流水线只能完成一种固定功能的流水线，只能有一种功能。例如，Cray-1 计算机中有 12 条；YH-1 计算机有 18 条；Pentium 有一条 5 段的定点和一条 8 段的浮点流水线；Pentium Ⅲ有 3 条指令流水线，其中 2 条定点指令流水线，1 条浮点指令流水线。

多功能流水线的各段通过不同连接，以实现多种不同的功能。Texas 公司的 ASC 计算机中的 8 段流水线，如图 5-17 所示，能够实现定点加减法、定点乘法、浮点加法、浮点乘

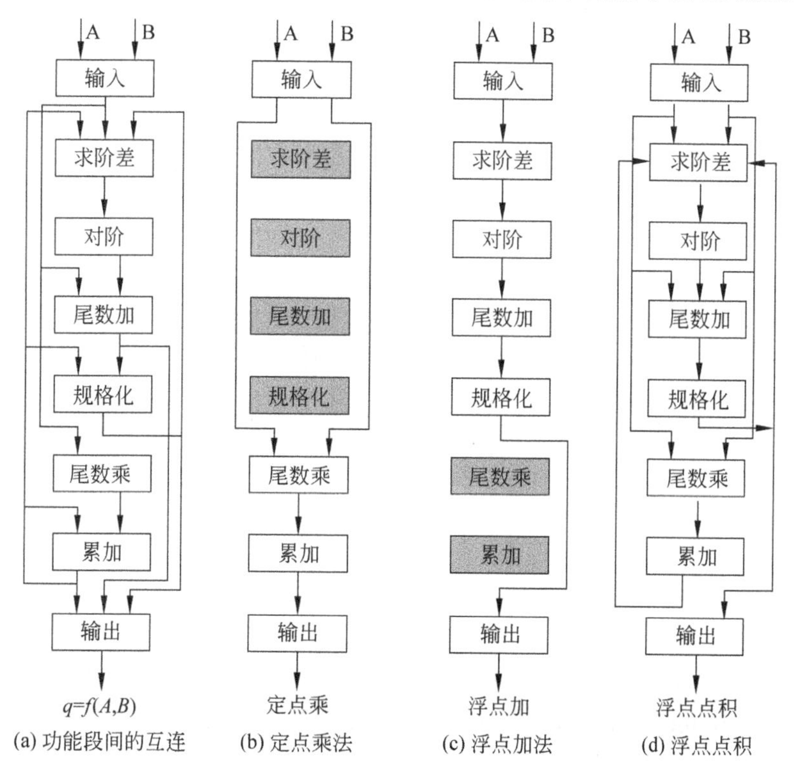

图 5-17 ASC 计算机运算器的流水线

法、逻辑运算、移位操作、数据转换和向量运算等。多功能流水线能实现多种功能，阴影部分不管，改变功能时只要修改连接即可。

在多功能流水线的基础上，流水线又有静态和动态流水线之分，按多功能流水线的各段是否允许同时用于多种不同功能连接流水。

静态流水线是同一段时间内，多功能流水线中的各个功能段只能按照一种固定的方式连接流水，实现一种固定的功能。只有等流水线全部流空后，才能切换成按另一种功能的连接来流水。静态流水线时空图如图5-18所示，浮点加法运算要全做完，才能再做定点乘法运算。这样，只有连续出现同一种运算的数据时，流水线的效率才能得到充分的发挥。

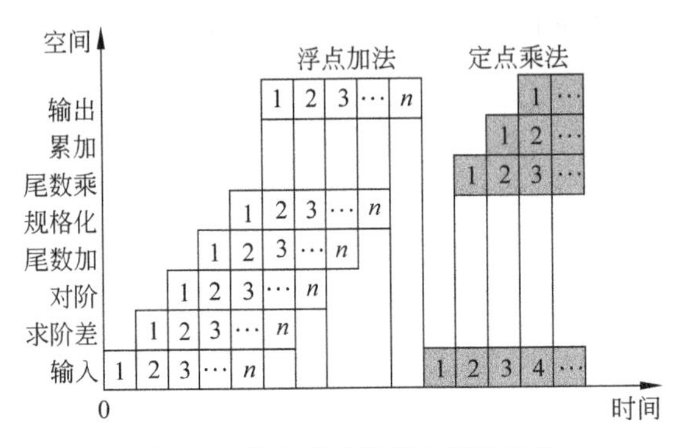

图5-18 静态多功能流水线时空图

动态流水线在同一段时间内，多功能流水线中的各段可以按照不同的方式连接，同时执行多种功能。动态流水线时空图如图5-19所示，只要功能段没冲突就可以。动态流水的控制较静态流水要复杂。静态流水线是把功能负担较多地加到软件上，以简化硬件控制；动态流水线则是把功能负担较多地加在硬件控制上，以提高流水的效能。

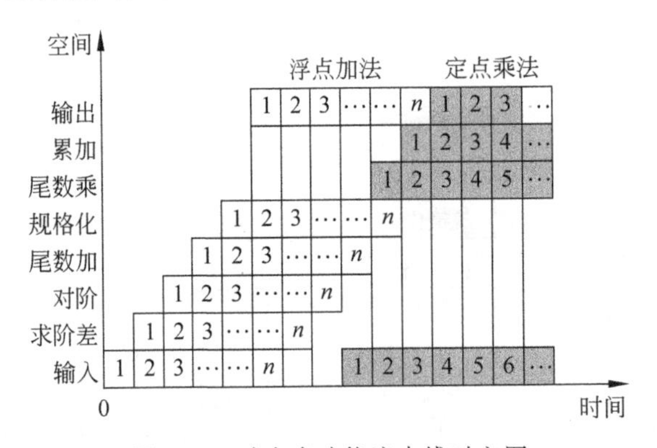

图5-19 动态多功能流水线时空图

按流水线功能段之间有无反馈或前馈回路分为线性和非线性流水线两类。线性流水线(Linear Pipelining)中各个段之间串行连接，无反馈也无跳跃，每个任务流经流水线中各个段均只有一次。线性流水线每个流水段都流过一次，且仅流过一次。非线性流水线(Nonlinear Pipelining)除有串行连接的通路，还有反馈回路或前馈回路，使任务流可多次经过流水线的某个段或越过某些段。

线性流水线能够用流水线连接图来唯一表示，非线性流水线必须用流水线连接图和流水线预约表等共同表示。一种简单的非线性流水线如图5-20所示，只靠连接图表示不出它的工作过程，一种可能流过功能段的顺序是 S_1、S_2、S_3、S_2 和 S_3。

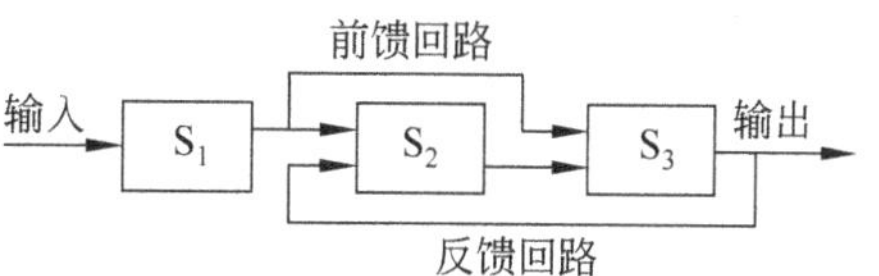

图5-20　一种简单的非线性流水线

流水线的其他分类方法有：

按流水线处理机是否具有向量数据表示，分成向量流水线和标量流水线两类。向量流水线是向量数据表示和流水线的结合。标量流水线则只有流水线，没有向量数据表示，只能用标量循环方式来处理向量和数组。

按照控制方式分为同步流水线和异步流水线。按照任务流动顺序分为顺序流水线与乱序流水线。乱序流水线又称为无序流水线、错序流水线或异步流水线等，流出与流入顺序不同。

5.2.2　流水线处理机的主要性能

衡量流水线性能的主要指标有吞吐率、加速比和效率。

1. 吞吐率

吞吐率(Though Put，TP)是指流水线在单位时间里能流出的任务数或结果数，即完成的任务或输出的结果数量。例如若流水线输出 n 个结果，则分母是所需时间，分子是 n 个结果。在图5-13的流水线例子中，各个子过程经过的时间都是 Δt_2，满负荷后，流水线每隔 Δt_2 解释完一条指令，其最大吞吐率 TP_{max} 为 $1/\Delta t_2$。实际上，各个子过程进行的工作不相同，所经过的时间也就不一定相同，所以前述在子过程间设置了流水锁存器，让各锁存器都受同一时钟脉冲同步。时钟脉冲周期直接影响流水线的最大吞吐率，总希望它越小越好。如果各个子过程所需的时间分别为 Δt_1、Δt_2、Δt_3、Δt_4，时钟周期应当为 $\max\{\Delta t_1,\Delta t_2,\Delta t_3,\Delta t_4\}$，即流水线的最大吞吐率为

$$TP_{max}=\frac{1}{\max\{\Delta t_1,\Delta t_2,\Delta t_3,\Delta t_4\}}$$

如果流水线各段的经过时间不同，则 n 个功能段的流水线的最大吞吐率为

$$TP_{max}=\frac{1}{\max\{\Delta t_1,\cdots,\Delta t_i,\cdots,\Delta t_n\}}$$

它受限于流水线中最慢子过程经过的时间。流水线中经过时间最长的子过程称为瓶颈子过程。

例5-1　某计算机的指令流水线由4个功能段组成，指令流经各功能段的时间(忽略各功能段之间的缓存时间)分别为90ns、80ns、70ns和60ns，则该计算机的CPU时钟周期至少是多少？

解：这个指令流水线的各功能段执行时间是不相同的。由于各功能段的时间不同，

计算机的 CPU 时钟周期应当以最长的功能段执行时间为准，max{90，80，70，60}，也就是说，当流水线充满之后，每隔 90ns 可以从流水线中流出一条指令（假设不存在断流）。

为了提高流水线的最大吞吐率，首先要找出瓶颈段，然后设法消除此瓶颈。例如，有一个 4 段的指令流水线如图 5-21(a)所示，其中 1、3、4 段的经过时间均为 Δt_0，只有第二段的经过时间为 $3\Delta t_0$，如图 5-21(b)所示，因此瓶颈段在第二段，使整个流水线最大吞吐率只有 $\frac{1}{3\Delta t_0}$。瓶颈段一直处于忙碌状态。

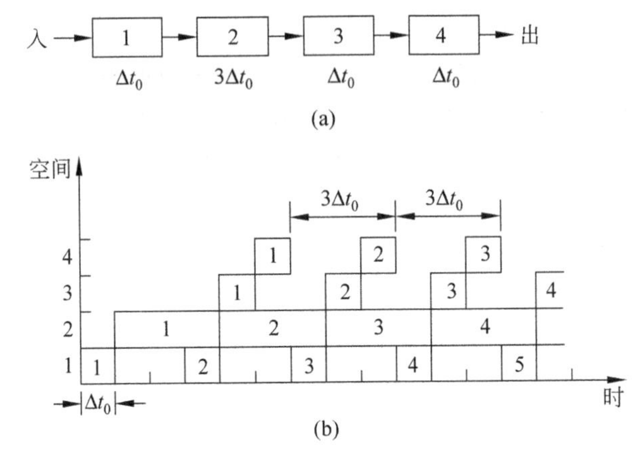

图 5-21 各段延迟时间不相等的流水线时空图

解决流水线“瓶颈”问题的方法主要有两种。消除瓶颈的一种方法是将瓶颈子过程再细分（如果可分的话），例如将第二段再细分成 21、22、23 共三个子段，看成和 6 个流水段一样，如图 5-22(a)所示。让各子段经过时间都减少到 Δt_0，如图 5-22(b)所示，这样，最大吞吐率就可提高到 $\frac{1}{\Delta t_0}$。

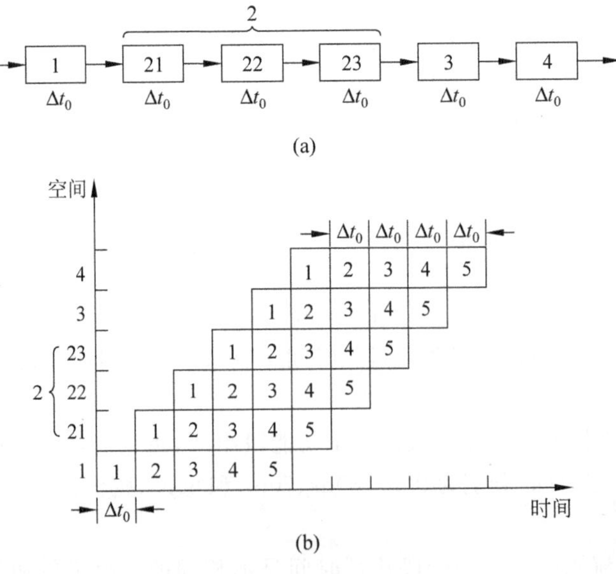

图 5-22 瓶颈段再次细分

消除瓶颈的另一种方法是将“瓶颈”流水段重复设置。由于结构等原因,瓶颈段不能再细分。假设第二段已不能再细分,则可以通过重复设置三套瓶颈段($2a$、$2b$、$2c$),让它们交叉并行工作,如图5-23(a)所示。每隔Δt_0轮流给其中一个瓶颈段分配任务,如图5-23(b)所示,使最大吞吐率提高到$\frac{1}{\Delta t_0}$。这种方法比瓶颈段再细分控制要复杂,设备量要多。

流水线中一样的第二段流水段有三个,各自处理不同的指令,仍然可以达到$TP_{max}=\frac{1}{\Delta t_0}$。要设置数据分配器和数据收集器,有三个第二段。第一条指令进第二段的第一个,第二条指令进第二段的第二个,第三条指令进第二段的第三个,第四条指令进第二段的第一个。流水线输出第一个结果需要$\sum t_i$,以后每隔一个Δt_0输出一个结果。

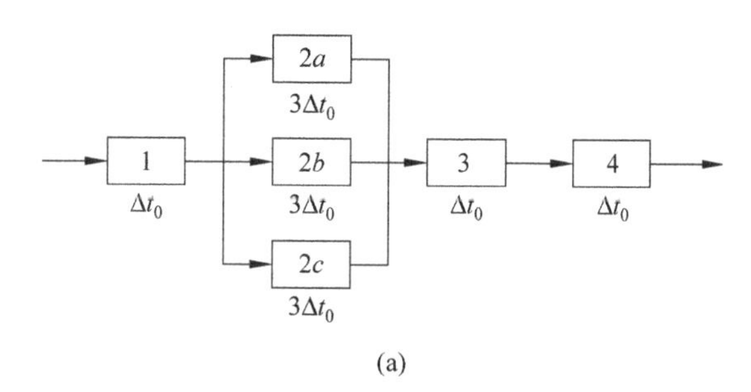

(a)

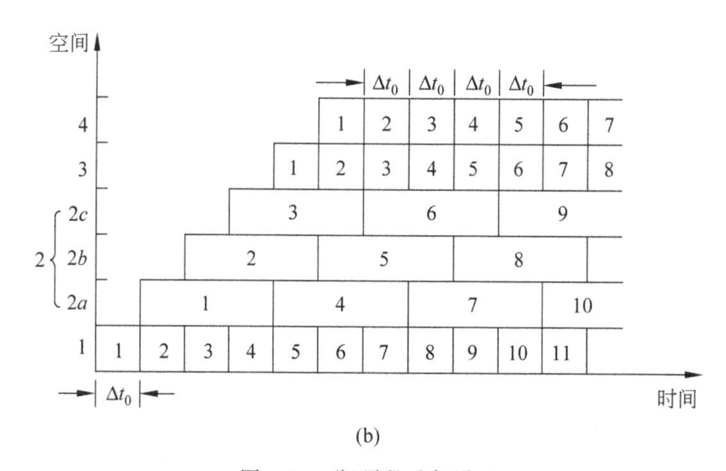

(b)

图5-23 瓶颈段重复设置

设一m段流水线的各段经过时间均为Δt_0,则第一条指令从流入到流出需要$T_0=m\Delta t_0$的流水建立时间,之后每隔Δt_0就可以流出一条指令,其时空图如图5-24所示(设$m=4$)。完成n个任务的执行共需时间$T=m\cdot\Delta t_0+(n-1)\Delta t_0$,流水线的实际吞吐率为

$$TP=\frac{n}{m\Delta t_0+(n-1)\Delta t_0}=\frac{1}{\Delta t_0\left(1+\frac{m-1}{n}\right)}=\frac{TP_{max}}{1+\frac{m-1}{n}}$$

若流水线各段的执行时间均相等,用m个时钟周期输出第一个任务,其余$n-1$个任务每隔一个时钟周期输出一个任务。

由于流水开始时总要有一段建立时间(或称装入时间、充满时间)、结束时又需要有排

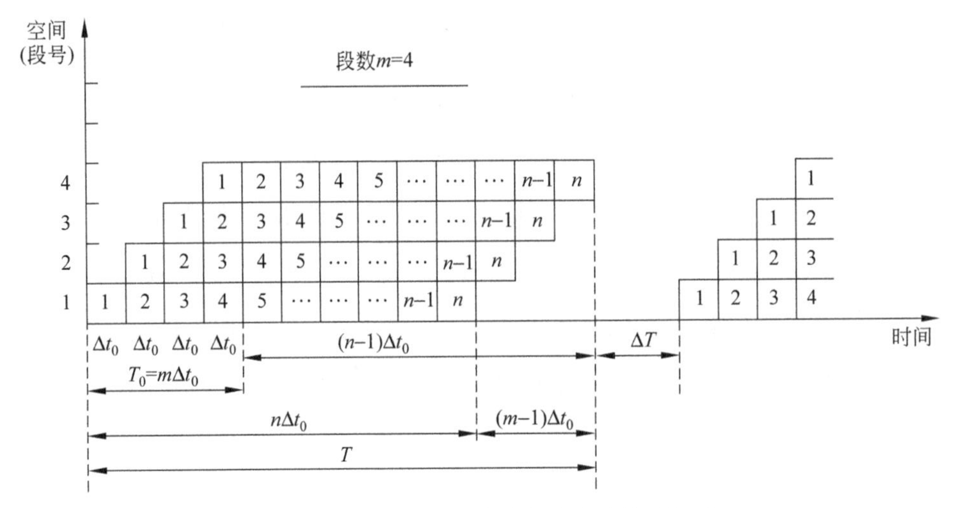

图 5-24 各段执行时间均相等的流水线时空图

空时间、多功能流水时某些段可能闲置未用、功能切换时流水线也需要排空、重组等诸多原因，流水线的实际吞吐率 TP 一般显著地低于最大吞吐率 TP_{max}。

不仅实际的吞吐率总是小于最大的吞吐率，而且只有当 $n \gg m$ 时，才能使流水线实际的吞吐率接近于理想的最大吞吐率 TP_{max}。

2. 加速比

如果用加速比(Speedup Ratio, Sp)表示流水线方式相对非流水线顺序串行方式速度提高的比值，那么，非流水线顺序串行方式工作，连续完成 n 个任务需要 $n \cdot m \cdot \Delta t_0$ 的时间，因此，流水线方式工作的加速比：

$$S_P = \frac{n \cdot m \cdot \Delta t_0}{m\Delta t_0 + (n-1)\Delta t_0} = \frac{m}{1 + \dfrac{m-1}{n}}$$

当 $n \gg m$ 时，这种情况下的最大加速比为 $S_{max} = m$。在线性流水线的各段执行时间均相等的情况下，流水线的最大加速比等于流水线的段数。

如果线性流水线各段经过的时间 Δt_i 不等，其中瓶颈段的时间为 Δt_j，则完成 n 个任务所能达到的实际吞吐率为

$$TP = \frac{n}{\sum_{i=1}^{m} \Delta t_i + (n-1)\Delta t_j}$$

分母第一部分是第一个任务所用时间，第二部分 $n-1$ 个任务都要用最大值的瓶颈段的时间。流水段时间不等时流水线加速比为

$$S_P = \frac{n \cdot \sum_{i=1}^{m} \Delta t_i}{\sum_{i=1}^{m} \Delta t_i + (n-1)\Delta t_j}$$

3. 效率

流水线的效率(Efficiency)是指流水线中的设备实际使用时间占整个运行时间之比，也称流水线设备的时间利用率。由于流水线存在建立时间和排空时间(最后一个任务流入到流出的时间)，在连续完成 n 个任务的时间里，各段并不总是满负荷工作的。

如果是线性流水线，且各段经过的时间相同，如图 5-25 所示，则在 T 时间里，流水线各段的效率都相同，均为 η_0，即

$$\eta_1 = \eta_2 = \cdots = \eta_m = \frac{n \cdot \Delta t_0}{T} = \frac{n}{m+n-1} = \eta_0$$

整个流水线的效率为

$$\eta = \frac{\eta_1 + \eta_2 + \cdots + \eta_m}{m} = \frac{m \cdot \eta_0}{m} = \frac{m \cdot n\Delta t_0}{m \cdot T}$$

每个流水段都在工作时整个流水线的效率就高，其中设备忙的多少就是设备的利用率。

从时空图上看，式中，分母 $m \cdot T$ 是时空图中 m 个段和流水总时间 T 所围成的总面积，分子 $m \cdot n\Delta t_0$ 则是时空图中 n 个任务实际占用的总面积。因此，从时空图上看，效率实际上就是 n 个任务占用的时空区面积和 m 个段总的时空区面积之比。显然，与吞吐率类似，只有当 $n \gg m$ 时，才趋近于 1。同时还可看出，对于线性流水且每段经过时间相等时，流水线的效率是正比于吞吐率的，即

$$\eta = \frac{n \cdot \Delta t_0}{T} = \frac{n}{n+(m-1)} = \text{TP} \cdot \Delta t$$

$n \gg m$ 时，$\eta_{\max}=1$。η 与 TP 成正比。

对于非线性流水或线性流水但各段经过的时间不等时，上式的关系就不存在了，只有通过画实际工作的时空图才能求出吞吐率和效率。整个流水线的效率为

$$\eta = \frac{n\text{个任务实际占用的时间}-\text{空区}}{m\text{个段总的时间}-\text{空区}} = \frac{n \cdot \sum_{i=1}^{m} \Delta t_i}{m \cdot \left[\sum_{i=1}^{m} \Delta t_i + (n-1)\Delta t_j\right]}$$

实际上，在这种情况下，流水线除瓶颈段外，其他的流水线各段都有空闲时间。

4. 流水线工作举例

对于单功能线性流水线，输入连续任务的情况，通过上面给出的公式很容易计算出流水线的吞吐率、加速比和效率。

例 5-2 用一条 4 段浮点加法器流水线求 8 个浮点数的和：

$$Z = A+B+C+D+E+F+G+H$$

解：由于算式存在数据相关，要在 $A+B$ 的运算结果在第 4 个时钟周期末尾产生之后，在第 5 个时钟周期才能继续开始做加 C 的运算。若把算式做一个简单的变换，得

$$Z = [(A+B)+(C+D)]+[(E+F)+(G+H)]$$

用一条 4 段浮点加法器流水线求 8 个浮点数的和的流水线时空图如图 5-25 所示。

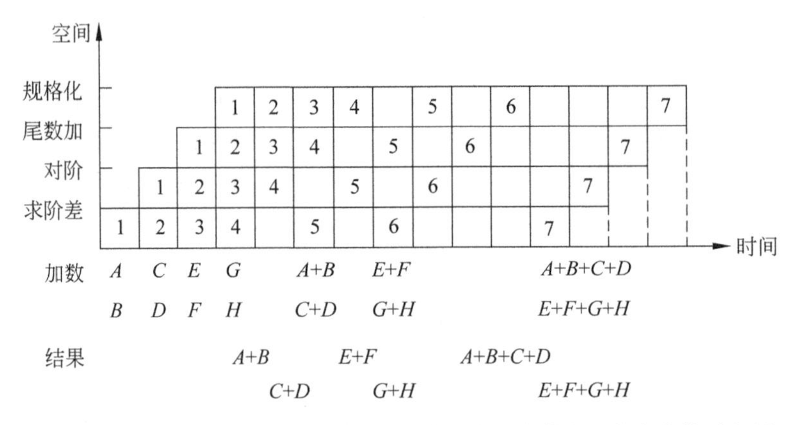

图 5-25　用一条 4 段浮点加法器流水线求 8 个浮点数的和的流水线时空图

7 个浮点加法共用了 15 个时钟周期。中间流水线断掉了，原因是前面运算的输出结果要作为后面运算输入。若流水线每个流水段的延迟时间均为 Δt，则流水线的吞吐率为

$$\mathrm{TP}=\frac{n}{T_k}=\frac{7}{15\cdot\Delta t}=0\cdot 47\,\frac{1}{\Delta t}$$

流水线的加速比为

$$S=\frac{T_0}{T_k}=\frac{4\times 7\cdot\Delta t}{15\cdot\Delta t}=1\cdot 87$$

流水线的效率为

$$E=\frac{T_0}{k\cdot T_k}=\frac{m\times n\cdot\Delta t}{m\times T\cdot\Delta t}=\frac{4\times 7\cdot\Delta t}{4\times 15\cdot\Delta t}=0\cdot 47$$

5.2.3　流水线调度

对于非线性流水线，由于段间设置有反馈回路，一个任务在流水的全过程中，可能会多次通过同一段或越过某些段。这样，在流入一个新任务时，可能会发生多个任务争用流水线同一功能段（冲突）的现象。要想不发生冲突就得间隔适当的拍数之后再向流水线送入下一个任务。流水线调度要解决的问题就是既要保证不发生功能段使用冲突，又能使流水线有较高的吞吐率和效率。

非线性流水线使用二维预约表来记录任务使用流水线各功能段的时间。如果有一个由 k 段组成的流水线，每个任务通过流水线需要 n 拍，则预约表共有 k 行，n 列。一个任务在某时刻用到某功能段，可以在表中相应的位置上用√表示。一行多个"√"，表示不同时钟周期重复使用了同一流水段，一列多个"√"，表示同时使用多个功能段。单功能流水线预约表如图 5-26 所示。

段号 k \ 拍号 n	1	2	3	4	5	6	7	8	9
1	√								√
2		√	√					√	
3				√					
4					√	√			
5							√	√	

图 5-26　单功能流水线预约表

计算出预约表中所有各行中两个或多个√之间的节拍间隔数，并将所有行的节拍间隔数汇集在一起，去除重复的，构成一个延迟禁止向量 **F**。如果任务之间间隔这些拍数，一定会发生流水段的冲突，所以，这些间隔拍数应当禁止使用。

将禁止向量转换成 $N-1$ 位的二进位组成的初始冲突向量。在冲突向量（$C_{N-1}\cdots C_i\cdots C_2C_1$）中，$C_i$ 为“0”，表示允许送入；C_i 为“1”，表示禁止送入。

非线性流水线的禁止表是把预约表中每一行任意两个“√”之间的距离都计算出来，去掉重复的，组合在一起形成一个数列，重复的算一个，都写出来。这样算下来，如图 5-26 所示的预约表的禁止向量为 **F**=(1,5,6,8)。

由禁止向量得到初始冲突向量：

$$\boldsymbol{C}=(C_mC_{m-1}\cdots C_2C_1)$$

其中，m 是禁止向量中的最大值。如果 i 在禁止向量中，则 $C_i=1$，否则 $C_i=0$，即不冲突的用 0 表示。

如图 5-26 所示的预约表，初始冲突向量为 **C**=(10110001)。

把初始冲突向量送入一个 $N-1$ 位逻辑右移移位器，当从移位器移出的位为 0 时，用移位器中的值与初始冲突向量作“按位或”运算，得到一个新的冲突向量；若移位器移出的位为 1，不做任何处理；移位器继续右移，如此重复，这样的操作共要进行 $N-1$ 次。

后续任务还需等待的拍数与前一个任务在流水线已进行了几拍有关。第一个任务每拍向前推进一段，原来禁止第二个任务的减 1 拍。第三个任务不要跟第二个也不要跟第一个任务冲突，用“或”再求出一个新的冲突向量。拍数−1 就对应着冲突向量右移 1 位。

对于中间形成的每一个新的冲突向量，也要按照这一方法进行处理。在初始冲突向量和所有的新形成的冲突向量之间用带箭头的线连接，当新形成的冲突向量出现重复时可以合并到一起。根据所得的冲突向量可以构造出表示流水线各种状态之间转移关系的状态转移图，如图 5-27 所示。

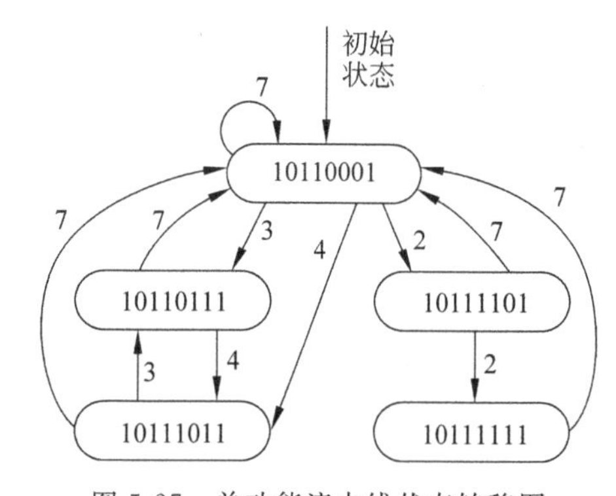

图 5-27 单功能流水线状态转移图

由状态转移图能构成延迟拍数呈周期性重复出现的调度方案，即在状态图中找出通过各冲突向量的简单循环。按这些方案中的任何一个来调度任务流入流水线，就不会发生多个任务对功能段的使用冲突。在这些调度方案中，找出平均延迟最短的调度方案，就是流水线的最佳调度方案。各种调度方案的平均间隔拍数如表 5-1 所示，平均间隔拍数为 3.5，最佳调度方案为(3,4)或(4,3)。

按最佳调度方案，实际调度若干个指令或任务进入流水线，画出其实际工作的时空图，就可以求得此时流水线工作的实际吞吐率和效率。通常，不等间隔的调度比等间隔的调度在吞吐率和效率上要高些，但控制要复杂些。

表 5-1　各种调度方案的平均间隔拍数的例子

调度方案	平均间隔拍数	调度方案	平均间隔拍数
(2,2,7)	3.67	(3,7)	5.00
(2,7)	4.50	(4,3,7)	4.67
(3,4)	3.50	(4,7)	5.50
(4,3)	3.50	(7)	7.00
(3,4,7)	4.67		

例 5-3　一条有 4 个功能段的非线性流水线，每个功能段的延迟时间都相等，它的预约表如图 5-28 所示。

功能段＼时间	1	2	3	4	5	6	7
S_1	×						×
S_2		×				×	
S_3			×		×		
S_4				×			

图 5-28　非线性流水线预约表

(1) 写出流水线的禁止向量和初始冲突向量。

(2) 画出调度流水线的状态图。

(3) 求流水线的最小启动循环和最小平均启动距离。

(4) 求平均启动距离最小的恒定循环。

解：(1) 禁止向量为(2,4,6)，初始冲突向量为 101010。

(2) 初始冲突向量逻辑右移 2、4、6 位时，移出位是 1，不做任何处理。其逻辑右移 1、3、5 和大于等于 7 时，移出位是 0，要进行处理。启动距离为 2 的流水线冲突情况如图 5-29 所示，显然在第 5 个时间段中 S_3 上发生冲突。

启动距离为2的流水线冲突情况

功能段＼时间	1	2	3	4	5	6	7	8	9	10	11	
S_1	X_1		X_2				X_1		X_2			
S_2		X_1		X_2		X_1		X_2				
S_3			X_1		X_1X_2		X_2					
S_4				X_1		X_2						

图 5-29　启动距离为 2 的流水线冲突情况

初始冲突向量右移 1、3、5 和大于等于 7 位时，要进行处理，具体如下。

初始冲突向量右移1位之后：010101∨101010=111111。

初始冲突向量右移3位之后：000101∨101010=101111。

初始冲突向量右移5位之后：000001∨101010=101011。

初始冲突向量右移7位或大于7位后：还原到它本身。

形成的三个中间冲突向量中右移移出位为0时，也要进行处理，具体如下。

中间冲突向量101111右移5位之后：000001∨101010=101011。

中间冲突向量101011右移3位之后：000101∨101010=101111。

中间冲突向量101011右移5位之后：000001∨101010=101011。

新形成的中间冲突向量，按相同的方法进行处理。第三个任务不与第二个任务冲突，初始冲突向量管用。第三个任务不与第一个任务冲突，初始向量移位(右移)。"或"的结果是既不与第一个也不与第二个任务冲突的后续任务的冲突向量。

按此处理方法得到的非线性流水线的状态转移图如图5-30所示。

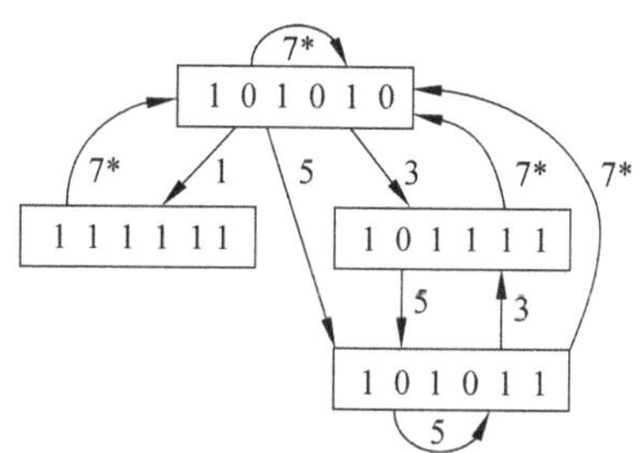

图5-30 非线性流水线的状态转移图

(3) 简单循环就是状态转移图中各种冲突向量只经过一次的启动循环。简单循环的个数一般是有限的。由简单循环再计算平均启动距离，所有的简单循环及其平均启动距离如表5-2所示。

表5-2 所有的简单循环及其平均启动距离

简单循环	平均启动距离	简单循环	平均启动距离
(1,7)	4	(5,3,7)	5
(3,7)	5	(3,5)	4
(5,7)	6	(5)	5
(3,5,7)	5	(7)	7

(4) 平均启动距离最小的启动循环为(1,7)和(3,5)，平均启动距离为4。启动距离最小的恒定循环是(5)。每隔7拍的恒定循环是(7)使得流水线效率不高。

平均启动距离为4时，流水线的最大吞吐率为1/4(任务/拍)。按此调度方案，输入6个任务，求实际的流水线吞吐率。

最佳调度方案宜选其中按(1,7)周期性调度的方案。

按(1,7)调度方案输入6个任务，全部完成的时间为1+7+1+7+1+7=24(拍)，实际吞吐率TP=6/24(任务/拍)。

按(3,5)调度方案输入6个任务，全部完成的时间为3+5+3+5+3+7=26(拍)，实际吞吐率TP=6/26(任务/拍)。

最小启动循环(3,5)和(1,7)的流水线工作状态如图5-31所示。恒定启动循环(5)的流水线工作状态如图5-32所示。

最小启动循环(3,5)的流水线工作状态

功能段＼时间	1	2	3	4	5	6	7	8	9	10	11	12	13	14	15	…
S_1	X_1			X_2			X_1		X_3	X_2		X_4			X_3	…
S_2		X_1			X_2	X_1			X_2	X_3			X_4	X_3		…
S_3			X_1		X_1	X_2		X_2			X_3		X_3	X_4		…
S_4				X_1			X_2					X_3			X_4	…

启动周期（1～7）　重复启动周期（8～14）

最小启动循环(1,7)的流水线工作状态

功能段＼时间	1	2	3	4	5	6	7	8	9	10	11	12	13	14	15	…
S_1	X_1	X_2					X_1	X_2	X_3	X_4					X_3	…
S_2		X_1	X_2			X_1	X_2			X_3	X_4			X_3		…
S_3			X_1	X_2	X_1	X_2					X_3	X_4	X_3			…
S_4				X_1	X_2							X_3	X_4			…

启动周期（1～7）　重复启动周期（8～14）

图 5-31　最小启动循环(3,5)和(1,7)的流水线工作状态

恒定启动循环(5)的流水线工作状态

功能段＼时间	1	2	3	4	5	6	7	8	9	10	11	12	13	14	15	…
S_1	X_1					X_2	X_1				X_3	X_2				…
S_2		X_1				X_1	X_2				X_2	X_3				…
S_3			X_1		X_1			X_2		X_2			X_3		X_3	…
S_4				X_1					X_2					X_3		…

启动周期（1～7）　重复启动周期（8～14）

图 5-32　恒定启动循环(5)的流水线工作状态

5.2.4　流水机器的相关处理和控制机构

流水方式与重叠方式一样，也会发生各种相关。流水机器的相关有全局性相关和局部性相关两类。

流水机器的全局性相关是指转移指令与其后指令之间的关联，使之不能同时解释，还会使指令缓冲器所预取的指令要全部作废，重新花较长的时间再去访存取出指令。

流水机器的局部性相关包括指令相关、主存数据相关、通用寄存器组的数据相关和通用寄存器组的基(变)址值相关，这些相关只影响相关的两条或几条指令，最多影响到流水线某些段工作的推后，不会改动指令缓冲器中预取到的指令。

1. 局部性相关的处理

解决局部性相关的方法有两种。一种是推后后续指令对相关单元的读,直至在先的指令写入完成。另一种是设置相关专用通路,将运算结果经相关直接通路直接送入所需部件。

任务在流水线中流动顺序的安排和控制有两种方式。一种是让任务(指令)流出流水线的顺序与流入流水线的顺序一致,称为同步流动方式;另一种是流出流水线的任务(指令)顺序可以和流入流水线的顺序不同,称为异步流动方式。

流水线采用异步流动后,会产生同步流动不会出现的“写-写”相关和“先写后读”相关。“写-写”相关指的是,指令之间对同一寄存器或存储单元要求“在先的指令应先写好,在后的指令才能写入”的关联。“先写后读”相关是指,指令之间对同一寄存器或存储单元要求“在先的指令应先写入,在后的指令才能读出”的关联。如图5-33所示是对同一单元有先写后读相关。

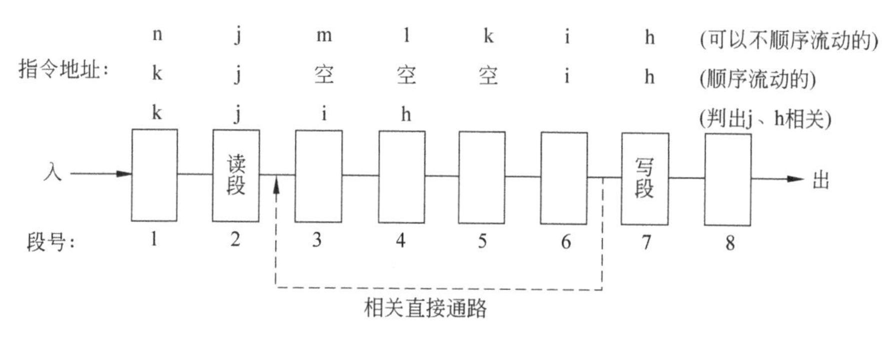

图5-33 顺序流动和异步流动

2. 全局性相关的处理

由转移引起的相关为全局性相关,指的是已进入流水线的转移指令和其后续指令之间的相关。常用的处理方法有以下几种:

1) 猜测法

若指令 i 是条件转移指令,有两个分支。一个是转移不成功分支,$i+1$、$i+2$、…;另一个是转移成功分支,p、$p+1$、…,预取转移成功分支的头 n 条指令。当转移的两个分支概率不均等时,宜选择高概率分支。如果两个分支的概率均等,或无法预先估计,则宜选 $i+1$ 分支。

采用猜测法时应保证猜错时可恢复分支点原先的现场。用猜测法处理条件转移如图5-34所示。

2) 加快和提前形成条件码

尽快、尽早地获得条件码,就可以提前知道流水线流向哪个分支,有利于流水机器简化对条件转移的处理。采取的措施有:

① 加快单条指令内部条件码的形成,不用等指令执行完就可提前形成反映运算结果的条件码。例如乘除结果的正负,减1不为零等可提前得到条件码。

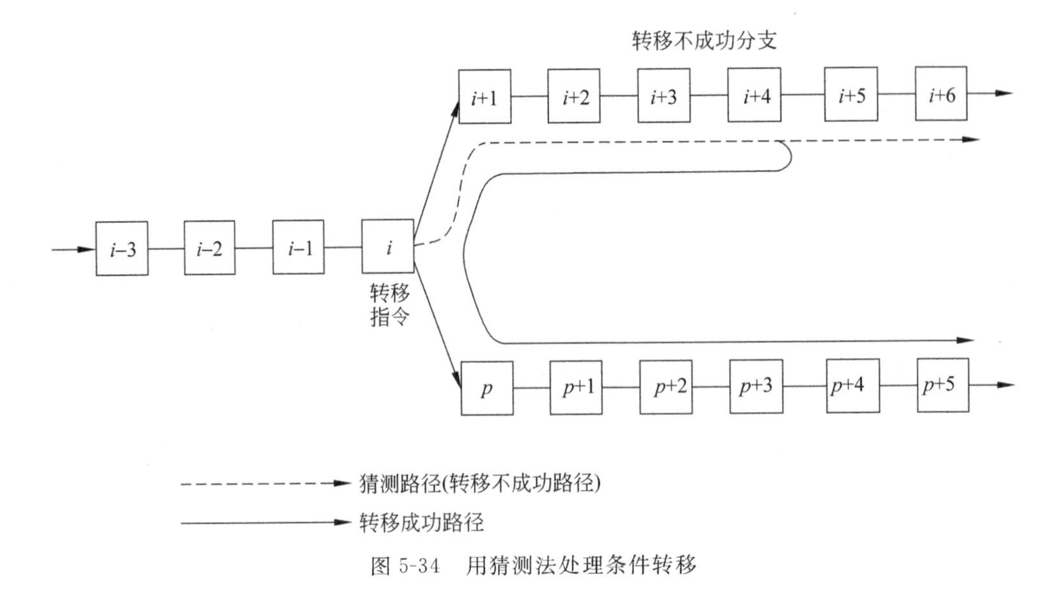

图 5-34 用猜测法处理条件转移

② 在一段程序内提前形成条件码,特别适合于循环型程序。

3) 采取延迟转移

进行静态指令调度,将转移指令与其前面不相关的一条或多条指令交换位置,让成功转移总是延迟到这一条或多条指令执行之后再进行。

4) 加快短循环程序的处理

将长度小于指令缓冲器容量的短循环程序整个一次性全都装入指令缓冲器中,并暂时停止指令的预取操作,以减少不必要的访存次数。

让循环出口端的条件转移指令恒猜测为循环分支,减少因条件分支造成流水线断流的机会。因为一般是循环分支的概率高。

3. 流水机器的中断处理

中断和转移一样,都会发生流水线断流。然而,中断出现概率比条件转移的概率要低得多,且又是随机发生的。所以,流水机器的中断处理主要是如何处理好断点现场的保存和恢复,而不是如何缩短流水线的断流时间。

早期采用的是不精确断点法。不论指令 i 在流水线的哪一段发生中断,未进入流水线的后继指令不再进入,已在流水线的指令仍继续流完,然后才转入中断处理程序。不精确断点法所需的硬件比较少,控制逻辑相对比较简单,但中断响应时间较长,不利于编程和程序的排错。

在执行指令 i 时有中断,断点本应在指令 i 执行结束,指令 $i+1$ 尚未开始执行的地方,但流水机器是同时解释多条指令的,指令 $i+1$、$i+2$ 等可能已进入流水线被部分解释。对于异步流动流水线,这些指令中有些可能流到了指令 i 的前面去了,这样断点是不精确的。

流水机器多数采用精确断点法。不论指令是在流水线中的哪一段响应中断,给中断处理程序的现场全都是对应 i 的。例如,在图 5-35 中,如果第 i 条指令发生了程序性错误或故障，那么断点就是 i。为了实现精确断点法，需要把断点之后的指令的执行结果都保存下来。最坏的情况发生在指令执行到最后一个功能段时才发生程序性错误或故障，为此，需设置很多后援寄存器，以保证整个流水线内各条指令的执行结果和现场都能被保存和恢复。因此，采用精确断点法所需要的硬件代价比较高，控制逻辑比较复杂。

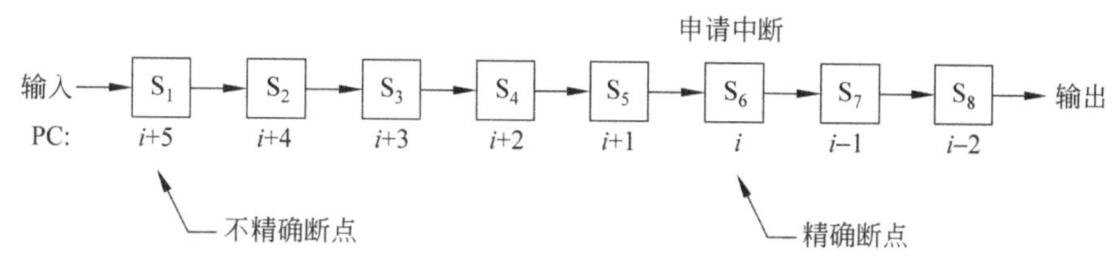

图 5-35 流水线处理机的中断处理

5.3 向量的流水处理与向量流水处理机

5.3.1 向量的流水处理

N 个互相独立的数叫作向量。由于向量中的各个元素很少相关，而且一般都是进行相同的运算或处理，所以与标量运算相比，向量运算更能发挥出流水线的效能。但是，如果处理方式不当，也会造成相关或频繁的功能切换，使流水线性能得不到充分的发挥。

向量的处理可以有多种方式。例如，要计算 $\boldsymbol{D}=\boldsymbol{A}\cdot(\boldsymbol{B}+\boldsymbol{C})$，其中，$\boldsymbol{A}$、$\boldsymbol{B}$、$\boldsymbol{C}$、$\boldsymbol{D}$ 都是具有 N 个元素的向量，应该采用什么样的处理方式才能最充分发挥流水线的效能呢？

如果采用逐个求 $\boldsymbol{D}$ 向量元素的方法，即访存取 a_i、b_i、c_i 元素，按上述算术表达式求出 d_i，再取 a_{i+1}、b_{i+1}、c_{i+1}，求 d_{i+1}，这种处理方式称为横向(水平)处理方式。每个 d_i 元素的计算至少需要用到加、乘两条指令，分别进行 $b_i+c_i\rightarrow k$ 和 $ka_i\rightarrow d_i$。这种方法会出现 N 次先写后读相关，并引起流水线 $2N$ 次的功能切换，使流水线的吞吐率下降，所以不适合流水处理，而适宜于标量机上用循环程序实现。

横向(水平)处理方式对逐个分量进行处理。假设中间结果为 $\boldsymbol{T}(I)$，则运算过程为

计算第 1 个分量：

$$\boldsymbol{T}(1)=\boldsymbol{B}(1)+\boldsymbol{C}(1)$$
$$\boldsymbol{D}(1)=\boldsymbol{A}(1)\times\boldsymbol{T}(1)$$

计算第 2 个分量：

$$\boldsymbol{T}(2)=\boldsymbol{B}(2)+\boldsymbol{C}(2)$$
$$\boldsymbol{D}(2)=\boldsymbol{A}(2)\times\boldsymbol{T}(2)$$

⋮

⋮

计算最后 1 个分量：

$$\boldsymbol{T}(\mathrm{N})=\boldsymbol{B}(\mathrm{N})+\boldsymbol{C}(\mathrm{N})$$
$$\boldsymbol{D}(\mathrm{N})=\boldsymbol{A}(\mathrm{N})\times\boldsymbol{T}(\mathrm{N})$$

这种处理方式存在两个问题。一个问题是在计算向量的每个分量时将其组成循环程序进行处理,后面的乘法用到前面的加法结果都发生先写后读数据相关,因而流水线效率低。另一个问题是如果采用多功能流水线,必须频繁进行流水线切换。

横向处理方式对向量处理机不适用于标量处理机。即使在标量处理机中,也经常通过编译器进行指令流调度。

纵向处理方式,也称为垂直处理方式,先将两个向量全部运算完,得到一个中间结果向量后,再用此中间结果向量与其他向量进行运算。即先完成全部的 $b_i+c_i \rightarrow k_i$(i 从 1 到 N),然后再完成全部的 $k_i a_i \rightarrow d_i$(i 从 1 到 N)。

这种方式只需一次功能切换,也仅有一次先写后读相关,有利于发挥出向量流水机的性能。但由于向量长度一般较长,难以用大量的高速寄存器来存放中间向量,所以不得不采用存储器-存储器型的流水线处理。前面的向量采用纵向处理方式的运算过程为

$$
\begin{aligned}
\boldsymbol{T}(1) &= \boldsymbol{B}(1) + \boldsymbol{C}(1) \\
\boldsymbol{T}(2) &= \boldsymbol{B}(2) + \boldsymbol{C}(2) \\
&\vdots \\
&\vdots \\
\boldsymbol{T}(n) &= \boldsymbol{B}(n) + \boldsymbol{C}(n) \\
\boldsymbol{D}(1) &= \boldsymbol{A}(1) \times \boldsymbol{T}(1) \\
\boldsymbol{D}(2) &= \boldsymbol{A}(2) \times \boldsymbol{T}(2) \\
&\vdots \\
&\vdots \\
\boldsymbol{D}(N) &= \boldsymbol{A}(N) \times \boldsymbol{T}(N)
\end{aligned}
$$

若采用向量指令则只需要下面两条指令:

```
VADD    B, C, T
VMUL    A, T, D
```

指令操作数为源向量、目的向量和结果。操作数在存储器中,对存储器的信息流量要求高。这种处理方式适用于向量处理机。数据相关不影响流水线连续工作。不同的运算操作只需要切换一次。向量指令的处理效率要比标量指令的处理效率高。

纵横处理方式是将上述两种方式相结合,虽会出现一次先写后读相关,引起流水线两次功能切换,但可以减轻对向量长度 N 的限制。将向量分割成若干个组,以便使用面向寄存器-寄存器型的结构来流水。组内按纵向方式处理,组和组之间采用软件方法编制向量循环程序来横向处理。

纵横处理方式用于寄存器-寄存器结构的向量处理机中。向量寄存器的长度是有限的,例如,每个向量寄存器有 64 个寄存器。若以 n 为一组,当向量长度 N 大于向量寄存器长度 n 时,需要分组处理。

分组方法是 $N=Kn+r$,其中 r 为余数,共分 $K+1$ 组。

组内采用纵向处理方式,组间采用横向处理方式。因此,也称为分组处理方式,纵横向加工方式等。

采用纵向处理方式运算过程如下。

第1组：

$$\boldsymbol{T}(1,n)=\boldsymbol{B}(1,n)+\boldsymbol{C}(1,n)$$
$$\boldsymbol{D}(1,n)=\boldsymbol{A}(1,n)\times\boldsymbol{T}(1,n)$$

第2组：

$$\boldsymbol{T}(n+1,2n)=\boldsymbol{B}(n+1,2n)+\boldsymbol{C}(n+1,2n)$$
$$\boldsymbol{D}(n+1,2n)=\boldsymbol{A}(n+1,2n)\times\boldsymbol{T}(n+1,2n)$$
$$\vdots$$
$$\vdots$$

最后第 $k+1$ 组：

$$\boldsymbol{T}(kn+1,N)=\boldsymbol{B}(kn+1,N)+\boldsymbol{C}(kn+1,N)$$
$$\boldsymbol{D}(kn+1,N)=\boldsymbol{A}(kn+1,N)\times\boldsymbol{T}(kn+1,N)$$

每组用两条向量指令，发生数据相关两次，其中组内发生数据相关一次，组间切换时发生数据相关一次。

纵横处理方式的优点是减少了访问主存储器的次数，例如中间变量 $\boldsymbol{T}$ 不用写入主存储器。CRAY-1 就是采用这种方式来进行向量的流水处理的。总之，按照数组中各计算相继的次序向量处理分为三种类型。

5.3.2 向量流水处理机

1. 向量处理机的指令系统

向量处理机的指令系统一般应包含向量型和标量型两类指令。向量型运算类指令一般又可以有以下几种：

向量 $\boldsymbol{V}_1$ 运算得向量 $\boldsymbol{V}_2$，如 $\boldsymbol{V}_2=\sin(\boldsymbol{V}_1)$；

向量 $\boldsymbol{V}$ 运算得标量 S，如 $S=\sum_{i=1}^{n}\boldsymbol{V}_i$；

向量 $\boldsymbol{V}_1$ 与向量 $\boldsymbol{V}_2$ 运算得向量 $\boldsymbol{V}_3$，如 $\boldsymbol{V}_3=\boldsymbol{V}_1\wedge\boldsymbol{V}_2$；

向量 $\boldsymbol{V}_1$ 与标量 S 运算得向量 $\boldsymbol{V}_2$，如 $\boldsymbol{V}_2=S\cdot\boldsymbol{V}_1$。

2. 向量流水处理机的结构

CRAY-1 是由中央处理机、诊断维护控制处理机、大容量磁盘存储子系统、前端处理机组成的功能分布异构型多处理机系统。中央处理机的控制部分里有总容量为 256 个 16 位的指令缓冲器，分成 4 组，每组为 64 个。

中央处理机的运算部分有 12 条可并行工作的单功能流水线，可分别流水地进行地址、向量、标量的各种运算。另外，还有可由流水线功能部件直接访问的向量寄存器组 $\boldsymbol{V}_0\sim\boldsymbol{V}_7$、标量寄存器 $S_0\sim S_7$ 及地址寄存器 $A_0\sim A_7$。CRAY-1 的向量流水处理部分简图如图 5-36 所示。

为了能充分发挥向量寄存器和可并行工作的 6 个流水线功能部件的作用，加快对向

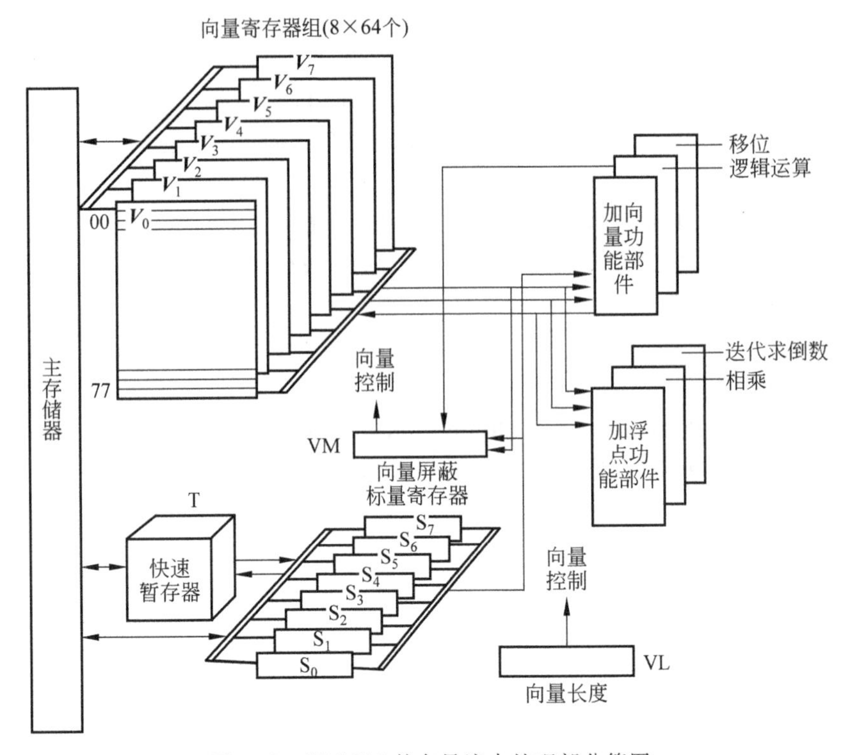

图 5-36　CRAY-1 的向量流水处理部分简图

量的处理，将 CRAY-1 设计成每个 $\boldsymbol{V}_i$ 组都有连到 6 个功能部件的单独总线，而每个功能部件也都有把运算结果送回向量寄存器组的输出总线。

在 CRAY-1 向量处理机上，每条向量指令的内部都是流水的。如果相邻的多条向量指令之间既无流水线功能部件的使用冲突，也无向量寄存器组 $\boldsymbol{V}_i$ 的使用冲突，这些向量指令都可同时并行地流水。这样，只要不出现 $\boldsymbol{V}_i$ 冲突和功能部件冲突，各个 $\boldsymbol{V}_i$ 之间和各个功能部件之间都能并行工作，大大加快了向量指令的处理，这是 CRAY-1 机向量处理的一个显著特点。

所谓 $\boldsymbol{V}_i$ 冲突指的是，并行工作的各向量指令的源向量或结果向量使用了相同的 $\boldsymbol{V}_i$。除了相关情况之外，就是出现源向量冲突，例如：

$$\boldsymbol{V}_4 \leftarrow \boldsymbol{V}_1 + \boldsymbol{V}_2$$

$$\boldsymbol{V}_5 \leftarrow \boldsymbol{V}_1 \wedge \boldsymbol{V}_3$$

因为这两条向量指令的源向量之一都取自 $\boldsymbol{V}_1$，但首元素和向量长度都可能不同，难以同时由 $\boldsymbol{V}_1$ 提供，故这两条指令不能同时执行。这两条向量指令不能同时执行，必须在第一条向量指令执行完，释放出 $\boldsymbol{V}_1$ 之后，第二条向量指令才能开始执行。因为虽然这两条向量指令的源向量之一都取自 $\boldsymbol{V}_1$，由于两者的首元素下标可能不同，向量长度也可能不同，难以由 $\boldsymbol{V}_1$ 同时提供两条指令所需要的源向量。

所谓功能部件冲突指的是同一功能部件被要求并行工作的多条向量指令使用。如两条向量指令都是浮点乘法运算时，浮点乘的功能部件就无法同时满足，从而发生功能部件冲突，例如：

$$\boldsymbol{V}_4 \leftarrow \boldsymbol{V}_2 \cdot \boldsymbol{V}_3$$

$$\boldsymbol{V}_5 \leftarrow \boldsymbol{V}_1 \cdot \boldsymbol{V}_6$$

这两条向量指令都需要使用浮点相乘流水功能部件，那就需在第一条向量指令执行到计算完最后一个结果分量，释放出功能部件之后，第二条向量指令才能开始执行。

5.4 指令级高度并行的超级处理机

在 RISC 之后，出现了一些提高指令级并行的超级处理机，让单处理机在每个时钟周期里可解释多条指令，这就是超标量处理机、超流水线处理机、超标量超流水线处理机和超长指令字处理机。

5.4.1 超标量处理机

常规的标量流水线单处理机是在每个 Δt 期间解释完一条指令，称这种流水线的度 $m=1$。有的简单指令，“执行”段只要一个时钟周期完成，比较复杂的指令往往需要多个时钟周期，可能会有瓶颈段。

超标量处理机采取设置 m 条指令流水线同时并行工作，每隔一个 Δt 可流出 m 条指令。它是靠编译时，由编译程序来优化编排指令的执行顺序，将可并行的指令搭配成组，即重组(reorganizer)，硬件不调整所执行指令的顺序，以利于实现的。

1. 单发射与多发射

单发射处理机是每个周期只取一条指令、只译码一条指令，只执行一条指令，只写回一个运算结果。取指部件和译码部件各设置一套。可以只设置一个多功能操作部件，也可以设置多个独立的操作部件。操作部件中可以采用流水线结构，也可以不采用流水线结构。

一个时钟周期内只从存储器中取出一条指令。单发射处理机的设计目标是每个时钟周期平均执行一条指令，指令级并行度 ILP 的期望值为 1。因流水线有建立和排空时间，指令条数少时 ILP<1。单发射处理机的指令流水线执行图如图 5-37 所示。图中，IF：取指令，ID：指令译码，EX：执行指令，WR：写回结果。单发射指令流水线如图 5-38 所示，由 4 个操作部件组成。

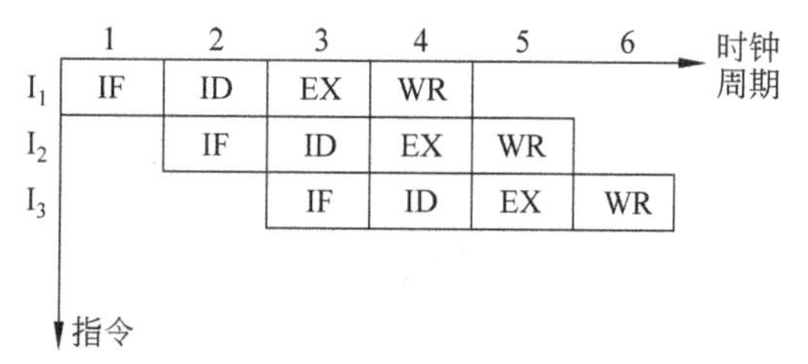

图 5-37 单发射处理机的指令流水线执行图

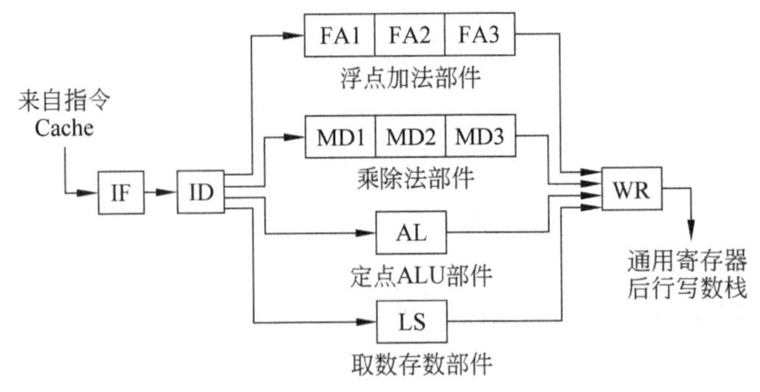

图 5-38　单发射指令流水线

多发射处理机是每个基本时钟周期同时取多条指令、同时译码多条指令,同时执行多条指令,同时写回多个运算结果。需要多个取指令部件,多个指令译码部件和多个写结果部件。设置多个指令执行部件,复杂的指令执行部件一般采用流水线结构。

多发射处理机设计目标是每个时钟周期平均执行多条指令,ILP 的期望值大于 1。多发射超标量处理机的指令流水线执行图如图 5-39 所示,同时发射三条指令,每个时钟周期取三条指令。多发射指令流水线如图 5-40 所示,由 4 个操作部件组成,同时发射两条指令,两个取指部件同时进行指令译码。

指令 \ 时钟周期	1	2	3	4	5	6
I_1	IF	ID	EX	WR		
I_2	IF	ID	EX	WR		
I_3	IF	ID	EX	WR		
I_4		IF	ID	EX	WR	
I_5		IF	ID	EX	WR	
I_6		IF	ID	EX	WR	
I_7			IF	ID	EX	WR
I_8			IF	ID	EX	WR
I_9			IF	ID	EX	WR

图 5-39　多发射超标量处理机的指令流水线执行图

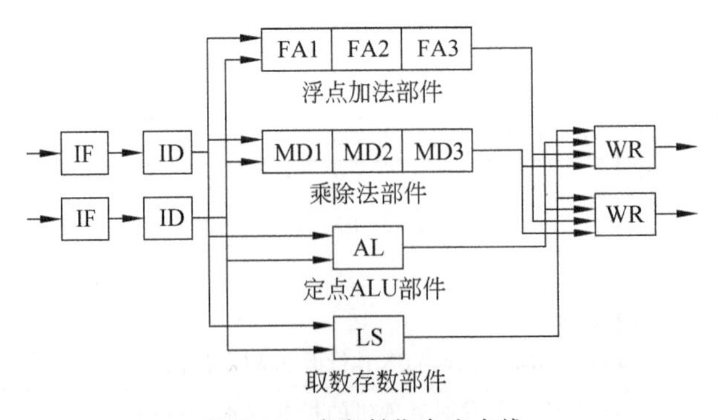

图 5-40　多发射指令流水线

超标量处理机是一个时钟周期内能够同时发射多条指令的处理机。最基本的要求是必须有两条或两条以上能够同时工作的指令流水线，也称多发射 CPU。

高性能超标量处理机通常有先行指令窗口，能够从指令 Cache 中预取多条指令，能够对窗口内的指令进行数据相关性分析和功能部件冲突的检测。窗口的大小一般为 2～8 条指令。有先行指令窗口的多发射指令流水线处理机结构如图 5-41 所示。先行指令窗口保存由于功能部件冲突、数据相关或控制相关等原因不能送到操作部件去执行的指令。

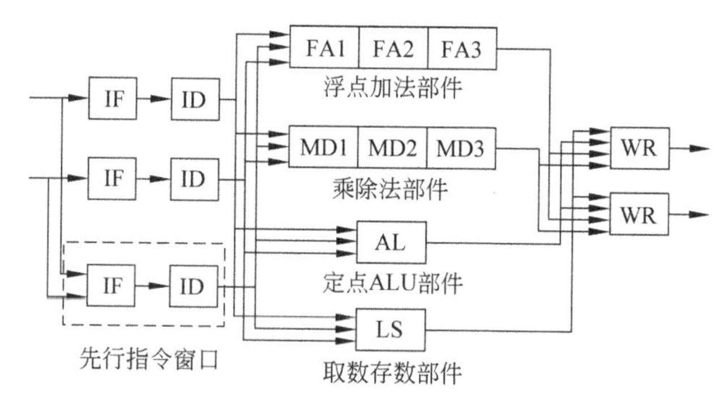

图 5-41　有先行指令窗口的多发射指令流水线处理机结构

采用目前的指令调度技术，每个周期发射 2～4 条指令比较合理。例如：

Intel 公司的 i860、i960、Pentium 处理机，Motorola 公司的 MC88110 处理机，IBM 公司的 Power 6000 处理机等每个周期都发射两条指令。

TI 公司生产的 SuperSPARC 处理机以及 Intel 的 Pentium Ⅲ 处理机等每个周期发射三条指令。

操作部件的个数要多于每个周期发射的指令条数，一般有 4～16 个操作部件。超标量处理机的指令级并行度：$1<ILP<m$；m 为每个周期同时发射的指令条数。

2. 超标量处理机性能

指令级并行度为$(m,1)$的超标量处理机，执行 N 条指令所用的时间为

$$T(m,1)=\left(k+\frac{N-m}{m}\right)\Delta t$$

超标量处理机相对于单流水线普通标量处理机的加速比为

$$S(m,1)=\frac{T(1,1)}{T(m,1)}=\frac{(k+N-1)\Delta t}{\left(k+\frac{N-m}{m}\Delta t\right)}$$

即

$$S(m,1)=\frac{m(k+N-1)}{mk+N-m}$$

当 $N\to\infty$时，在没有资源冲突，没有数据相关和控制相关的理想情况下，超标量处理机的加速比的最大值为 $S(m,1)_{\max}=m$。

典型的超标量流水线处理机有 IBM RS/6000、DEC 21064、Intel i960CA、Tandem

Cyclone 等。1986 年的 Intel i960CA 时钟频率为 25MHz，度 $m=3$，有 7 个功能部件可以并行使用。1990 年的 IBM RS/6000 使用 1μm CMOS 工艺，时钟频率为 30 MHz。处理机中有转移处理、定点、浮点三种功能部件，它们可并行工作。转移处理部件每 Δt 可执行多达 5 条指令，度 $m=4$，性能可达 34 MIPS 和 11 MFLOPS。非常适合于在数值计算密集的科学工程上应用及在多用户商用环境下工作。许多基于 RS/6000 的工作站和服务器都是 IBM 生产的。如 POWER Station 530。1992 年的 DEC 21064 使用 0.75μm CMOS，时钟频率为 150 MHz，度 $m=2$，10 段流水线，最高性能可达 300MIPS 和 150MFLOPS。Tandem 公司的 Cyclone（旋风）计算机由 4～16 台超级标量流水处理机组成。每个处理机的寄存器组有 9 个端口（其中 5 个为读，4 个为写），有两个算术逻辑部件，度 $m=2$。由于程序中可开发的指令并行性有限，所以超标量流水线处理机的度 m 比较低。

5.4.2 超流水线处理机

超流水线处理机采用多相的高频时钟。一台度为 n 的超流水线处理机每隔 $\Delta t'$ 就流出一条指令，此时 $\Delta t'=\Delta t/n$。一台有 K 段流水线的 n 度的超流水线处理机，让指令之间相互错开 $\Delta t'$ 的时间，重叠流水地工作。

超流水线处理机不同于超标量处理机，每个 $\Delta t'$ 仍只流出一条指令，但它的 $\Delta t'$ 值小，一台度为 n 的超流水线处理机的 $\Delta t'$ 只是基本机器周期 Δt 的 $1/n$。因此，一条指令需花 $kn\Delta t'$ 的时间，k 为一条指令所含的基本机器周期数。只要流水线性能得以充分发挥，其并行度就可达 n。每隔 $1/n$ 个时钟周期发射一条指令，流水线周期为 $1/n$ 个时钟周期。在超标量处理机中，流水线的有些功能段还可以进一步细分。因而超流水线处理机有两种定义：

一种定义是一个周期内能够分时发射多条指令的处理机称为超流水线处理机；另一种定义是将指令流水线有 8 个或更多功能段的流水线处理机称为超流水线处理机。

1. 提高处理机性能的不同方法

超标量处理机是通过增加硬件资源为代价来换取处理机性能的。重复设置执行部件，不止两个执行部件。

超流水线处理机则通过各硬件部件充分重叠工作来提高处理机性能。只需增加少量硬件，以更小的节拍工作。

流水技术涉及并行性，并行性包括空间并行性和时间并行性。超标量处理机采用的是空间并行性，设置多个独立的操作部件，多操作部件处理机和超标量处理机。它是靠增加硬件资源为代价来换取处理机性能的。

超流水线处理机采用的是时间并行性，用流水线技术，不增加或只增加少量硬件就能使运算速度提高几倍。流水线处理机和超流水线处理机只需要增加少量的硬件，是通过各部分硬件的充分重叠工作来提高处理机性能的。它的工作频率提高，采用更小的功能段。

2. 超流水线处理机指令执行时序

每隔 $1/n$ 个时钟周期发射一条指令，流水线周期为 $1/n$ 个时钟周期，即一个时钟周期发射 n 条指令。在流水线处理机中，流水线的有些功能段还可以进一步细分。

例如，ID 功能段可以再细分为译码、读第 1 操作数和读第 2 操作数三个流水段，也有些功能段不能再细分，如 WR 功能段一般不再细分。因此，超流水线有另外一种定义是有 8 个或 8 个以上流水段的处理机称为超流水线处理机。

每个时钟周期分时发送三条指令的超流水线处理机的指令流水线执行图如图 5-42 所示。这是现在国外体系结构书上的画法，向下为指令流的执行，可画出很多条指令的执行，容易向下扩展。

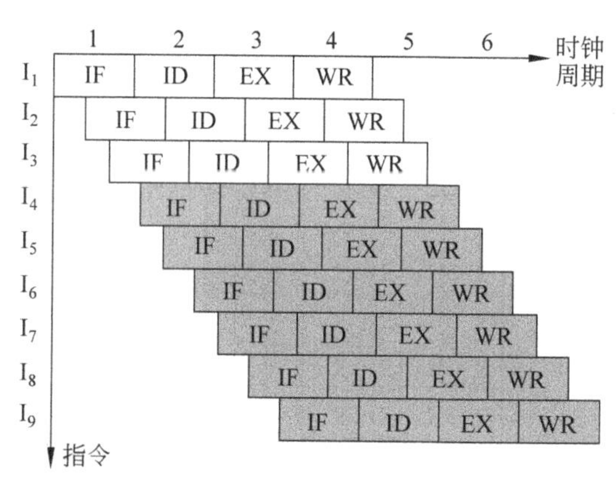

图 5-42　超流水线处理机的指令流水线执行图

3. 典型超流水线处理机结构

MIPS R4000 处理机每个时钟周期包含两个流水段，是一种很标准的超流水线处理机结构。指令流水线有 8 个流水段。有两个 Cache，指令 Cache 和数据 Cache 的容量各 8KB，每个时钟周期可以访问 Cache 两次，因此在一个时钟周期内可以从指令 Cache 中读出两条指令，从数据 Cache 中读出或写入两个数据。主要运算部件有整数部件和浮点部件。数据宽度是 64 位。MIPS R4000 超流水线处理机结构如图 5-43 所示。MIPS R4000 处理机的流水线操作如图 5-44 所示。流水线有 8 级，取指令和访问数据都要跨越 2 个流水级。MIPS R4000 正常指令流水线工作时序如图 5-45 所示。

如果在 Load 指令之后的两条指令中，任何一条指令要在它的 EX 流水级使用这个数据，则指令流水线要暂停一个时钟周期，RF 后才能是 EX。采用顺序发射方式，DS 后取第 2 个数据。MIPS R4000 有暂停的指令流水线工作时序如图 5-46 所示。

4. 超流水线处理机性能

指令级并行度为$(1,n)$的超流水线处理机，执行 N 条指令所需的时间为

$$T(1,n)=\left(k+\frac{N-1}{n}\right)\Delta t$$

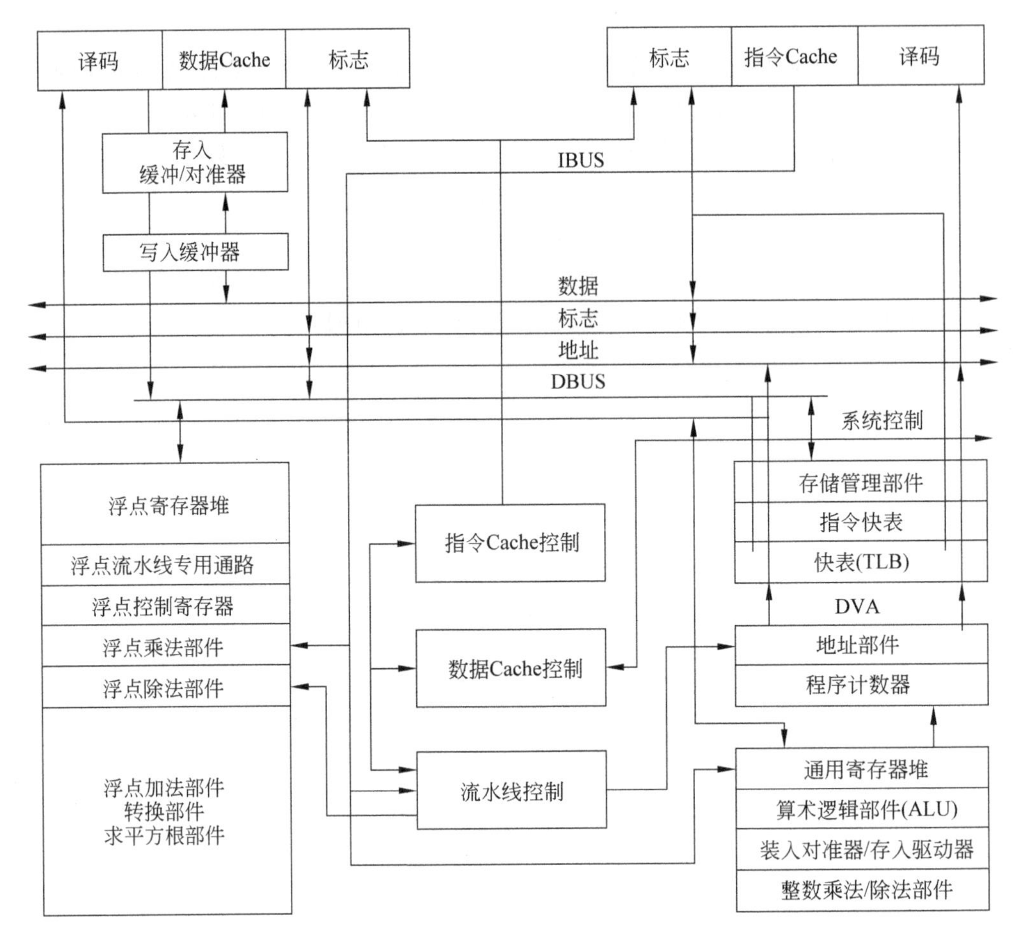

图 5-43 MIPS R4000 超流水线处理机结构

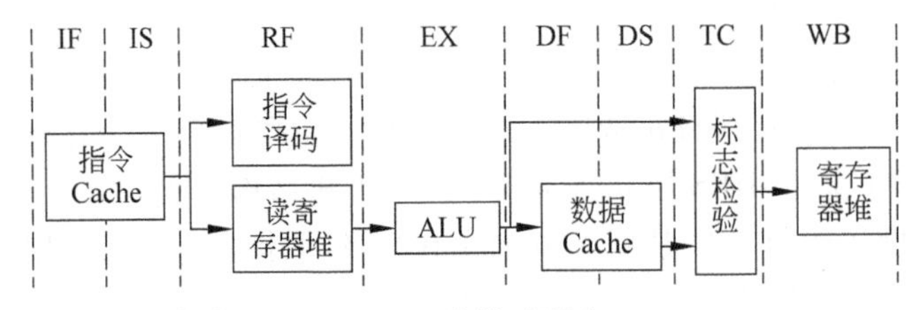

图 5-44 MIPS R4000 处理机的流水线操作

IF IS RF EX DF DS TC WB
流水线周期
主时钟周期
当前CPU周期

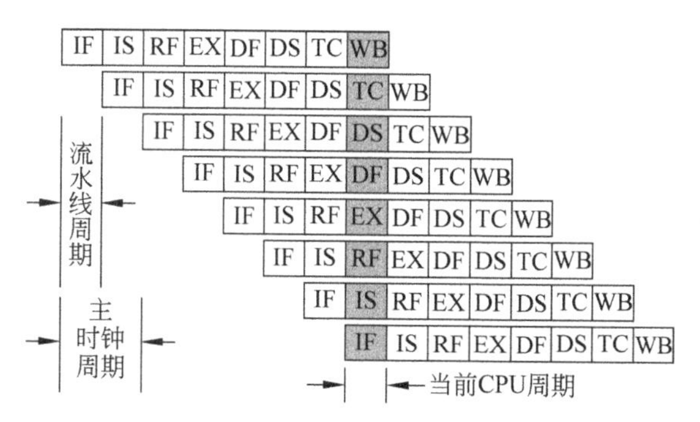

图 5-45 MIPS R4000 正常指令流水线工作时序

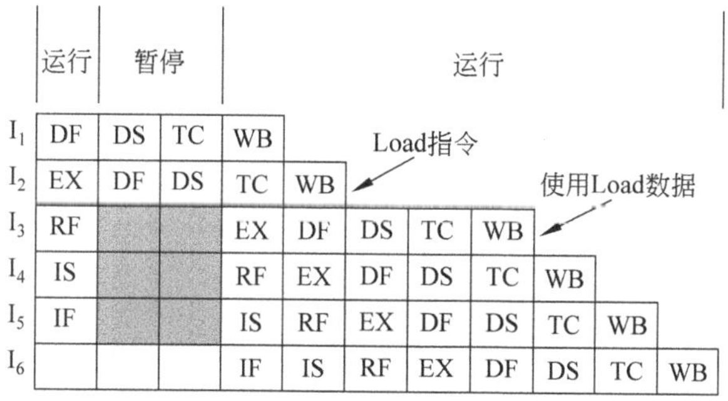

运行
暂停
运行
I1 DF DS TC WB
I2 EX DF DS TC WB
I3 RF EX DF DS TC WB
I4 IS RF EX DF DS TC WB
I5 IF IS RF EX DF DS TC WB
I6 IF IS RF EX DF DS TC WB
Load指令
使用Load数据

图 5-46 MIPS R4000 有暂停的指令流水线工作时序

超流水线处理机相对于单流水线普通标量处理机的加速比为

$$S(1,n)=\frac{T(1,1)}{T(1,n)}=\frac{(k+N-1)\Delta t}{\left(k+\dfrac{N-1}{n}\right)\Delta t}$$

即

$$S(1,n)=\frac{n(k+N-1)}{nk+N-1}$$

当 $N\to\infty$ 时，在没有资源冲突，没有数据相关和控制相关的理想情况下，超流水线处理机的加速比的最大值为 $S(1,n)_{\max}=n$。

超流水线处理机早就出现了，如 CRAY-1 的定点加法为 $3\Delta t'$。1991 年 2 月 MIPS 公司的 64 位 RISC 计算机 R4000，度 $m=3$。超流水线还可以与超标量组合构成超标量超流水线处理机，如 DEC 公司早期的 Alpha 处理机每 $\Delta t'$ 可流出两条指令，度 $m=6$。

超标量处理机利用资源重复，设置多个执行部件寄存器堆端口。超流水线处理机则着重开发时间并行性，在公共的硬部件上采用较短的时钟周期，深度流水来提高速度，需使用多相时钟，时钟频率高达 100～500MHz。没有高速时钟机制，超流水线处理机是无法实现的。

5.4.3 超标量超流水线处理机

把超标量与超流水线技术结合在一起，就成为超标量超流水线处理机。

1. 指令执行时序

超标量超流水线处理机在一个时钟周期内分时发射指令 n 次，每次同时发射指令 m 条，每个时钟周期总共发射指令 $m\times n$ 条。

每个时钟周期发射 3 次，每次 3 条指令的超标量超流水线处理机的指令流水线执行图如图 5-47 所示。每个时钟周期分 n 个格，每格发射 m 条指令。当 m 和 n 都为 3 时，每个时钟周期发射 9 条指令。

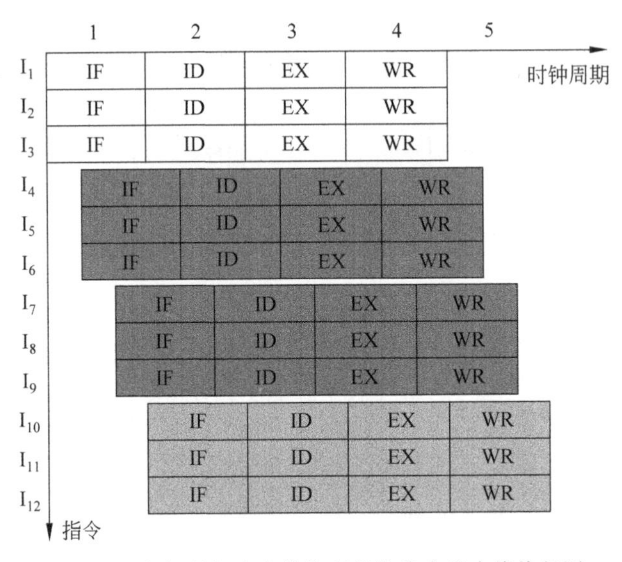

图 5-47 超标量超流水线处理机的指令流水线执行图

2. 典型超标量超流水线处理机结构

DEC 公司的 Alpha 处理机采用超标量超流水线结构，主要由 4 个功能部件和两个 Cache 组成：整数部件 EBOX、浮点部件 FBOX、地址部件 ABOX 和中央控制部件 IBOX。

中央控制部件 IBOX 可以同时从指令 Cache 中读入两条指令，同时对读入的两条指令进行译码，并且对这两条指令做资源冲突检测，进行数据相关性和控制相关性分析。如果资源和相关性允许，IBOX 就把两条指令同时发射给 EBOX、ABOX 和 FBOX 三个指令执行部件中的两个。两条指令同时执行。

指令流水线采用顺序发射乱序完成的控制方式。在指令 Cache 中有一个转移历史表，实现条件转移的动态预测。在 EBOX 内还有多条专用数据通路，可以把运算结果直接送到执行部件。不必先写到寄存器中。转移历史表中的“转移历史位”记录是否发生转移。

Alpha 21064 处理机共有 3 条指令流水线。整数操作流水线和访问存储器流水线分为 7 个流水段，其中，取指令和分析指令为 4 个流水段，运算 2 个流水段，写结果 1 个流水段。浮点操作流水线分为 10 个流水段，其中，浮点执行部件 FBOX 的延迟时间为 6 个流水段。所有指令执行部件 EBOX、IBOX、ABOX 和 FBOX 中都设置了专用数据通路。

Alpha 21064 处理机的三条指令流水线的平均段数为 8 段，每个时钟周期发射两条指令。因此，Alpha 21064 处理机是超标量超流水线处理机。Alpha 21064 处理机结构如图 5-48 所示。

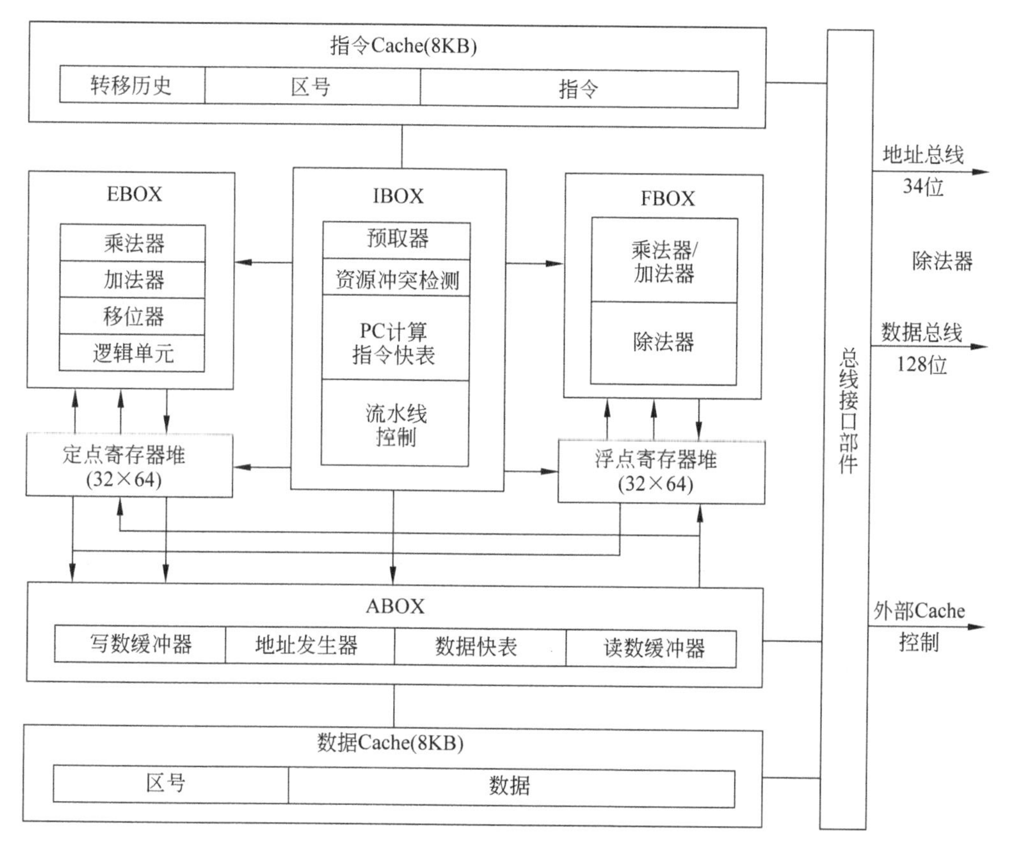

图 5-48　Alpha 21064 处理机结构

Alpha 21064 处理机 7 个流水段的整数操作流水线如图 5-49 所示。它的 7 个流水段的访问存储器流水线如图 5-50 所示。它的 10 个流水段的浮点操作流水线如图 5-51 所示。

0	1	2	3	4	5	6
IF	SWAP	I_0	I_1	A_0	A_1	WR

IF：取指
SWAP：交换双发射指令、转移预测
I_0：指令译码
I_1：访问通用寄存器堆，发射校验
A_1：计算周期1，IBOX计算新的PC值
A_2：计算周期2，查指令快表
WR：写整数寄存器堆，指令Cache命中检测

图 5-49　Alpha 21064 处理机整数操作流水线

0	1	2	3	4	5	6
IF	SWAP	I_0	I_1	AC	TB	HM

IF：取指
SWAP：交换双发射指令、转移预测
I_0：指令译码
I_1：访问通用寄存器堆，发射校验
AC：ABOX计算有效数据地址
TB：查数据快表
HM：写读数缓冲栈，数据Cache命中/不命中检测

图 5-50　Alpha 21064 处理机访问存储器流水线

0	1	2	3	4	5	6	7	8	9
IF	SWAP	I_0	I_1	F_1	F_2	F_3	F_4	F_5	FWR

IF：取指
SWAP：交换双发射指令、转移预测
I_0：指令译码
I_1：访问通用寄存器堆，发射校验
F_1—F_5：浮点计算流水线
FWR：写回浮点寄存器堆

图 5-51　Alpha 21064 处理机浮点操作流水线

3. 超标量超流水线处理机性能

指令级并行度为(m,n)的超标量超流水线处理机，连续执行 N 条指令所需要的时间为

$$T(m,n)=\left(k+\frac{N-m}{m\cdot n}\right)\Delta t$$

超标量超流水线处理机相对于单流水线标量处理机的加速比为

$$S(m,n)=\frac{T(1,1)}{T(m,n)}=\frac{(k+N-1)\Delta t}{\left(k+\frac{N-m}{mn}\right)\Delta t}$$

即

$$S(m,n)=\frac{m\cdot n\cdot(k+N-1)}{m\cdot n\cdot k+N-m}$$

当 $N\to\infty$时，在没有资源冲突，没有数据相关和控制相关的理想情况下，超标量超流水线处理机加速比的最大值为

$$S(m,\ n)_{\max}=m\,n$$

5.4.4　三种指令级并行处理机性能比较

超标量处理机、超流水线处理机和超标量超流水线处理机相对于单流水线普通标量处理机的性能曲线。三种指令级并行处理机的相对性能如图 5-52 所示。

从三种指令级并行处理机的性能曲线中，可以得出以下结论：

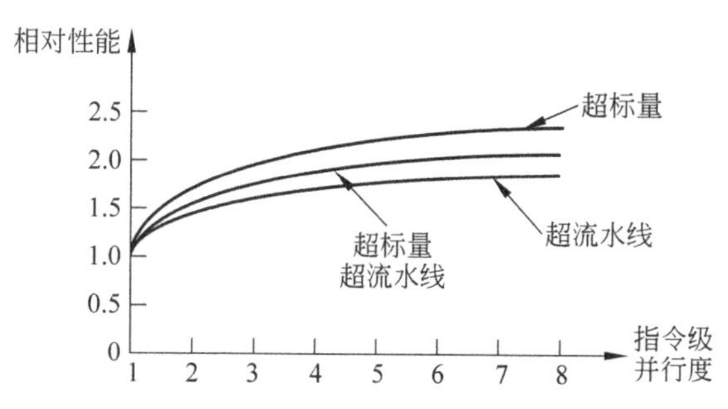

图 5-52 三种指令级并行处理机的相对性能

1. 三种处理机的性能关系

超标量处理机的相对性能最高，其次是超标量超流水线处理机，超流水线处理机的相对性能最低，主要原因如下：

(1) 超标量处理机在每个时钟周期的一开始就同时发射多条指令，而超流水线处理机则要把一个时钟周期平均分成多个流水线周期，每个流水线周期发射一条指令，因此超流水线处理机的启动延迟比超标量处理机大。

(2) 由条件转移造成的损失，超流水线处理机要比超标量处理机大。超流水线处理机会白白取来更多的指令。

(3) 在指令执行过程中的每一个功能段，超标量处理机都重复设置了多个相同的指令执行部件，而超流水线处理机只是把同一个指令执行部件分解为多个流水级，靠频率的提高，因此超标量处理机指令执行部件的冲突要比超流水线处理机小。

2. 实际指令级并行度与理论指令级并行度的关系

当横坐标给出的理论指令级并行度比较低时，处理机的实际指令级并行度的提高比较快。当理论指令级并行度进一步增加时，处理机实际指令级并行度提高的速度越来越慢。一般来讲实际和理论上有差别。

在实际设计超标量、超流水线、超标量超流水线处理机的指令级并行度时要适当，否则有可能造成花费了大量的硬件，但实际上处理机所能达到的指令级并行度并不高。目前，一般认为，m 和 n 取值都不要超过 4。

3. 最大指令级并行度

一个特定程序由于受到本身的数据相关和控制相关的限制，它的指令级并行度的最大值是有限的，是某个确定的值。这个最大值主要由程序自身的语义决定，与这个程序运行在哪一种处理机上无关。对于某一个特定的程序，图 5-52 中的三条曲线最终都要收拢到同一个点上。当然，对于各个不同程序，这个收拢点的位置也是不同的。最大并行度和具体程序有关。

5.4.5 超长指令字处理机

超长指令字处理机将水平型微码和超标量处理两者相结合。在编译时，将多个能并行执行的不相关或无关的操作组合在一起，形成一条有多个操作码字段的超长指令字。运行时，直接控制机器中多个相互独立的功能部件并行操作，来实现同时执行多条指令。超长指令字(VLIW)处理机组成和指令格式如图5-53所示。

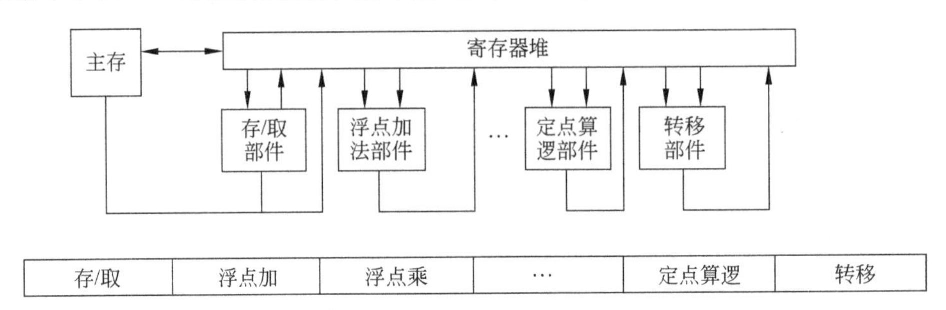

图5-53 超长指令字处理机组成和指令格式

5.5 ARM流水线处理器举例

ARM架构(体系结构)的处理器内核流行的有ARM7TDMI、ARM9TDMI、ARM10TDMI、ARM11TDMI及Cortex等。ARM7TDMI处理器核采用了3级流水线结构，指令执行分为取指、译码和执行三个功能段。ARM9TDMI处理器内核采用了5级流水线。ARM7处理器3级流水线和ARM9处理器5级流水线如图5-54所示。

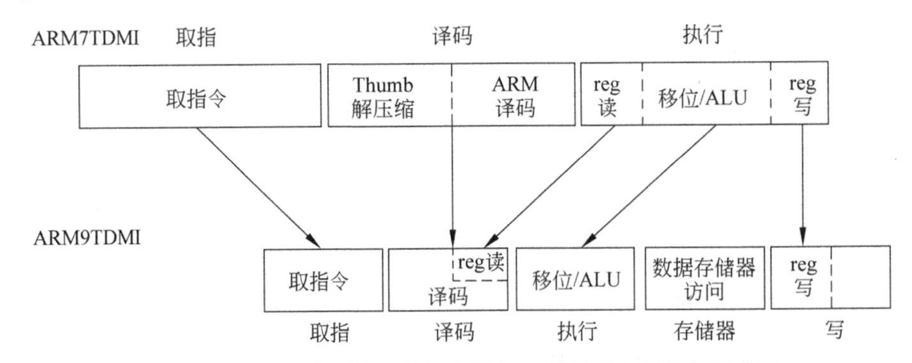

图5-54 ARM7处理器3级流水线和ARM9处理器5级流水线

ARM的5级流水线主要把3级流水线中的执行段的操作进行再分配，即把执行段中的“寄存器读”插在译码段中完成；把“寄存器写”安排另一级(即第5级完成)，同时，在该级之前，再安排了一级存储器访问。因此，ARM9TDMI与ARM7TDMI相比，取指操作必须快1倍，以便在译码段，同时可执行“寄存器读”操作。

ARM9TDMI处理器内核的另一个显著特点是采用指令和数据分开访问的方式，即采用了指令高速缓存Ⅰ-Cache和数据高速缓存D-Cache。这样，ARM9TDMI可以把数据访问单独安排一级流水线。

ARM10TDMI在同样的工艺，同样的芯片面积，ARM9TDMI的性能2倍于ARM7TDMI；而ARM10TDMI也同样2倍于ARM9TDMI。ARM10TDMI在系统结构上主要采用提高时钟速率和减少每条指令平均时钟数据CPI两大措施。

1. 提高时钟速率

ARM9TDMI的5级流水线中的4级负担已很满了，当然可以扩充流水线的级数来解决。但是，由于"超级流水线"结构较复杂，因此，只有在比较复杂的机器才采用。ARM10TDMI仍保留与ARM9TDMI类似的流水线，而通过提高时钟速率来优化每级流水线的操作。

图5-55是ARM10TDMI采用6级流水线的示意图，与ARM9TDMI的5级流水线相比，ARM10TDMI只需比ARM9TDMI稍快一些的存储器来支持6级流水线。插入了新的一级流水线，允许更多时间去指令译码；只有当非预测转移执行时，才会损害该流水线的性能。由于新一级流水线是在寄存读之前插入时，它没有新的操作数依赖，所以也不需要新的前进路径。该流水线通过转移预测机构和提高时钟速率，仍可得到与ARM9TDMI差不多的CPI。

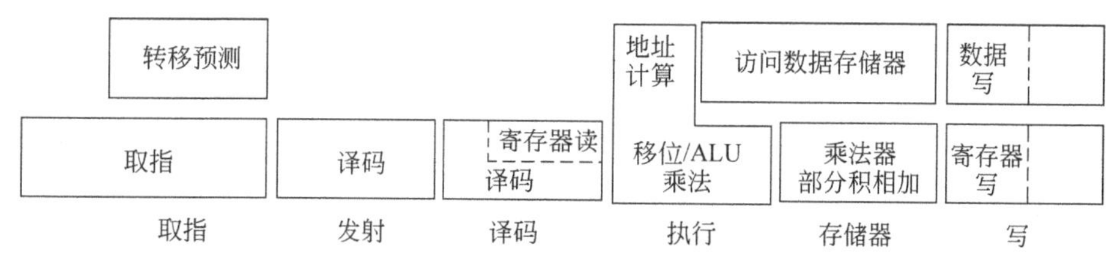

图5-55 是ARM10TDMI采用6级流水线的示意图

2. 减少CPI

上述增强流水线的措施把时钟速率提高50%，可以不损害CPI；若把时钟速率进一步提高的话，就会影响CPI。因此，要采取新的措施来减少CPI。

ARM7TDMI由于采用单一32位存储器，因而存储器几乎占用每一个时钟周期，ARM9TDMI采用指令与数据分开的存储器，虽然数据存储器只有50%的负载，而指令存储器仍几乎占用每一时钟周期。很明显要改进CPI，必须以某种方式来增加指令存储器的带宽。ARM10TDMI采用64位存储器的结构来解决上述的指令存储器的瓶颈问题。

Cortex处理器采用ARMv7体系结构。ARMv7体系结构的Thumb-2技术是在ARM的Thumb代码压缩技术的基础上发展起来的，并且保持与现存ARM解决方案的代码完全兼容。在命名方式上，基于ARMv7体系结构的ARM处理器已经不再延用ARM加数字编号的命名方式，而是以Cortex命名。基于v7A的称为"Cortex-A系列"，基于v7R的称为"Cortex-R系列"，基于v7M的称为"Cortex-M系列"。Cortex-A系列是针对日益增长的、运行包括 Android、Linux、Windows CE 和 Symbian 操作系统在内的消费娱乐和无线产品；Cortex-R 系列是针对需要运行实时操作系统来进行控制应用的系统，包括汽车电子、网络和影像系统；Cortex-M 系列则是为那些对开发费用非常敏感同时对性能要求不断增加的微控制器应用所设计的。

Cortex-A9 处理器为 ARM v7-A 体系结构，支持 ARM、Thumb-2 和 ThumbEE，具有安全扩展(TrustZone)、可选 Jazelle DBX、可选媒体处理引擎(NEON＋FPU-D32)、可选浮点单元(FPU-D16)，支持 MMU 实现 VMSA v7。它是高性能整型内核，双发射、乘法后端流水线、乱序指令执行、可配置大小的 I 和 D Cache。调试和跟踪只跟踪程序流指令。Cortex-A9 流水线如图 5-56 所示。Cortex-A9 流水线的各功能段如下。

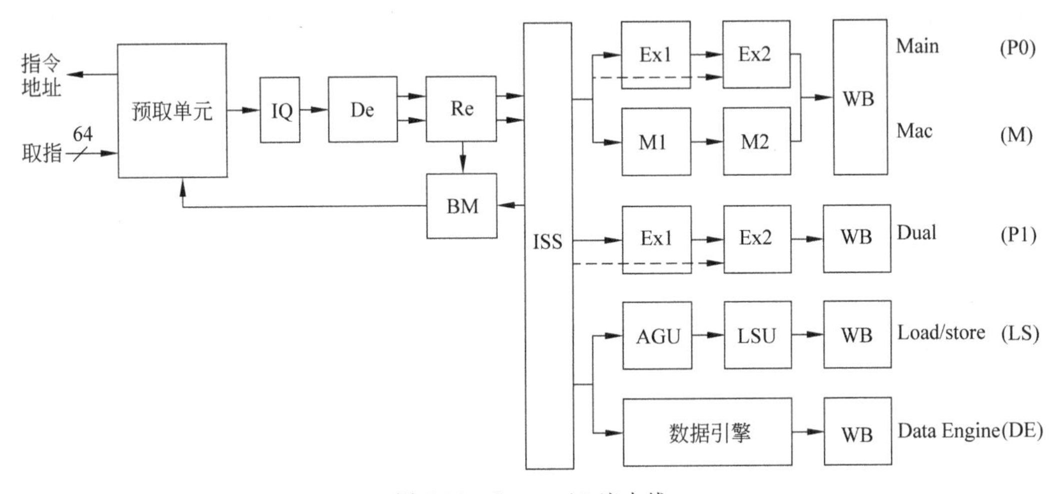

图 5-56 Cortex-A9 流水线

(1) IQ：指令排队(Instruction Queue)；

(2) Re：寄存器重命名(Register Renaming)；

(3) BM：分支监控(Branch Monitor)；

(4) P0：主执行流水线(Main execution pipeline)；

(5) M：MAC 流水线；

(6) P1：第二("dual")执行流水线；

(7) AGU：地址产生单元(Address Generation Unit)；

(8) LSU：取/存单元(Load/Store Unit)；

(9) DE：数据引擎(Data Engine)-(NEON 和/或 FPU)流水线。

习 题 5

5-1 假设一条指令的执行过程分为"取指令"、"分析"和"执行"三段，每一段的时间分别为 Δt 、$2\Delta t$ 和 $3\Delta t$ 。在以下各种情况下，分别写出连续执行 n 条指令所需要的时间表达式。

(1) 顺序执行方式。

(2) 仅“取指令”和“执行”重叠。

(3) “取指令”、“分析”和“执行”重叠。

5-2 假设指令的解释分取指、分析和执行三步，每步的时间相应为 $t_{取指}$、$t_{分析}$、$t_{执行}$，

(1) 分别计算下列几种情况下，执行完 100 条指令所需时间的一般关系式：

① 顺序方式；

② 仅“执行$_k$”与“取指$_{k+1}$”重叠；

③ 仅“执行$_k$”、“分析$_{k+1}$”、“取指$_{k+2}$”重叠。

(2) 分别在 $t_{取指}=t_{分析}=2$、$t_{执行}=1$ 及 $t_{取指}=t_{执行}=5$、$t_{分析}=2$ 两种情况下，计算出上述各结果。

5-3 流水线由 4 个功能部件组成，每个功能部件的延迟时间为 Δt。当输入 10 个数据后，间歇 $5\Delta t$，又输入 10 个数据，如此周期性地工作，求此时流水线的吞吐率，并画出时空图。

5-4 图 5-57 给出了一个非线性流水线。若 4 条指令依次间隔 $2\Delta t$ 进入流水线，求出其实际的吞吐率和效率并画出其时-空图。如要加快流水，使流水线每隔 $2\Delta t$ 流出一个结果，应减少哪个流水段本身经过的时间？应减少到多少，流水线方能满足要求？求出此时连续流入 4 条指令时的实际吞吐率和效率。

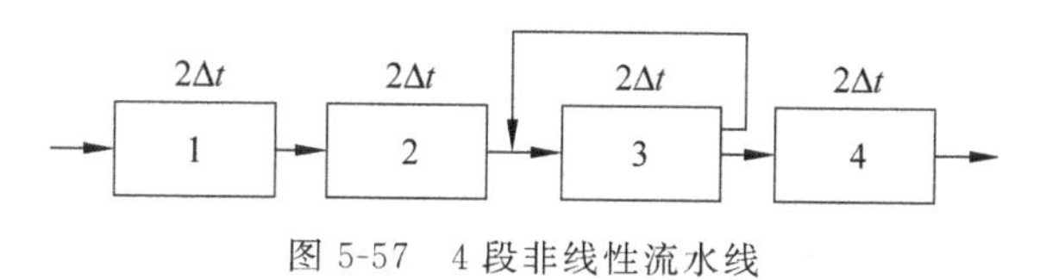

图 5-57　4 段非线性流水线

5-5 一条线性流水线由 4 个流水段组成，每个流水段的延迟时间都相等，都为 Δt 。开始 5 个 Δt ，每隔一个 Δt 向流水线输入一个任务，然后停顿 2 个 Δt ，如此重复。求流水线的实际吞吐率、加速比和效率。

5-6 为提高流水线效率可采用哪两种主要途径来克服速度瓶颈？现有三段流水线，各段经过时间依次为 Δt、$3\Delta t$、Δt。

(1) 分别计算在连续输入 3 条指令时和 30 条指令时的吞吐率和效率。

(2) 按两种途径之一改进，画出流水线结构示意图，同时计算连续输入 3 条指令和 30 条指令时的吞吐率和效率。

(3) 通过对(1)、(2)两小题的计算比较可得出什么结论？

5-7 有一个浮点乘流水线如图 5-58(a)所示，其乘积可直接返回输入端或暂存于相应缓冲寄存器中，画出实现 $A\cdot B\cdot C\cdot D$ 的时空图以及输入端的变化，并求出该流水线的吞吐率和效率；当流水线改为图 5-58(b)的形式实现同一计算时，求该流水线的效率及吞吐率。

5-8 一个 4 段的双输入端规格化浮点加法流水线，每段经过时间 10ns，输出可直接返回输入或将结果暂存于相应缓冲器中，问最少需经多少时间能求出 $\sum_{i=1}^{10} A_i$，并画出时空图。

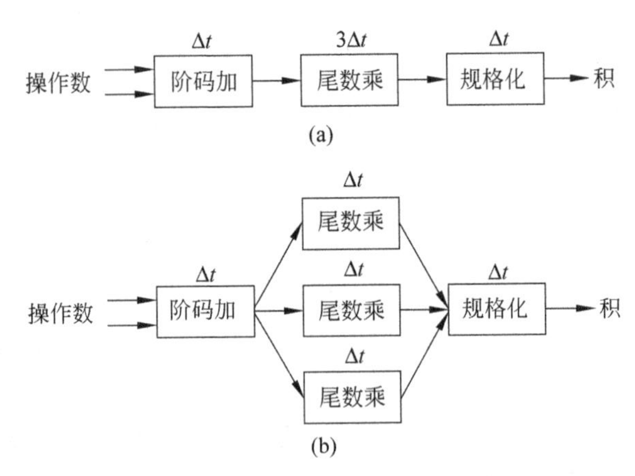

图 5-58　习题 5-7 浮点乘流水线

5-9　有一个双输入端的加入乘双功能静态流水线，由经过时间为 Δt、$2\Delta t$、$2\Delta t$、Δt 的 1、2、3、4 共 4 个子过程构成。加按 1→2→4 连接，乘按 1→3→4 连接，流水线输出设有数据缓冲器，也可将数据直接返回输入。现要执行

$$A \cdot (B + C \cdot (D + E \cdot F)) + G \cdot H$$

的运算，请调整计算顺序，画出能获得吞吐率尽量高的流水时空图，标出流水线入、出端数的变化情况，求出完成全部运算的时间及此期间流水线的效率。如对流水线瓶颈子过程再细分，最少只需多少时间可完成全部运算？若子过程 3 不能再细分，只能用并联方法改进，问流水线的效率为多少？

5-10　若有一静态多功能流水线分为 6 段，如图 5-59 所示，其中乘法流水线由 1、2、3、6 段组成，加法流水线由 1、4、5、6 段组成，通过每段所需时间如图 5-59 所示，输出可直接返回输入或存入缓冲器缓冲。现要计算：$A \times B = \prod_{i=1}^{3}(a_i + b_i)$

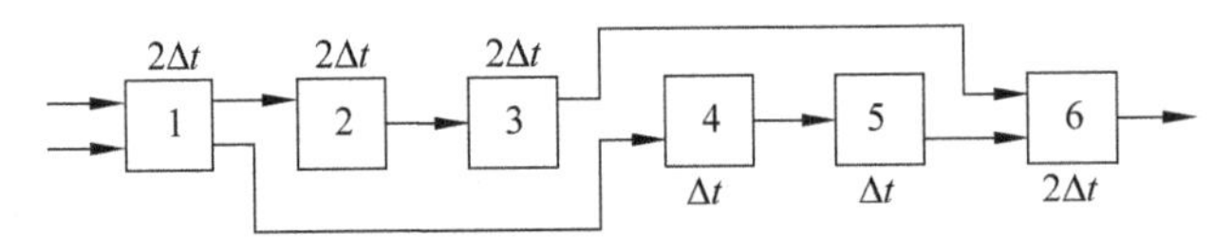

图 5-59　题 5-10 的静态多功能流水线

① 在上述流水方式下，完成 $A \times B$ 需要多少时间？画出时空图并计算此流水线的使用效率和吞吐率。

② 与顺序运算方式相比，加速比为多少？

5-11　带双输入端的加、乘双功能静态流水线有 1、2、3、4 这 4 四个子部件，延时分别为 Δt，Δt，$2\Delta t$，Δt，“加”由 1→2→4 组成，“乘”由 1→3→4 组成，输出可直接返回输入或锁存。现欲执行

$$\sum_{i=1}^{4}[(a_i + b_i)c_i]$$

① 画出此流水线时空图，标出流水线入端数据变化情况。

② 计算运算全部完成所需时间及在此期间流水线的效率。

③ 将瓶颈子部件再细分，画出解此题的时空图。

④ 求出按③解此题所需时间及在此期间流水线的效率。

5-12 在一个5段的流水线处理机上需经9拍才能完成一个任务，其预约表见表5-3。

表5-3 题5-12预约表

段号\时间	1	2	3	4	5	6	7	8	9
S_1	√								√
S_2		√	√						
S_3				√			√	√	
S_4				√	√				
S_5						√	√		

分别写出延迟禁止表 ***F***、冲突向量 ***C***；画出流水线状态转移图；求出最小平均延迟及流水线的最大吞吐率及其调度方案。按此流水调度方案输入6个任务，求实际吞吐率。

5-13 在一个4段的流水线处理机上需经7拍才能完成一个任务，其预约表如表5-4所示。

表5-4 题5-13预约表

段号\时间	1	2	3	4	5	6	7
S_1	√				√		√
S_2		√		√			
S_3			√				
S_4				√		√	

分别写出延迟禁止表 ***F***、冲突向量 ***C***；画出流水线状态转移图；求出最小平均延迟及流水线的最大吞吐率及其调度时的最佳方案。按此流水调度方案，输入6个任务，求实际的吞吐率。

5-14 有一个4段的单功能流水线，其预约表如表5-5所示。

表5-5 题5-14预约表

段号\时间	1	2	3	4	5	6
S_1	√					√
S_2		√	√			
S_3				√		
S_4					√	

① 写出其冲突向量、延迟禁止表，并画出冲突向量的状态转移图。

② 写出其流水线的最佳调度方案及此时的最大吞吐率。

5-15 现有长度为 8 的向量 $\boldsymbol{A}$ 和 $\boldsymbol{B}$，请分别画出下列 4 种结构的处理器上求点积 $\boldsymbol{A}\cdot\boldsymbol{B}$ 的时空图，并求完成全部结果的最少时钟拍数。设处理器中每个部件的输出均可直接送到任何部件的输入或存入缓冲器中去，其间的传送延时不计，指令和源操作数均能连续提供。

① 处理器有一个乘法部件和加法部件，不能同时工作，部件内只能以顺序方式工作，完成一次加法或乘法均需 5 拍；

② 与①基本相同，只有乘法部件和加法部件可并行；

③ 处理器有一条乘、加双功能流水线，乘、加均由 5 个流水线构成，各段经过时间要 1 拍；

④ 处理器有乘、加两条流水线，可同时工作，各由 5 段构成，每段经过时间为 1 拍。

5-16 向量 $\boldsymbol{A}$ 和 $\boldsymbol{B}$ 各有 6 个元素，计算向量点积 $\boldsymbol{A}\cdot\boldsymbol{B}=\sum_{i=1}^{6}a_i\cdot b_i$

① 若在顺序方式下，一次“加”需 $4\Delta t$，一次“乘”需 $3\Delta t$，则执行完 $\boldsymbol{A}\cdot\boldsymbol{B}$ 要多少时间？

② 在图 5-60 的静态双功能流水线上计算，其中 1→2→3→4 为加法流水线，1→5→4 为乘法流水线，输出可直接返回输入，功能切换的时间忽略不计。设计合理的算法，使完成的时间最少。画出流水线时空图，并标出全部算完的时间。

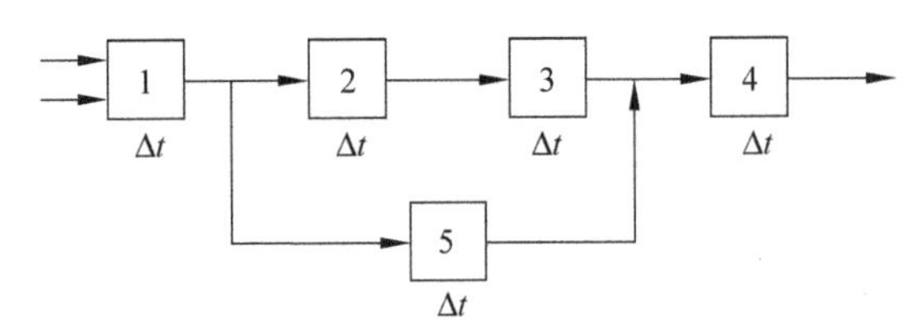

图 5-60 题 5-16 静态双功能流水线

5-17 设指令由取指、分析、执行三个子部件组成。每个子部件经过时间为 Δt，连续执行 12 条指令。请分别画出在常规标量流水处理机及度 m 均为 4 的超标量处理机、超长指令字处理机、超流水处理机工作的时空图，分别计算它们相对常规标量流水线处理机的加速比 S_p。

第6章　并行处理机和互连网络

并行处理机也称为阵列处理机，在单一控制部件控制下由多个处理单元构成。本章着重讨论阵列处理机的基本构形、工作原理和结构特点，阵列机的并行算法，各处理单元之间互连的互连网络，向量、数组元素在并行存储器中无冲突访问的存放模式等内容。

6.0　学习指南

1. 知识点和学习要求

• 并行处理机原理。

了解并行处理机的工作方式和两种基本结构形式。

与流水线处理机对比，了解并行处理机的主要特点。

• 阵列处理机的并行算法。

领会 ILLIAC Ⅳ阵列机中各处理单元间的互连结构模式及最大传送步距。

领会在分布式存储器构形的阵列机上的并行算法和数据在存储器中分布存放的规律。

了解处理单元中的数据经互连网络中转传送的规律。

• 互连网络。

了解互连网络的设计目标和互连网络的各种表示。

掌握立方体、PM2I、混洗交换三种单级网络的互连函数表示、互连函数个数、最大距离等。

理解循环互连网络和多级互连网络的思想。

掌握立方体、Omega 多级互连网络的交换单元功能、拓扑结构及所用的开关控制方式。

掌握 8 个或 16 个入端和出端的多级立方体、多级混洗交换网络的画法。

按算法要求，找出互连规律，选择适合于此算法的互连网络及控制方式，画出网络拓扑图，确定开关状态。

了解多级 PM2I 网络。

领会立方体、Omega、PM2I 网络都是阻塞式网络的含义，了解全排列网络的含义及实现全排列网络的两种方法。

• 并行存储器的无冲突访问问题。

实现一维数组步距为 2^i 无冲突传送时，对存储器模 m 的要求。

写出方阵和长方阵数组实现存储器无冲突访问时的存储体数及数据元素在体中分布的规律。

2. 重点与难点分析

本章的重点：处理单元之间互连的互连函数、多级互连网络及全排列网络。

本章的难点：分布式存储器构形的阵列机上的并行算法；找出处理单元之间的互连规律，选择合适的多级互连网络或全排列网络，画出网络拓扑图，确定开关的控制方式和状态；在集中式存储器构形的阵列机中，设计实现向量、数组元素在并行存储器中无冲突访问的分布方案。

6.1 并行处理机原理

6.1.1 并行处理机定义及特点

并行处理机有时也称SIMD计算机，它由多个PE(Processing Element)按照一定方式互连，在同一个CU(Control Unit)控制下，对各自的数据完成同一条指令规定的操作。

从CU看，指令是串行执行的，从PE看，数据是并行处理的。按照弗林分类法，它属于操作级并行的SIMD计算机。SIMD采用资源重复的措施开发并行性。并行处理机的应用领域主要是高速向量或矩阵运算。并行处理机的主要特点如下：

(1) 速度快，而且潜力大。

(2) 模块性好，生产和维护方便。

(3) 可靠性高，容易实现容错和重构。

(4) 效率低(与流水线处理机、向量处理机等比较)。通常作为专用计算机，因此，在很大程度上依赖于并行算法。

并行处理机基本上是一台向量专用机。它依靠的是资源重复，而不是时间重叠，它的每个处理单元要担负多种处理功能，其效率要低一些。另外，它依靠增加PE个数，与流水线处理机主要依靠缩短时钟周期相比，其提高速度的潜力要大得多。

并行处理机依赖于互连网络和并行算法。互连网络决定了PE之间的连接模式，也决定了并行处理机能够适应的算法。

需要有一台高性能的标量处理机。如果一台机器的向量处理速度极高，但标量处理速度只是每秒一百万次，那么对于标量运算占10%的题目来说，总的有效速度就不过是每秒一千万次。

6.1.2 阵列处理机的构形与特点

由于存储器的组成方式不同，阵列处理机可分为两种基本结构，分布式存储器的阵列机和集中式共享存储器的阵列机。

1. 阵列处理机的基本构形

在采用分布式存储器构形的阵列处理机中，每个PE_i都有自己的局部存储器PEM_i。

PEM_i中存放着本PE_i直接访问的数据。运算过程中，处理单元间可通过互连网络(Interconnection Network，ICN)来交换数据。控制部件(CU)内的主存储器用来存放系统程序、用户程序和标量数据。管理处理机SC用于管理系统资源，运行操作系统。分布式存储器构形是SIMD阵列机的主流。

具有分布式存储器的阵列处理机构形如图6-1所示，重复设置多个同样的处理单元PE，每个PE有各自的本地存储器。

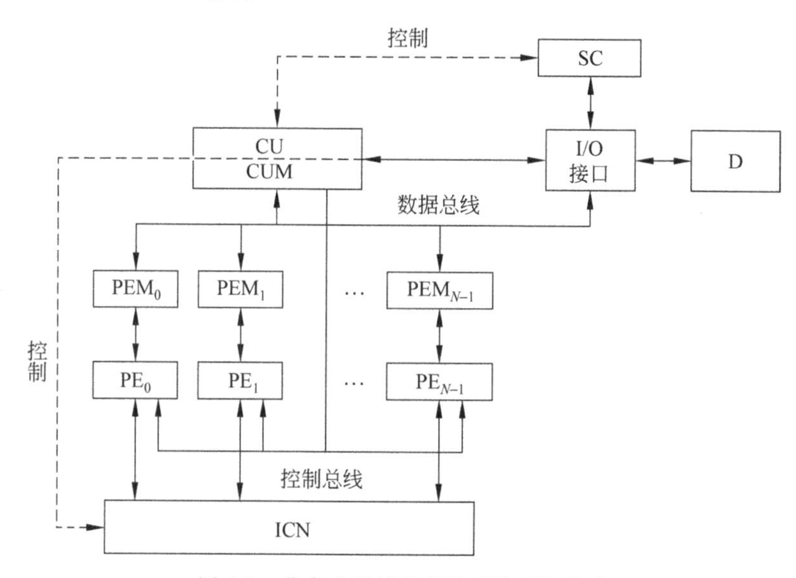

图6-1 分布式存储器的阵列处理机构形

具有集中式共享存储器的阵列处理机构形如图6-2所示，采用集中设置存储器方案，存储体的个数大于处理单元的个数。在采用集中式共享主存构形的阵列处理机中，K个

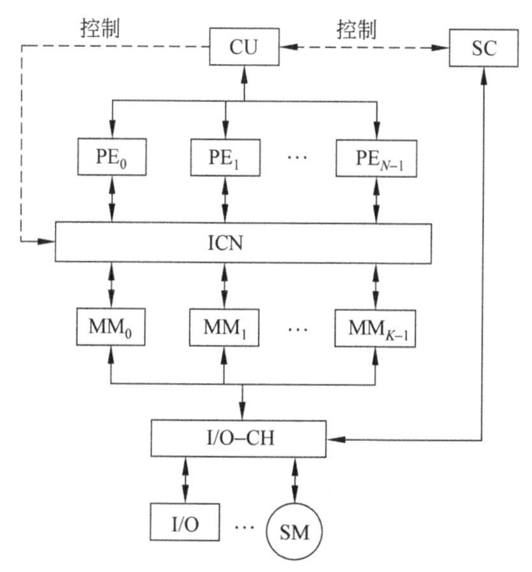

图6-2 集中式共享存储器的阵列处理机构形

存储分体的数据经互连网络为全部 N 个处理单元所共享，要求 $K \geq N$。此时，ICN 的作用是在处理单元与存储器分体之间进行转接构成数据通路。

2. 阵列处理机的特点

阵列处理机的单指令流多数据流处理方式和由它产生的特殊结构是以诸如有限差分、矩阵、信号处理、线性规划等一系列计算问题为背景发展起来的。这些计算问题的共同特点是可以通过各种途径把它们转化为对数组或向量的处理，而阵列处理机正好利用多个处理单元对向量或数组所包含的各个分量同时计算，从而获得很高的处理速度。阵列机处理机与向量流水线处理机相比有以下特点：

(1) 阵列机处理机采用的是资源重复，利用的是并行性中的同时性，实现的是操作级的并行；而流水线处理机采用时间重叠，利用的是并行性中的并发性。

(2) 阵列处理机提高速度主要靠增多处理单元数，而向量流水线处理机主要靠缩短时钟周期。阵列处理机比向量流水线处理机速度提高的潜力要大得多。

(3) 阵列机专用性强，灵活性差，流水线处理机通用性强，灵活性好。

(4) 阵列处理机使用简单规整的互连网络来连接处理单元，且其结构和并行算法有紧密联系。

阵列处理机的每个处理单元要同等地担负起各种运算功能，但其设备利用率却可能没有多个单功能流水线部件那样高。因此，只有在硬件价格有了大幅度下降及系统结构有了较大改进的情况下，阵列处理机才能具有较高的性能价格比。

阵列处理机实质上是由专门应对数组运算的处理单元阵列组成的处理机、专门进行标量运算和处理的控制处理机和专门从事系统输入输出操作及操作系统管理的处理机三部分构成的一个异构型多处理机系统。

6.2 阵列处理机的并行算法

1. ILLIAC Ⅳ的处理单元阵列结构

ILLIAC Ⅳ是使用分布式存储器构形的阵列处理机。64 个处理部件 PU_i（每个都包含算术处理单元(PE)、所带的局部存储器(PEM)和存储器逻辑部件(MLU))，排列成 8×8 的方阵，如图 6-3 所示。

任何一个处理部件 PU_i 只能直接与其上、下、左、右 4 个近邻 PU_{i-8}(mod 64)、PU_{i+8}(mod 64)、PU_{i-1}(mod 64)和 PU_{i+1}(mod 64)直接相连。循此规则，同一列的上下两端的 PU 连成环，左右每一行右端的 PU 与下一行左端的 PU 相连，最下面一行右端的 PU 与最上面一行左端的 PU 相连，从而形成一个闭合的螺旋线阵列。处理部件所用的互连模式用到了 PM2I 互连函数中的 4 个函数，即 $PM2_{\pm0}$ 和 $PM2_{\pm3}$。

在这种阵列中，步距不等于 ±1 或 ±8 的任意处理单元之间，经过软件寻找，最多不超过 7 步传送即可完成数据的传送。普遍来讲，$N=\sqrt{N}\times\sqrt{N}$ 个处理单元组成的阵列中，任意两个处理单元之间的最短距离不会超过 $\sqrt{N}-1$ 步。

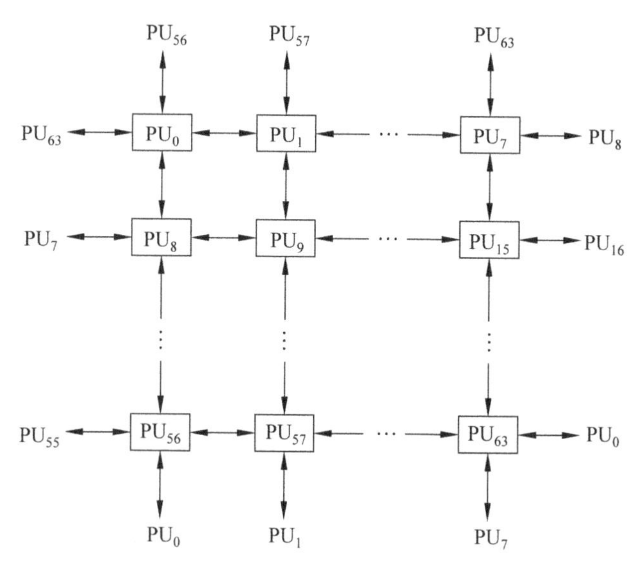

图 6-3　ILLIAC Ⅳ的互连结构

ILLIAC Ⅳ的处理单元是累加器型运算单元，把累加寄存器 RGA 中的数据与从存储器取来的数据进行运算，结果保留在累加寄存器 RGA 中。每个处理单元内有一个数据传送寄存器 RGR 收发数据，实现数据在处理单元之间的传送。

例如，图 6-4 中要将 PU_{63} 的信息传送到 PU_{10}，最快经 $PU_{63} \to PU_7 \to PU_8 \to PU_9 \to PU_{10}$ 共 4 步即可实现，而要将 PU_9 的信息传送到 PU_{45}，最快可经 $PU_9 \to PU_1 \to PU_{57} \to PU_{56} \to PU_{48} \to PU_{47} \to PU_{46} \to PU_{45}$ 共 7 步实现。

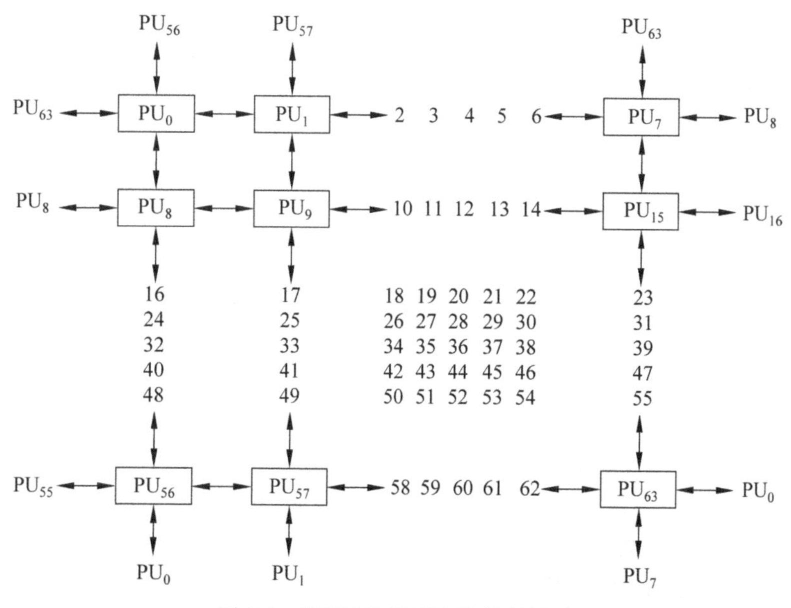

图 6-4　ILLIAC Ⅳ互连的处理单元

例如，从 PU_0 到 PU_{36} 采用普通网格结构先横后竖走必须 8 步：

$PU_0 \to PU_1 \to PU_2 \to PU_3 \to PU_4 \to PU_{12} \to PU_{20} \to PU_{28} \to PU_{36}$

或 $PU_0 \to PU_8 \to PU_{16} \to PU_{24} \to PU_{32} \to PU_{33} \to PU_{34} \to PU_{35} \to PU_{36}$

或 ……(等于 8 步的很多,大于 8 步的更多)。

如果采用闭合螺旋线结构,从 PU_0 到 PU_{36} 竖走横走都只需要 7 步:

$PU_0 \to PU_{63} \to PU_{62} \to PU_{61} \to PU_{60} \to PU_{52} \to PU_{44} \to PU_{36}$

或 $PU_0 \to PU_{63} \to PU_{55} \to PU_{47} \to PU_{39} \to PU_{38} \to PU_{37} \to PU_{36}$

2. 阵列处理机的并行算法举例

1) 矩阵加

矩阵加是一维运算,从它的实现可以看出单指令流多数据流及数组并行的“全并行”的工作特点。由于是 64 个处理单元在并行操作,速度提高为顺序处理的 64 倍。

在阵列处理机上,解决矩阵加法是最简单的一维情形。若有两个 8×8 的矩阵 **A**、**B** 相加,所得结果矩阵 **C** 也是一个 8×8 的矩阵。只需把 **A**、**B** 居于相应位置的分量存放在同一个 PEM 内,且在全部 64 个 PEM 中,令 **A** 的分量均为同一地址 α,**B** 的分量单元均为同一地址 $\alpha+1$,而结果矩阵 **C** 的各个结果分量也相应存放于各 PEM 同一地址 $\alpha+2$ 的单元内,如图 6-5 所示。这样,只需用下列三条 ILLIAC Ⅳ 的汇编指令就可以一次实现矩阵相加:

```
LDA     ALPHA           ;全部(α)由 PEMi 送 PEi 的累加器 RGAi
ADRN    ALPHA+1         ;全部(α+1)与(RGAi)进行浮点规格加法,结果送 RGAi
STA     ALPHA+2         ;全部(RGAi)由 PEi 送 PEMi 的 α+2 单元,这里, 0≤i≤63
```

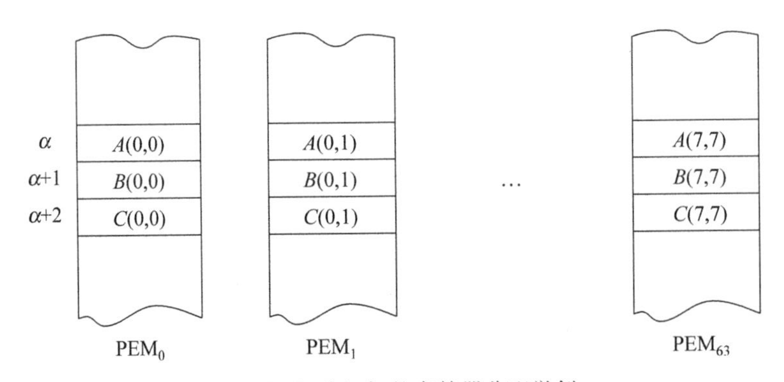

图 6-5 矩阵相加的存储器分配举例

2) 矩阵乘

矩阵乘是二维数组运算,比矩阵加要复杂些。可用 8 个处理单元并行计算矩阵的某一行或某一列,速度可提高 8 倍。

由于矩阵乘是二维数组运算,故它比循环加要复杂一些。设 **A**、**B** 和 **C** 为三个 8×8 的二维矩阵。若给定 **A** 和 **B**,则为计算 **C**=**A**·**B** 的 64 个分量,计算点积可用下列公式:

$$c_{ij} = \sum_{k=0}^{7} a_{ik} \cdot b_{kj}$$

其中，$0 \leqslant i \leqslant 7$ 且 $0 \leqslant j \leqslant 7$。

在 SISD 计算机上求解这个问题，可执行用 FORTRAN 语言编写的下列程序：

```
      DO 10 I=0,7
      DO 10 J=0, 7
      C(I,J)=0
      DO 10 K=0, 7
10    C(I,J)=C(I,J)+A(I,K) * B(K,J)
```

需要经过 I、J 和 K 三重循环完成。每重循环执行 8 次，总共需要 512 次乘、加的时间，此外每次还应包括执行循环控制、判别等其他操作需花费的时间。如果在 SIMD 阵列处理机上运算，则可用 8 个处理单元并行计算矩阵 $\boldsymbol{C}(I,J)$ 的某一行或某一列，即将 J 循环或 I 循环转化成一维的向量处理，从而消去了一重循环。矩阵乘程序的流程图如图 6-6 所示。矩阵乘的存储器分配举例如图 6-7 所示。

以消去 J 循环为例，可执行用 FORTRAN 语言编写的下列程序：

```
      DO 10 I=0, 7
      C(I,J)=0
      DO 10 K=0, 7
10    C(I,J)=C(I,J)+A(I,K) * B(K,J)
```

3）累加和

由顺序相加转变成并行相加，经常要将一批处理单元的数据都按同一步距通过互连网络转送到另一批处理单元上，而且步距也是有规律地变化的。

虽然经过变换，可以实现累加和的并行计算，但由于屏蔽了部分处理单元，降低了它们的利用率，所以速度的提高倍数仅是 $8/\log_2 8 \approx 2.7$ 倍。

这是一个将 N 个数的顺序相加过程转变为并行相加过程的问题。为了得到各项累加的部分和及最后的总和，要用到处理单元中的活跃标志位。只有处于活跃状态的处理单元，才能执行相应的操作。为叙述方便，取 N 为 8，即有 8 个数 $\boldsymbol{A}(I)$ 顺序累加，其中 $0 \leqslant I \leqslant 7$。

在 SISD 计算机上可写成下列 FORTRAN 程序：

```
      C=0
      DO 10 I=0, 7
10    C=C+A(I)
```

这是一个串行程序，需要 8 次加法时间。

如果在并行处理机上，采用成对递归相加的算法，则只需 $\log_2 8=3$ 次加法时间就够了。阵列处理机上累加和计算过程的示意图如图 6-8 所示。首先，原始数据 $\boldsymbol{A}(I)$ 分别存放在 8 个 PEM 的 α 单元中，其中 $0 \leqslant I \leqslant 7$。然后，按照下面的步骤求累加和：

第 1 步　置全部 PE_i 为活跃状态，$0 \leqslant i \leqslant 7$。

第 2 步　全部 $\boldsymbol{A}(I)$ 从 PEM_i 的 α 单元读到相应 PE_i 的累加寄存器 RGA_i 中，$0 \leqslant i \leqslant 7$。

第 3 步　令 $k=0$。

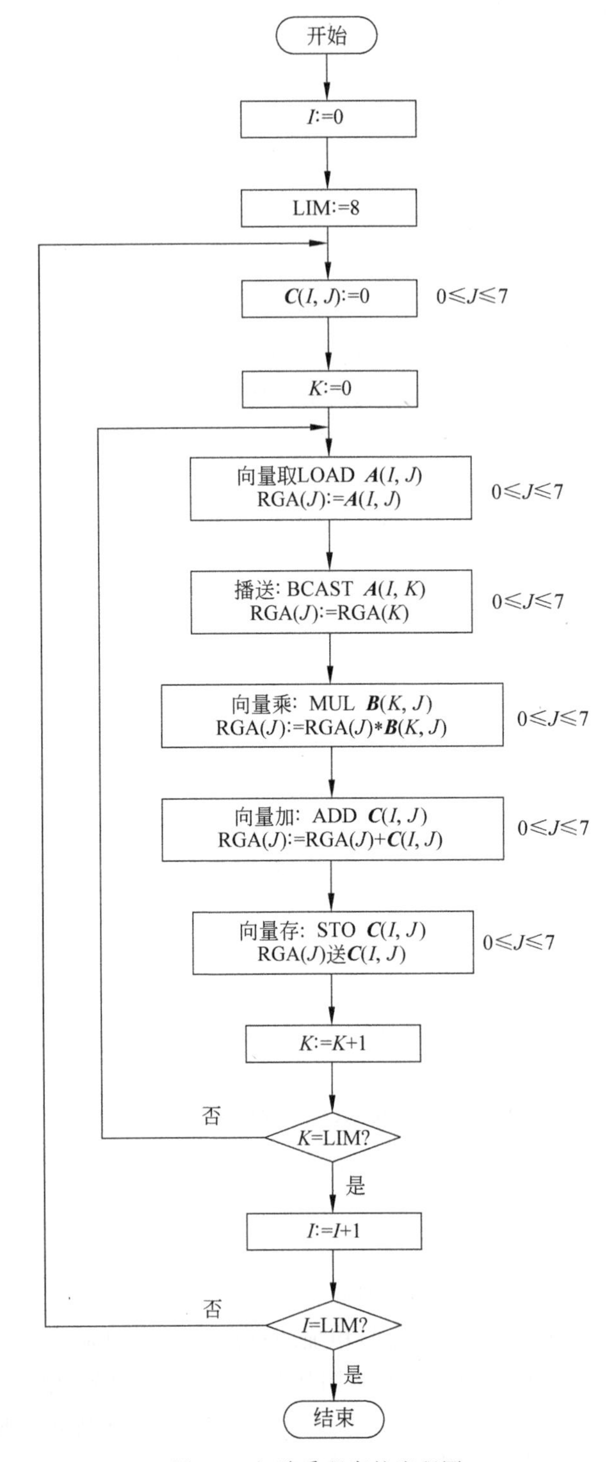

图 6-6　矩阵乘程序的流程图

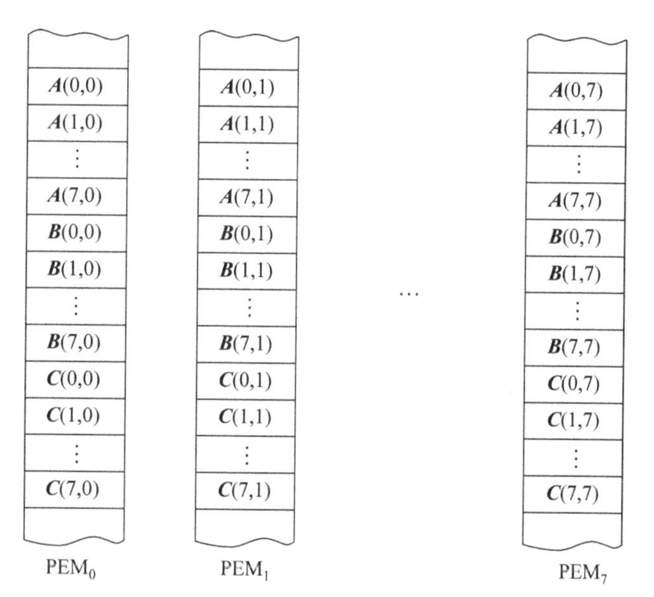

图 6-7 矩阵乘的存储器分配举例

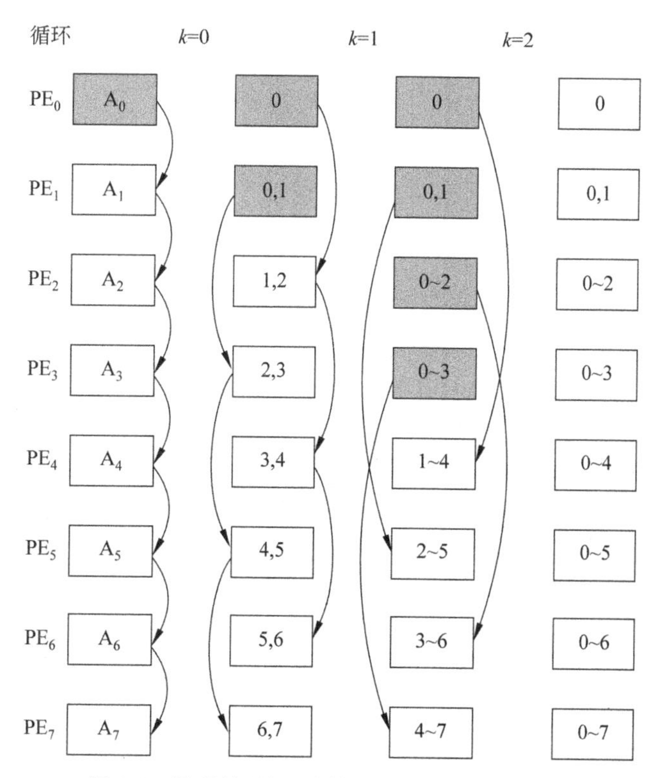

图 6-8 阵列处理机上累加和计算过程的示意图

第 4 步 将全部 PE_i 的(RGA_i)转送到传送寄存器 RGR_i，$0 \leqslant i \leqslant 7$。

第 5 步 将全部 PE_i 的(RGR_i)经过互连网络向右传送 2^k 步距，$0 \leqslant i \leqslant 7$，即 1、2、4 等。

第 6 步　令 $j=2^k-1$，即 0、1、3 等。

第 7 步　置 $PE_0 \sim PE_j$ 为不活跃状态。

第 8 步　处于活跃状态的所有 PE_i 执行 $(RGA_i):=(RGA_i)+(RGR_i)$，$j<i\leqslant 7$。

第 9 步　$k:=k+1$。

第 10 步　如 $k<3$，则转回第 4 步，否则往下继续执行。

第 11 步　置全部 PE_i 为活跃状态，$0\leqslant i\leqslant 7$。

第 12 步　将全部 PE_i 的累加寄存器内容 (RGA_i) 存入相应 PEM_i 的 $\alpha+1$ 单元中，$0\leqslant i\leqslant 7$。

4) 并行算法对数据在存储器中的分布要求

在分布式存储器构形的阵列处理机上，应能根据解题算法的要求，将数据合理分配到各个不同的存储分体中，使之可以被多个 PE 同时访问而不发生分体冲突。

在实现矩阵加算法时，矩阵 $\boldsymbol{A}$、$\boldsymbol{B}$、$\boldsymbol{C}$ 中居于相同位置的元素存放在同一 PEM 内。

在实现矩阵乘算法时，矩阵 $\boldsymbol{A}$、$\boldsymbol{B}$、$\boldsymbol{C}$ 中的同一列元素依次存放在同一 PEM 内。

在实现累加和算法时，要求各元素分别存到不同的 PEM 中。

6.3　互连网络的基本概念

6.3.1　互连网络的设计目标及互连函数

SIMD 计算机互连网络的设计目标是：

(1) 结构要简单，以降低成本；

(2) 互连要灵活，以满足算法和应用的需要；

(3) 处理单元间信息传送的步数要尽可能少，以提高运算速度；

(4) 尽可能用规整单一的基本构件组合而成或经多次通过或多级连接来实现复杂的互连。规整性、模块性要好，以便于用 VLSI 实现，并满足系统的可扩充性。

互连网络的作用是实现计算机系统内部多个处理机或多个功能部件之间的相互连接。互连网络已成为并行处理系统的核心组成部分。互连网络对整个计算机系统的性能价格比有决定性的影响。

具有本地存储器、私有高速缓存、共享存储器和共享外围设备的一般处理机系统的互连结构如图 6-9 所示，其中 IPMN 是处理器和存储器的互连网络，IPCN 是 CPU 与 CPU 的互连网络，PION 是处理器和外部设备的互连网络。每台处理机 P_i 与自己的本地存储器(LM)和私有高速缓存(C_i)相连，多处理机-存储器互连网络 IPCN 与共享存储器模块(SM)相连。处理机通过 PION 访问共享的 I/O 和外围设备。处理机之间通过 IPCN 进行通信。

1. 互连网络的表示方法

为了在输入节点与输出节点之间建立对应关系，互连网络有三种表示方法。

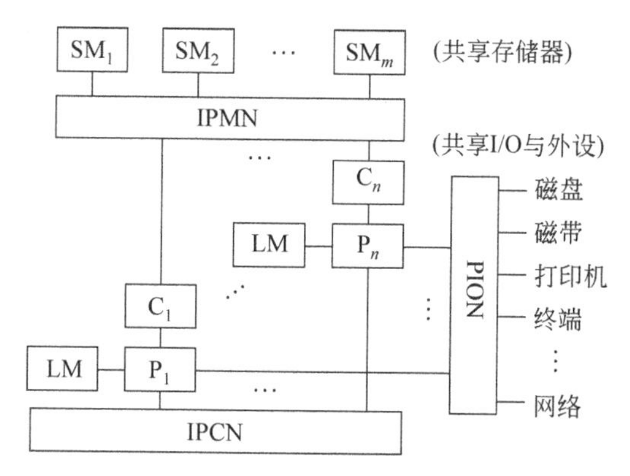

图 6-9 一般处理机系统的互连结构

1）互连函数表示法

为了反映不同互连网络的连接特性，每种互连网络可用一组互连函数来描述。互连函数表示相互连接的输出端号和输入端号之间的一一对应关系，即反映了所有 N 个入端（0、1、…、j、…、$N-1$），同时存在的入端 j 连至出端 $f(j)$ 的函数对应关系，如下：

$$f(x_{n-1}\cdots x_1 x_0) = x_0 x_{n-2}\cdots x_1 x_{n-1}$$

自变量和函数可以用二进制表示，也可以用十进制等表示。互连函数表示哪个入端和哪个出端相连，输入 i 应与输出 $f(i)$ 相连。

2）图形表示法

互连网络图形表示法如图 6-10 所示，这种表示方法比较直观。

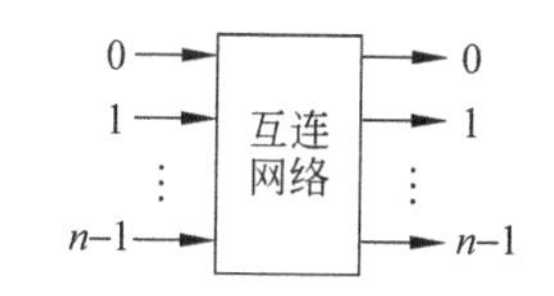

图 6-10 互连网络图形表示法

3）输入输出对应表示法

互连网络输入输出对应表示法把互连函数表示为

输入：　0　　1　…　$N-1$

输出：　$f(0)$　$f(1)$　…　$f(N-1)$

这种方法表示对应的输入和输出相连。例如，$N=8$ 交换置换关系的这种表示形式为

输入：0 1 2 3 4 5 6 7

输出：1 0 3 2 5 4 7 6

2．互连网络的特性

互连网络通常是由有向边或无向边连接的有限个节点组成的。互连网络有各种连接方式，要全连上就可连成环。互连网络有几个用于估算复杂性、通信效率和网络价格的参数，即网络特性，其主要特性如下。

（1）网络规模：网络中节点的个数。

（2）节点度：与节点相连的边数称为节点度，包括入度和出度。进入节点的边数叫入度，从节点出来的边数则叫出度。如若有 5 台机器，环的度是 2，全连的度则是 4。

（3）距离：两个节点之间相连的最少边数。环型网的距离是 1。

(4) 网络直径：网络中任意两个节点间距离的最大值。用节点间的连接边数表示，如环形网就是隔几个节点。

(5) 节点间的线长：两个节点间连线的长度，用米、千米等表示。

(6) 对称性：从任何节点看到拓扑结构都是一样的网络称为对称网络。对称网络比较易实现，编程也较容易。

3. 互连网络的传输性能参数

下面以两台计算机互连的最简单的网络为例讨论网络的传输性能，采用两台计算机，每台有一个 FIFO 的数据队列。一台机器发送消息给另一台机器时，发送方的步骤如下：

(1) 用户程序把要发送的数据拷贝到操作系统的缓冲区。从用户区放到缓冲区，两个区都在内存中。

(2) 操作系统把缓冲区中的数据打包，并发送到网络接口部件(网卡)。

(3) 网络接口硬件开始发送消息。

数据包的接收和上述步骤相反，步骤如下：

(1) 把数据包从网络接口部件拷贝到操作系统缓冲区。

(2) 检查收到的数据包，如果正确，给发送方发回答信号。

(3) 把接收到的数据拷贝到用户地址空间。发送方接收到回答信号后，释放系统缓冲区。

互连网络在网络传输方面的主要性能参数如下：

(1) 频带宽度(Bandwidth)。它是指消息进入网络后，互连网络传输信息的最大速率。它的单位是兆位/秒，而不用兆字节/秒，就是一般说的 10M、100M 等。

(2) 传输时间(Transmission Time)。消息通过网络的时间，它等于消息长度除以频宽。

(3) 飞行时间(Time of Flight)。消息的第一位信息到达接收方所花费的时间，它包括由于网络转发或其他硬件所引起的时延。

(4) 传输时延(Transport Latency)。它等于飞行时间与传输时间之和。它是消息在互连网络上花费的时间。

(5) 发送方开销(Sender Overhead)。处理器把消息放到互连网络的时间，这里包括软件和硬件所花的时间，即打包等的开销。

(6) 接收方开销(Receiver Overhead)。处理器把到达的消息从互连网络取出来的时间，这里包括软件和硬件所花的时间。

所以，一个消息的总时延可以用下面的公式表示：

$$总时延 = 发送方开销 + 飞行时间 + 消息长度 / 频宽 + 接收方开销$$

其中消息长度/频宽就是传输时间。

6.3.2 设计互连网络时应考虑的问题

1. 操作方式

互联网络有同步、异步和同步/异步组合三种操作方式。现有的阵列机都采用同步操作方式，让所有的PE按时钟同步操作。异步或组合操作方式一般用于多处理机。

2. 控制策略

互连网络的控制策略有集中和分布控制两种，多数SIMD互连网络采用的是集中控制。

3. 交换方式

互连网络主要有线路交换、包交换（又称分组交换）和线路/包交换组合三种交换方式。SIMD互连网络一般采用线路交换方式，包交换则多用于多处理机和计算机网络中。

4. 网络拓扑

网络拓扑指的是互连网络入端、出端可以实现的连接模式，有静态和动态两种。在阵列机中采用的是动态拓扑。

6.4 互连网络的种类

互连网络的种类很多，分类方法也很多。以互连特性为特征，可分为以下几类：

① 静态互连网络。它是指在各节点间的连接通路是固定的，一般静态互连网络不能实现任意节点到节点之间的互连。静态互连网络连好后中间不能改变，环型网是静态互连网络。

② 循环互连网络。它通过多次重复使用同一个单级互连网络以实现任意节点到节点之间的互连。

③ 多级互连网络。它将多套相同的单级互连网络连接起来，实现任意节点到节点之间的互连。

④ 全排列互连网络。它不仅能够实现任意节点到节点之间的互连，而且能够同时实现任意节点到节点之间的互连。

⑤ 全交叉开关网络。它除了能够同时实现任意节点到节点之间的互连之外，还能够实现广播和多播。

⑥ 动态互连网络。它设置有源开关，因而需要借助控制信号对连接通路加以组合，实现所要求的通信模式。它有单级和多级动态互连网络两类。动态单级网络只有有限几种连接，必须经循环多次通过，才能实现任意两个处理单元之间的信息传送，故称此动态单级网络为循环网络。动态多级网络是由多个单级网络串联组成的，可实现任意两个处理单元之间的连接。将多级互连网络循环使用可实现复杂的互连。

6.4.1 静态互连网络

静态互连网络在各节点之间有固定的连接通路，在运行过程中不能改变网络结构。一维的静态互连网络有线性阵列结构，二维的有环型、星型、树状、网格状等，三维的有立方体等，三维以上的有超立方体等。

1. 环形网

环形网包括环和带弦环，采用移数函数。使用不同的移数函数，可以构成多种环形网，如图 6-11 所示。

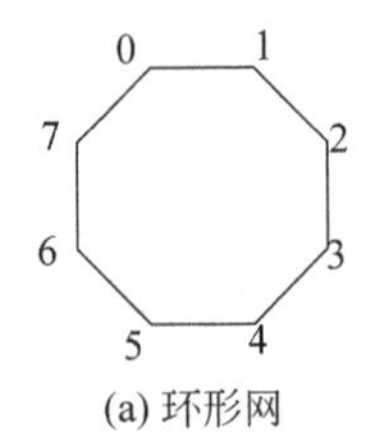

(a) 环形网

(b) 循环移数网

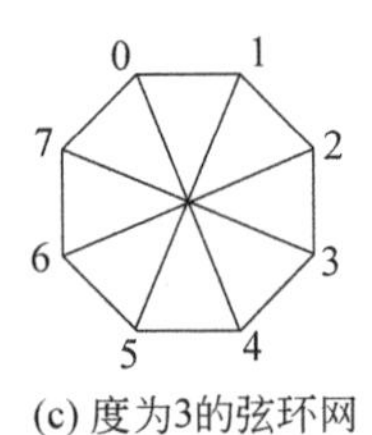

(c) 度为3的弦环网

图 6-11 环形网

单向环形网有右环网和左环网。右环网采用 $PM2_{+0}$ 函数，左环网采用 $PM2_{-0}$ 函数。

双向环形网又称为一维邻居网，采用$\{PM2_{+0}, PM2_{-0}\}$函数，连接方法如下：

$$PM2_{+i}(x) = x + 2^i \bmod N$$

$$PM2_{-i}(x) = x - 2^i \bmod N$$

环形网是对称的，节点度是常数 2。双向环网的直径为 $N/2$，单向环形网的直径是 N。

如果将节点度由 2 提高至 3，可得到弦环网。增加的弦越多，则节点度越高，网络直径越小。

循环移数网络也是一种环形网，它通过将环上每个节点与其距离为 2 的整数幂的节点之间连接构成。循环移数网的节点度为 $2n-1$，直径为$\lceil n/2 \rceil$。图 6-11 中的循环移数网 $N=2^n$，$n=3$，$N=8$。

2. 树状和星形网

树状和星形网络如图 6-12 所示。

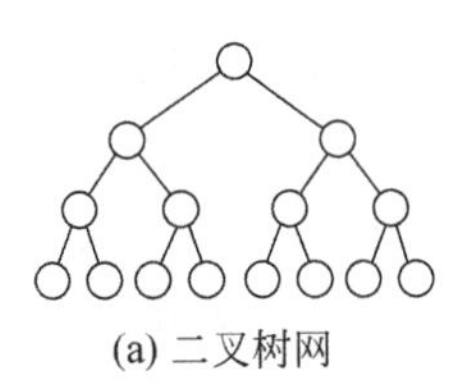
(a) 二叉树网

(b) 二叉胖树网

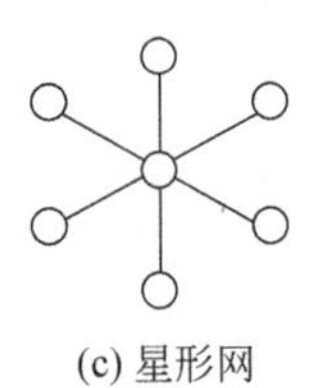
(c) 星形网

图 6-12 树状和星形网络

一棵 k 层二叉树有 $N=2^k-1$ 个节点。二叉树的最大节点度是 3，直径是 $2(k-1)$，即从左边节点到右边那个节点。

星形是一种特殊的二层树，节点度很高，为 $d=N-1$，直径是 2。

二叉胖树的节点度从叶子节点往根节点逐渐增加。使用传统二叉树的主要问题之一就是通向根节点的瓶颈问题，这是因为根部的通信最忙。胖树缓解了一般二叉树根节点通信速度高的矛盾。

3. 网格状网

网格状网是一种比较流行的网络结构，有各种变体形式，如图 6-13 所示。在 ILLIAC Ⅳ、MPP、DAP、CM-2 和 Intel Paragon 中得到了实现。

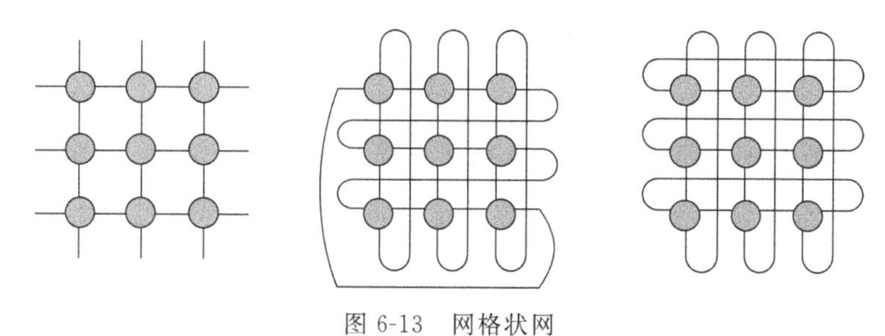

图 6-13 网格状网

ILLIAC Ⅳ的 8×8 ILLIAC 网格，其节点度为 4，直径为 7。一个 $n \times n$ ILLIAC 网格的直径为 $d=n-1$，为纯网格直径的一半，是由于有从左上到右下节点的连线。

6.4.2 循环互连网络

一般静态互连网不能实现任意两节点之间的互连。有两种解决办法，一种方法是循环互连网，即多次重复使用同一个单级互连网络。另一种方法是多级互连网，即将多套相同的单级互连网络连接起来。

前一种方法是牺牲时间换取设备，后一种方法是以设备换取时间。循环互连网络组成框图如图 6-14 所示，经单级互连网络转送，再送回各自有关的 DTR_i，作为下一次循环的输入。MUX 多路选择器用于送入 DTR_i 数据或送入上一循环中 DTR，它从单级互连网络接收数据。

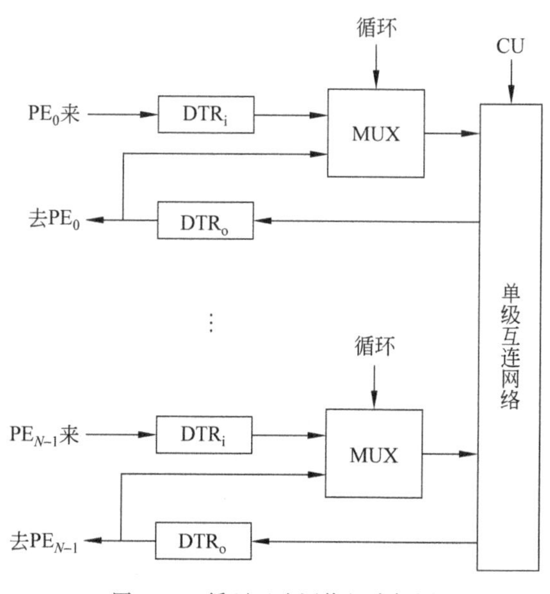

图 6-14 循环互连网络组成框图

6.4.3 基本的单级互连网络

1. 立方体单级网络

三维立方体结构的每一个顶点(网络的节点)代表一个处理单元,共有8个处理单元,用直角坐标系上 zyx 三位二进制码编号。它所能实现的入端、出端连接如同立方体各顶点间能实现的互连一样,即每个处理单元只能直接连到其二进制编号的某一位取反的其他三个处理单元上。如010只能连到000、011、110,不能直接连到对角线上的001、100、101、111。所以,三维立方体单级网络有三种互连函数:Cube_0、Cube_1、Cube_2,其连接方式如图6-15中的实线所示。Cube_i 函数表示相连的入端和出端的二进制编号只在右起第 i 位($i=0,1,2$)上0、1互反,其余各位代码都相同。

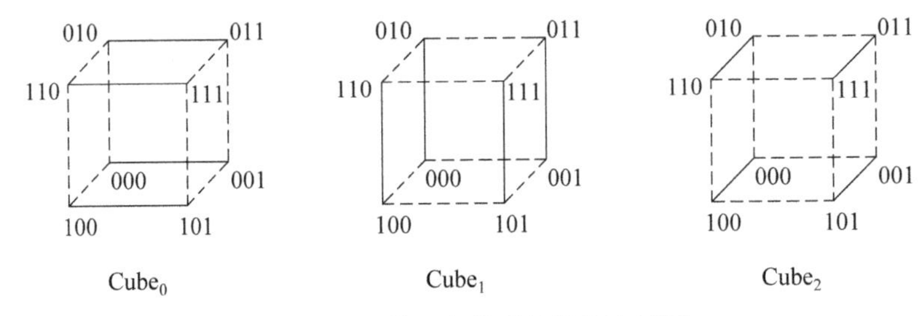

图6-15 三维立方体单级网络连接图

推广到 n 维时,N 个节点的立方体单级网络共 $n=\log_2 N$ 种互连函数,即有:

$$\text{Cube}_i(P_{n-1}\cdots P_i\cdots P_1P_0)=P_{n-1}\cdots \overline{P_i}\cdots P_1P_0$$

式中,P_i 为入端号二进制码的第 i 位,且 $0\leqslant i\leqslant n-1$。单级立方体网络的最大距离为 n,即最多经 n 次传送就可以实现任意一对入端、出端间的连接。当维数 $n>3$ 时,称为超立方体(Hyper Cube)网络。

2. PM2I 单级互连网络

PM2I 单级互连网络是"加减 2^i"(Plus-Minus 2^i)单级互连网络的简称,能实现与 j 号处理单元直接相连的是编号为 $j\pm 2^i$ 的处理单元,即

$$\text{PM2}_{+i}(j)=j+2^i \bmod N$$

$$\text{PM2}_{-i}(j)=j-2^i \bmod N$$

其中,$0\leqslant i\leqslant n-1$,$0\leqslant j\leqslant N-1$,$n=\log_2 N$。

因此,它共有 $2n$ 个互连函数。由于总存在 $\text{PM2}_{+(n-1)}=\text{PM2}_{-(n-1)}$,所以实际上,PM2I 互连网络只有 $2n-1$ 种不同的互连函数。$\text{PM2}_{-(n-1)}=\text{PM2}_{+(n-1)}$ 的推导如下:

$$j-2^{n-1}=(j+2^n-2^{n-1}) \bmod N=j+2^{n-1}$$

对于 $N=8$ 的 PM2I 互连网络的互连函数有 PM2_{+0}、PM2_{-0}、PM2_{+1}、PM2_{-1}、$\text{PM2}_{\pm 2}$ 5个不同的互连函数,它们分别为

$\text{PM2}_{+0}=j+2^0 \pmod 8$:(0 1 2 3 4 5 6 7)

$PM2_{-0}=j-2^0 \pmod 8$：(7 6 5 4 3 2 1 0)

$PM2_{+1}=j+2^1 \pmod 8$：(0 2 4 6)(1 3 5 7)

$PM2_{-1}=j-2^1 \pmod 8$：(6 4 2 0)(7 5 3 1)

$PM2_{\pm 2}=j\pm 2^2 \pmod 8$：(0 4)(1 5)(2 6)(3 7)

其中，(0 1 2 3 4 5 6 7)表示0连到1，1连到2，2连到3，…，7连到0；(0 2 4 6)表示0连到2，2连到4等。图6-16中仅画出了其中三种互连函数的情况，将$PM2_{+0}$和$PM2_{-1}$连接图中的连接箭头方向相反就可以容易地得到$PM2_{-0}$和$PM2_{+1}$连接图。

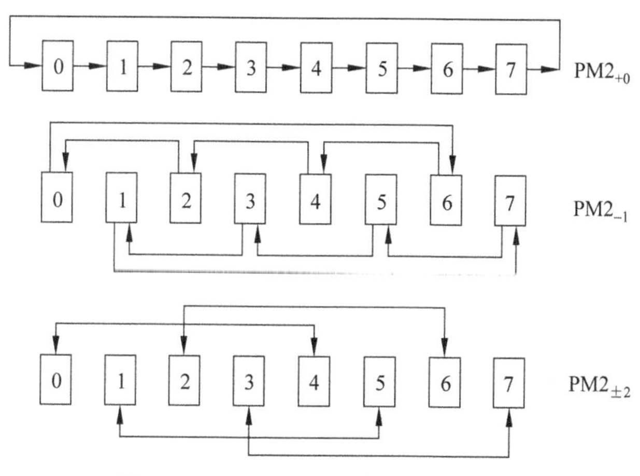

图6-16 PM2I互连网络的部分连接图

有的阵列处理机采用单向环网或双向环网实现处理器的互连，可以看成PM2I网络的特例，它仅使用了其中的$PM2_{+0}$、$PM2_{-0}$或$PM2_{\pm 0}$互连函数。不难看出，ILLIAC Ⅳ处理单元的互连也是PM2I互连网络的特例，只采用了其中的$PM2_{\pm 0}$和$PM2_{\pm \frac{n}{2}}$(即$PM2_{\pm 3}$)4个互连函数。

PM2I单级网络的最大距离为$\lceil n/2 \rceil$。例如，三维PM2I互连网络最多经两步传送就可以实现任意两个处理单元之间的数据传送。

以上面的三维PM2I互连网络的例子就可以看出，最多只要二次使用，即可实现任意一对入端、出端号之间的连接。

3. 混洗交换单级互连网络

这种互连网络由全混洗和交换两个互连函数组成，先混洗后交换。图6-17表示8个处理单元的全混洗连接。其连接规律是把全部编码顺序排列的处理单元一分为二，前一半和后一半在连至出端时正好一一隔开，这就像洗扑克牌一样。n维全混洗互连函数表示为

$$\text{Shuffle}(P_{n-1}P_{n-2}\cdots P_1P_0)=P_{n-2}P_{n-3}\cdots P_0P_{n-1}$$

式中，$n=\log_2 N$，$P_{n-1}P_{n-2}\cdots P_1P_0$为入端编号的二进制码。新的最高位被移到最低位，相当于将处理单元的二进制编

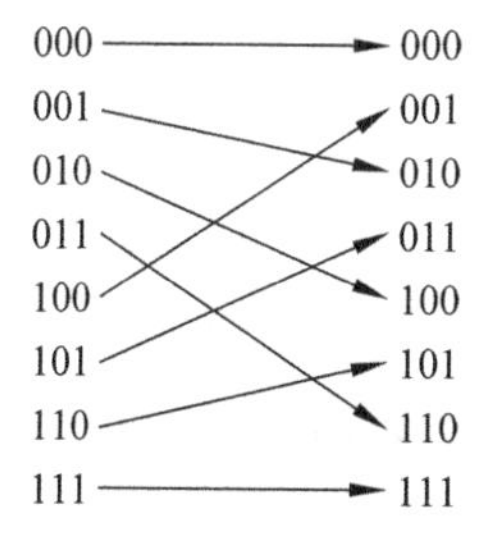

图6-17 8个处理单元的全混洗连接

号中的最高位循环左移到最低位。

由于全混洗互连网络不能实现编号为全“0”和全“1”的处理单元与其他单元的连接，所以还需引入 $Cube_0$ 交换函数。这就是全混交换单级网络，$N=8$ 的全混洗交换互连网络连接如图 6-18 所示，图中实线表示交换，虚线表示全混洗。

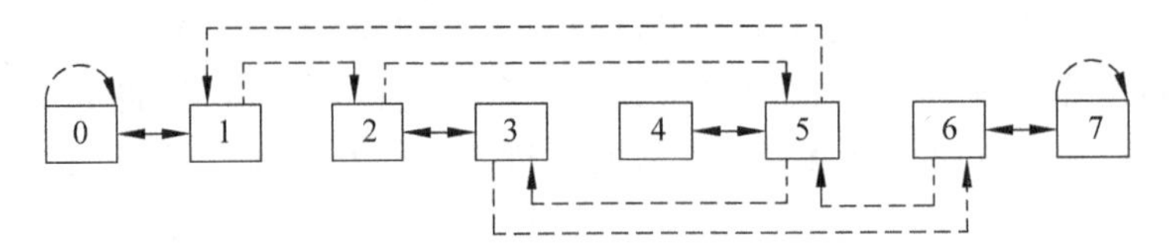

图 6-18 $N=8$ 时全混洗交换网络连接图

Shuffle 函数还有一个重要特性。如果把它再做一次 Shuffle 函数变换，得到的是一组新的代码，即 $P_{n-3}\cdots P_0P_{n-1}P_{n-2}$。这样，每全混一次，新的最高位就被移至最低位。当经过 n 次全混后，全部 N 个处理单元便又恢复到最初的排列次序。在多次全混的过程中，除了编号为全“0”和全“1”的处理单元外，各个处理单元都遇到了与其他多个处理单元连接的机会。

在混洗交换网络中，最大距离为 $2n-1$。最远的两个 PE(编号是全“0”和全“1”)连接需要经过 n 次交换和 $n-1$ 次混洗。

4. 蝶形单级网络

蝶形单级网络(Butterfly)的互连函数为

$$\text{Butterfly}(P_{n-1}P_{n-2}\cdots P_1P_0)=P_0P_{n-2}\cdots P_1P_{n-1}$$

即将二进制地址的最高位和最低位相互交换位置。

8 个处理单元之间的蝶形单级网络如图 6-19 所示。它实现的是 0→0、1→4、2→2、3→6、4→1、5→5、6→3、7→7 的同时连接。

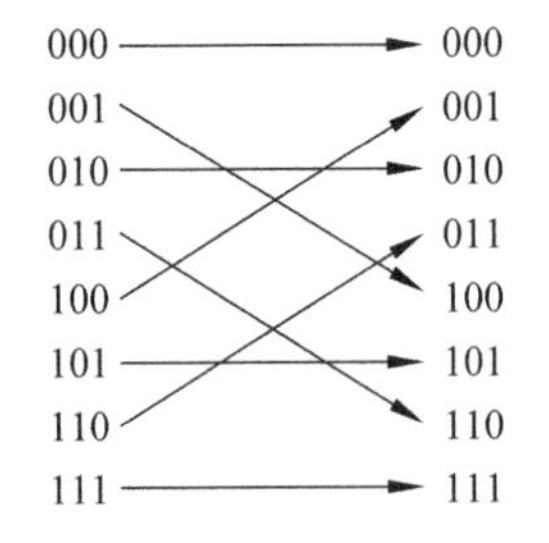

图 6-19 8 个处理单元之间的蝶形单级网络

6.4.4 多级互连网络

将前面几种单级互连网络重复连接，就形成了最基本的多级互连网络。多级互连网络能够实现节点到节点之间的任意互连是互连网络的一种基本功能。多级互连网络采用多个相同的或不同的互连网络直接连接起来。多级互连网络属于组合逻辑线路，一个时钟周期就能够实现任意节点到节点之间的互连。

决定多级互连网络特性的主要因素有三个，即交换开关、交换开关之间的拓扑连接和对交换开关的不同控制方式。

1. 交换开关

一个 $a\times b$ 交换开关有 a 个输入和 b 个输出，最常用的是二元开关，则与 $a=b=2$ 的 2×2 开关模块相对应。交换开关是具有两个入端和两个出端的交换单元，用作各种多级互连网络的基本构件，如图 6-20 所示。

交换开关有 2 个输入，2 个输出。每个输入可与一个或多个输出相连，但是在输出端必须避免发生冲突。一对一和一对多映射是容许的，即 1 个入到 1 个出或 1 个入到 2 个出；但不容许有多对一映射，即 2 个入到 1 个出，这样就发生冲突了。

只容许一对一映射时称为置换连接，称这种开关为 $n\times n$ 交叉开关。具有直通和交换两种功能的交换开关称为二功能开关或交换开关，用一位控制信号控制。具有所有 4 种功能的交换开关称为四功能开关，用两位控制信号控制，如图 6-21 所示，前两种功能称二功能交换单元。四功能开关直通是上到上，下到下；交换是上到下，下到上；上播是上边输入到 2 个输出；下播是下边输入到 2 个输出。无论是上播还是下播都有一个输入不起作用。

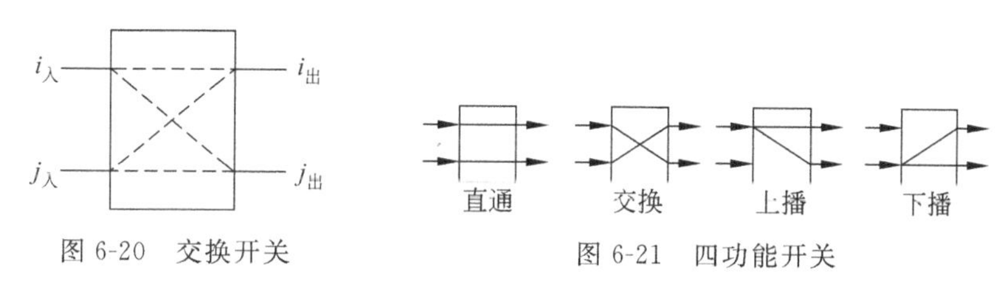

图 6-20　交换开关　　图 6-21　四功能开关

2. 多级立方体网络

多级立方体网络的特点是采用二功能交换单元，立方体拓扑结构。

1) 拓扑结构

前一级交换开关的输出端与后一级交换开关的输入端之间的连接模式称为拓扑结构，即指各级之间出端和入端相互连接的模式。多级立方体网络有好多排开关，通常采用前面介绍的互连函数实现拓扑结构。实际上，从节点的输出到第一级交换开关的输入，以及从最后一级交换开关的输出到节点的输入也可以采用拓扑结构连接。最简单的拓扑结构是直接连接。

2) 控制方式

单级互连网络的连接模式均可用来组合构成不同的多级互连网络。在多级互连网络中有多级交换开关，每一级又有多个交换开关。控制方式是对各个交换开关进行控制的方式，有级控制、单元控制、部分级控制三种。

(1) 级控制——同一级交换开关使用同一个控制信号控制，即同一排开关用一个控制信号，同时只能处于同一种状态。

(2) 单元级控制——每一个开关都有自己独立的控制信号控制，可各自处于不同的状态，即每个开关有自己的控制信号。

(3) 部分级控制——第 i 级的所有开关分别使用 $i+1$ 个控制信号控制（$0\leqslant i\leqslant n-1$，$n$ 为级数）。最左边 1 排 1 个信号（0+1），第 2 排 2 个信号（1+1）将上下各一半分开控制。

同一个多级互连网络分别常用三种不同的控制方式，可以构成三种不同的互连网络。交换开关两个入端同时连到一个出端的情形是不允许的，因为会发生信息传送的冲突现象。此外，还可以有第 5 种开关状态，即 $i_{入}$ 连 $j_{入}$，$i_{出}$ 连 $j_{出}$，称此为返回。它可用来实现入端与入端相连，出端与出端相连，从而将 N 个入端和 N 个出端的网络变为 $2N$ 个处理单元的互连网络。

具有 N 个入端和 N 个出端的多级立方体网络结构图的画法如下：

(1) 由 $n=\log_2 N$，求得该多级立方体网络的级数 n。

(2) 每级画出 $N/2$ 个二功能交换单元，级编号从输入到输出依次定为 0、1、…、i、…、$n-1$。

(3) 让所有第 i 级各交换单元的两个入/出端按 Cube_i 的关系配对编号。

(4) 将各级交换单元同一编号的各端用线连起来。

$N=8$ 的多级立方体的互连网络如图 6-22 所示。

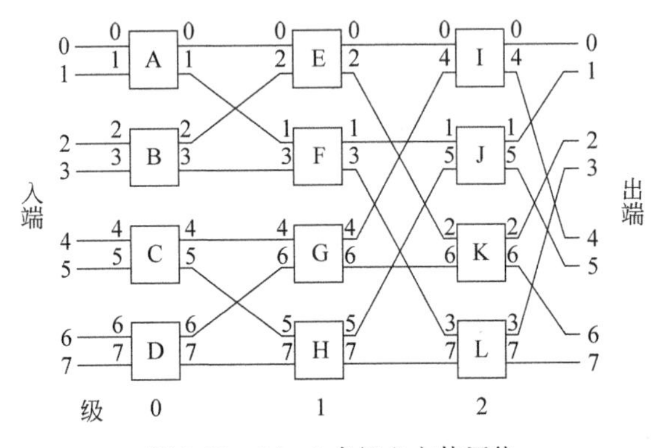

图 6-22 $N=8$ 多级立方体网络

多级立方体网络有 STARAN 网络、间接二进制 n 方体网络等。STARAN 网络采用级控制(称交换网络)和部分级控制(其中可以实现移数功能的称移数网络)。间接二进制 n 方体网络采用单元控制。

当 STARAN 网络用作交换网络时，采用级控制，实现的是交换函数。所谓交换(Flip)函数，是将一组元素首尾对称地进行交换。如果一组元素包含 2^s 个，则它是将所有第 k 个元素都与第$(2^s-(k+1))$个元素相交换。三级 STARAN 交换网络就是将 Cube_0，Cube_1，Cube_2 三种互连函数的单级立方体网络串接起来的。在采用不同的级控制信号时，可以实现任一输入端到任一输出端的直接连接。

三级 STARAN 交换网络实现的入出端连接及所执行的交换函数功能如表 6-1 所示。三级移数网络能实现的入出端连接及移数函数功能如表 6-2 所示，控制信号分组。

从表 6-1 可以看出，控制信号为 111 时，实现的是全交换，又称镜像交换，完成对这 8 个处理单元(元素)的一组 8 元交换，其变换图像如下：

入端排列 |0 1 2 3 4 5 6 7|

出端排列 |7 6 5 4 3 2 1 0|

控制信号为 001 时，完成对这 8 个处理单元(元素)的 4 组 2 元交换，其变换图像为

入端排列 |0 1|2 3|4 5|6 7|

出端排列 |1 0|3 2|5 4|7 6|

表 6-1 三级 STARAN 交换网络实现的入出端连接及所执行的交换函数功能(K_i为第 i 级控制信号)

		级控制信号($K_2K_1K_0$)							
		000	001	010	011	100	101	110	111
入端号	0	0	1	2	3	4	5	6	7
	1	1	0	3	2	5	4	7	6
	2	2	3	0	1	6	7	4	5
	3	3	2	1	0	7	6	5	4
	4	4	5	6	7	0	1	2	3
	5	5	4	7	6	1	0	3	2
	6	6	7	4	5	2	3	0	1
	7	7	6	5	4	3	2	1	0
执行的交换函数功能		恒等	4 组 2 元	4 组 2 元 + 2 组 4 元	2 组 4 元	2 组 4 元 + 1 组 8 元	4 组 2 元 + 2 组 4 元 + 1 组 8 元	4 组 2 元 + 1 组 8 元	1 组 8 元
		i	$Cube_0$	$Cube_1$	$Cube_0$ + $Cube_1$	$Cube_2$	$Cube_0$ + $Cube_2$	$Cube_1$ + $Cube_2$	$Cube_0$ + $Cube_1$ + $Cube_2$

表 6-2 三级移数网络能实现的入出端连接及移数函数功能

部分级控制信号	2 级	K,L	0	0	1	0	0	0	0
		J	0	1	1	0	0	0	0
		I	1	1	1	0	0	0	0
	1 级	F,H	0	1	0	0	1	0	0
		E,G	1	1	0	1	1	0	0
	0 级	A,B,C,D	0	0	0	1	0	1	0
入端号		0	1	2	4	1	2	1	0
		1	2	3	5	2	3	0	1
		2	3	4	6	3	0	3	2
		3	4	5	7	0	1	2	3
		4	5	6	0	5	6	5	4
		5	6	7	1	6	7	4	5
		6	7	0	2	7	4	7	6
		7	0	1	3	4	5	6	7
相当于实现的移数功能			移 1 mod 8	移 2 mod 8	移 4 mod 8	移 1 mod 4	移 2 mod 4	移 1 mod 2	不移 全等

控制信号为 010 时,完成的功能相当于在 4 组 2 元交换后,再 2 组 4 元交换,其变换

图像是：

|1 0 3 2|5 4 7 6|

|2 3 0 1|6 7 4 5|

而控制信号为 101 时，相当于在实现上述两种交换后，再 1 组 8 元交换，其变换图像是：

|2 3 0 1 6 7 4 5|

|5 4 7 6 1 0 3 2|

3. 多级混洗交换网络

多级混洗交换网络又称 Omega 网络，各级编号的次序与多级立方体网络正好相反（逆网络）。Omega 网络的特点是交换单元是四功能的；拓扑结构为混洗；控制方式为单元控制。

具有 N 个入端和 N 个出端的 Omega 网络结构图的画法如下：

(1) 由 $n=\log_2 N$，求得该 Omega 网络的级数 n。

(2) 每一级都是 N 个端混洗拓扑之后再加一级四功能交换单元。

(3) 每级画出 $N/2$ 个交换单元，级编号从输入到输出依次定为 $n-1$、…、i、…、1、0。

(4) 将各级交换单元同一编号的各端用线连起来。

$N=8$ 的多级混洗交换的互连网络如图 6-23 所示。这种网络可以实现一个输入端与多个出端的连接，从而实现一到多的播送功能。

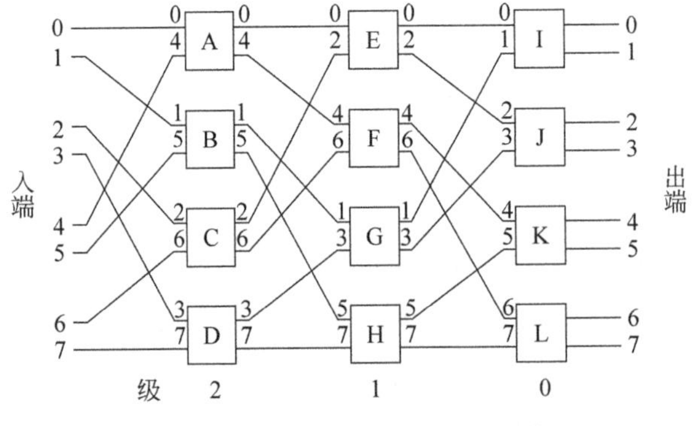

图 6-23 $N=8$ 多级混洗交换网络

4. 多级 PM2I 网络

$N=8$ 多级 PM2I 网络如图 6-24 所示，图中控制信号有以下三个：

平控 H	下控 D	上控 U
j	$j+2^i \bmod N$	$j-2^i \bmod N$

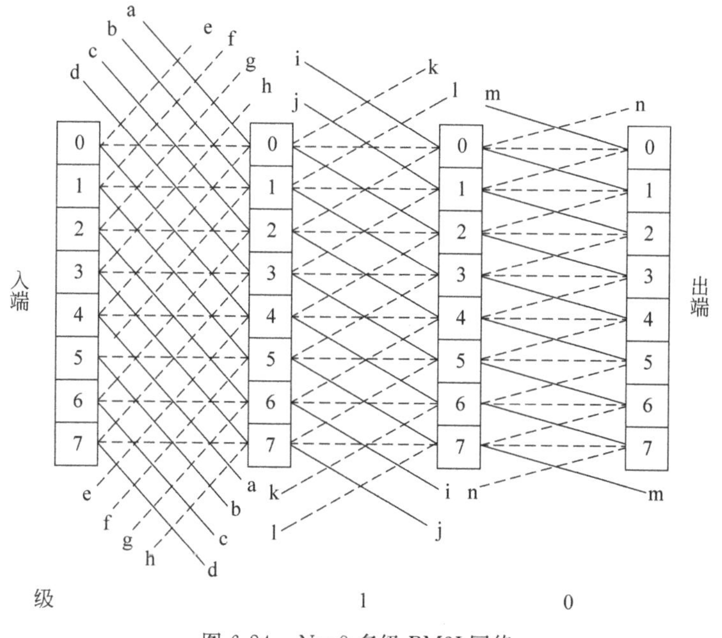

图 6-24 $N=8$ 多级 PM2I 网络

6.4.5 全排列网络

如果互连网络是从 N 个入端到 N 个出端的一到一的映射，就可以把它看成对此 N 个端的重新排列。因此，互连网络的功能实际上就是用新排列来置换 N 个入端原有的排列。立方体、混洗交换、PM2I 等多级网络可以实现任意一个入端连到任意一个出端上，但不能实现将多个入端一到一地同时连到各自任意的出端上，因为在同时实现两对或多对入端、出端间的连接时，都有可能发生争用数据传送路径的冲突，称具有这类性质的互连网络为阻塞式网络(Blocking Network)。反之，不具有这类性质的互连网络为非阻塞式网络，或称为全排列网络。非阻塞式网络连接的灵活性好，但连线多，控制复杂，成本高。

阻塞式网络在一次传送中不可能实现 N 个端的任意排列。大家知道，N 个端的全部排列共有 $N!$ 种。可是，对使用单元控制的 $n=\log_2 N$ 级组成的间接二进制 n 方体网络来说，每级有 $N/2$ 个开关，n 级互连网络所用交换开关的总数为 $(N\cdot\log_2 N)/2$。为实现入出端的一对一映射，每个开关只能使用直连和交换两种功能。这样，所有开关处于不同状态的总数最多只有 $2^{(N\cdot\log_2 N)/2}$，即 $N^{N/2}$ 种。当 N 为大于 2 的任何整数时，总有 $N^{N/2}<N!$，这就是说，它无法实现相应的所有 $N!$ 种排列。以 $N=8$ 的三级网络为例，共 12 个两功能交换开关，只有 $2^{12}=4096$ 种不同状态，最多只能控制对端子的 4096 种排列，不可能实现全部 $8!=40\ 320$ 种排列。所以，多对入出端要求同时连接时，就有可能发生冲突。然而，只要对这个多级互连网络通行两次，每次通行时，让各开关处于不同状态，就可以满足对 N 个端子的全部 $N!$ 种排列。因为此时，全部开关的总状态数可有 $N^{N/2}\cdot N^{N/2}=$

N^N种，足以满足 $N!$ 种不同排列的开关状态要求。这种只要经过重新排列已有入出端对的连接，就可以完成所有可能的入出端间的连接而不发生冲突的互连网络，称为可重排列网络(Rearrangeable Network)。实现时，可以在上述任何一种基本多级互连网络的出端上设置锁存器，使数据在时间上顺序通过两次，这实际上就是循环互连网络的实现思路。多级全排列网络(又称为 Benes 网络)将 $\log_2 N$ 级的 N 个入端和 N 个出端的互连网络和它的逆网络连在一起，并省去中间完全重复的一级，总级数为 $2\log_2 N-1$ 级。Benes 网络如图 6-25 所示。

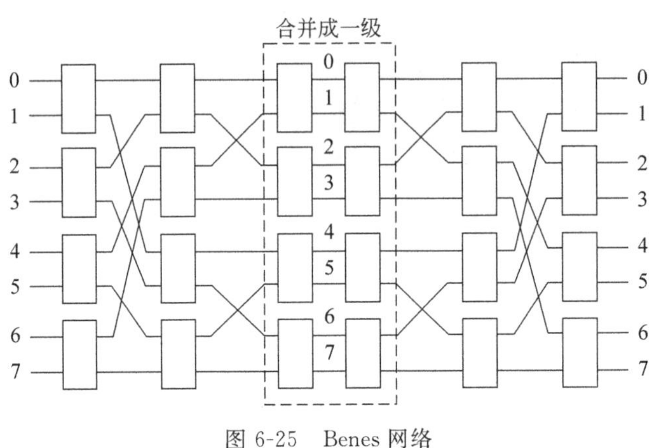

图 6-25　Benes 网络

6.5　并行存储器的无冲突访问

1. 一维数组元素无冲突访问存放规则

在集中式存储器构形的阵列处理机中，其存储器应当采用多体并行交叉的组成，并且主存频宽要与各处理单元的速率相匹配。此外，还要保证在各种访问模式下，存储器都能无冲突地工作。只有这样，存储器的实际频宽才不至于下降。

对于一维数组(向量)，并行主存的模数 m 应取成大于处理单元数的一个质数，这样，只要各元素访问时的变址步距与模数 m 互质，对这些元素的同时访问就不会发生分体冲突。一维数组的存储($m=4$)如图 6-26 所示。

存储体体号

0	1	2	3
a_0	a_1	a_2	a_3
a_4	a_5	a_6	a_7
a_8	a_9	a_{10}	a_{11}
a_{12}	•	•	•

图 6-26　一维数组的存储($m=4$)

2. 二维数组元素的无冲突访问存放规则

如果对 $n\times n$ 的二维方阵进行处理，为了使方阵中的各个行、列、主/次对角线上的每个元素在访问时都不发生分体冲突，除了模数 m 应取成是大于每次要访问的元素数 n 的一个质数外，还应让二维数组中各个元素在行、列上分别错开一定的体号来存放。

如果设 $m=n=4$，一个 4×4 的二维数组直接按行存储，方案如图 6-27 所示。虽然，同时访问某一行、主对角线或次对角线上的所有元素时，都可以做到无冲突地访问，但要同时访问某一列的各元素时，由于它们集中存放在同一存储分体内，会产生访存冲突，所以每次只能顺序访问其中的一个元素，致使实际频宽降低成 1/4。4×4 数组一种错位存放的方案如图 6-28 所示，主对角线上的各元素的并行访问冲突，频带下降一半。

存储体体号

0	1	2	3
a_{00}	a_{01}	a_{02}	a_{03}
a_{10}	a_{11}	a_{12}	a_{13}
a_{20}	a_{21}	a_{22}	a_{23}
a_{30}	a_{31}	a_{32}	a_{33}

图 6-27　4×4 数组的直接按行存储（$m=n=4$）

存储体体号

0	1	2	3
a_{00}	a_{01}	a_{02}	a_{03}
a_{13}	a_{10}	a_{11}	a_{12}
a_{22}	a_{23}	a_{20}	a_{21}
a_{31}	a_{32}	a_{33}	a_{30}

图 6-28　4×4 数组的一种错位存放的方案（$m=n=4$，$\delta_1=\delta_2=1$）

假设在 $n\times n$ 的二维数组中，同一列两个相邻元素在并行存储器中错开的地址距离为 δ_1，而同一行两个相邻元素在并行存储器中错开的距离为 δ_2。如果质数 $m=2^{2P}+1$（P 为任意正整数），则二维数组同一列上相邻的各元素，在存储体中错开的体号距离 δ_1 应为 2^p，二维数组同一行上相邻的各元素，在存储体中错开的体号距离 δ_2 应为 1。即当 m 取成 $2^{2p}+1$ 时，实现无冲突访问的充分条件就是让 $\delta_1=2^p$，$\delta_2=1$，图 6-29 就是对 4×4 的二维数组按上述规则存储的另一种方案。其中 $P=1$，$m=5$，$\delta_1=2$，$\delta_2=1$。分体数 $m>$ 每次元素个数 n，且等于质数。图中数组行、列、主对角线、次对角线都可实现无冲突访问，这种方案要求 $n\times n$ 二维数组 A 中的任意一个元素 A_{ab} 应放在下列地址处。

存储体体号

0	1	2	3	4
a_{00}	a_{01}	a_{02}	a_{03}	
a_{13}		a_{10}	a_{11}	a_{12}
a_{21}	a_{22}	a_{23}		a_{20}
	a_{30}	a_{31}	a_{32}	a_{33}

图 6-29　另一种 4×4 数组错位存放的方案（$m=5$，$n=4$，$\delta_1=2$，$\delta_2=1$）

体号地址：$j=(a\delta_1+b\delta_2+c)\bmod m$

体内地址：$i=a$

如果二维数组的大小不固定，或不是方阵，可先以行或列为主序，将其各个元素排列成一个一维数组，元素的地址形成一个 0、1、…、a、…的一维线性地址空间，再将地址 a 所对应的元素存放在体号为 $j=a \bmod m$，体内地址为 $i=\lfloor a/n \rfloor$ 的单元中。这样，就可以实现对数组行或列上各个元素无冲突地同时访问。4×5 二维数组在并行存储器中的存放（$m=7$，$n=6$）如图 6-30 所示，数组存放在 $m=7$ 的存储器中。实现并行存储器中各数据同时访问又不冲突的代价是，存储器的频宽和存储器空间都浪费了 $1/m$，并需要增加对准网络来进行各存储分体与处理单元集合体之间的互连。

数组元素	a_{00}	a_{10}	a_{20}	a_{30}	a_{01}	a_{11}	a_{21}	a_{31}	a_{02}	a_{12}	a_{22}	a_{32}	a_{03}	a_{13}	a_{23}	a_{33}	a_{04}	a_{14}	a_{24}	a_{34}
地址a	0	1	2	3	4	5	6	7	8	9	10	11	12	13	14	15	16	17	18	19
体号j	0	1	2	3	4	5	6	0	1	2	3	4	5	6	0	1	2	3	4	5
体内地址i	0	0	0	0	0	0	1	1	1	1	1	1	2	2	2	2	2	2	3	3

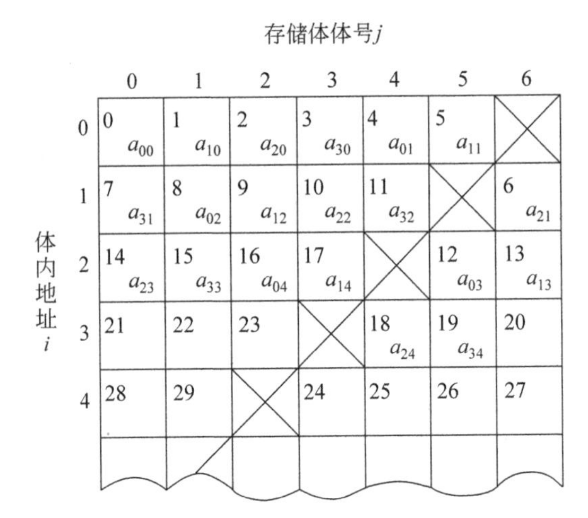

图 6-30　4×5 二维数组在并行存储器中的存放(m=7，n=6)

习　题　6

6-1　画出 16 台处理器仿 ILLIAC Ⅳ 的连接模式进行互连的互连结构图，列出 PE_0 分别经一步、二步和三步传送，能将信息传送到的各处理器号。

6-2　编号为 0、1、…、15 的 16 个处理器用单级互连网络互连。当互连函数分别为

(1) $Cube_3$

(2) $PM2_{+3}$

(3) $PM2_{-0}$

(4) Shuffle

(5) Shuffle(Shuffle)

时，第 13 号处理器各连至哪一个处理器？

6-3　假定 8×8 矩阵 $\mathbf{A}=(a_{ij})$，顺序存放在存储器的 64 个单元中，用什么样的单级互连网络可实现对该矩阵的转置变换？总共需要传送多少步？

6-4　编号分别为 0、1、…、F 的 16 个处理器之间要求按下列配对通信：

(B,1)、(8,2)、(7,D)、(6,C)、(E,4)、(A,0)、(9,3)、(5,F)。试选择所用互连网络类型、控制方式，并画出该互连网络的拓扑结构和各级交换开关状态图。

6-5　对于采用级控制的三级立方体网络，当第 i 级($0\leqslant i\leqslant 2$)为直连状态时，不能实现哪些节点之间的通信？为什么？反之当第 i 级为交换状态呢？

6-6 画出0～7号共8个处理器的三级混洗交换网络，在该图上标出实现将6号处理器数据播送给0～4号，同时将3号处理器数据播送给其余3个处理器时的各有关交换开关的控制状态。

6-7 并行处理机有16个处理单元，要实现相当于先4组4元交换，然后是2组8元交换，再次是1组16元交换的交换函数功能，请写出此时各处理器之间所实现的互连函数的一般式；画出相应多级网络拓扑结构图，标出各级交换开关的状态。

6-8 画出$N=8$的立方体全排列多级网络，标出采用单元控制，实现0→3，1→7，2→4，3→0，4→2，5→6，6→1，7→5同时传送时的各交换开关状态；说明为什么不会发生阻塞。

6-9 表6-3是一个8×8的二维数组A以列为主序，存放在一个有4台PE和5个存储体的阵列机存储器中的定位状况。

表6-3　8×8的二维数组在存储器中的定位状况

体内地址 A_d	存储体				
	M_0	M_1	M_2	M_3	M_4
0	00	10	20	30	×
1	50	60	70	×	40
2	21	31	×	01	11
3	71	×	41	51	61
4	×	02	12	22	32
5	42	52	62	72	×
6	13	23	33	×	03
7	63	73	×	43	53
8	34	×	04	14	24
9	×	44	54	64	74
10	05	15	25	35	×
11	55	65	75	×	45
12	26	36	×	06	16
13	76	×	46	56	66
14	×	07	17	27	37
15	47	57	67	77	×

注：表中数字对应于下标i,j。

(1) 列出一个存储周期中能实现无冲突访问的数组各元素的模式；

(2) 写出元素存放的规则，即元素$A(i,j)$与模块内地址A_d及模块号的一般关系。

6-10 简述在阵列处理机矩阵加、矩阵乘，累加和运算中对数据分布的要求。设矩阵为 8×8 方阵。

6-11 实现 16 个处理单元的单级立方体互连网络。

(1) 写出所有单级立方体互连函数的一般式。

(2) 3 号处理单元可以直接将数据传送到哪些处理单元上?

6-12 实现 16 个处理单元互连的 PM2I 单级互连网络。

(1) 写出所有各种单级 PM2I 的互连函数一般式。

(2) 3 号处理单元用单级 PM2I 网络可将数据直接传送到哪些处理单元上?

6-13 假定 16×16 矩阵 $\boldsymbol{A}=(a_{ij})$,以行为主序将 256 个元素顺序存放在存储器的 256 个单元中。

(1) 用什么样的单级互连网络可实现对该矩阵的转置变换?

(2) 总共需要传送多少步?

6-14 阵列机有 0~7 共 8 个处理单元互连,要求按(0,5),(1,4),(2,7),(3,6)配对通信。

(1) 写出实现此功能的互连函数一般式。

(2) 画出用三级立方体网络实现该互连函数的互连网络拓扑结构图,并标出各交换开关的状态。

6-15 并行处理机有 16 个处理单元,要实现相当于先 8 组 2 元交换,然后是 1 组 16 元交换,再次是 4 组 4 元交换的交换函数功能,请

(1) 写出实现此交换函数最终等效的功能,各处理器间所实现的互连函数一般式。

(2) 画出实现此互连函数的 4 级立方体互连网络拓扑结构图,标出各级交换开关的状态。

6-16 (1) 画出 8 个处理单元互连的三级混洗交换网络。

(2) 标出使 5 号处理单元的数据播送给 0、2、4、6 号,同时,4 号处理单元播送给 1、3、5、7 号处理单元,各有关交换开关单元之控制状态。

6-17 具有 $N=2^n$ 个输入端的 Omege 网络,采用单元控制,

(1) N 个输入端总共可有多少种不同的排列?

(2) 该 Omega 网络通过一次可以实现的置换有多少种是不同的?

(3) 若 $N=8$,计算出一次通过能实现的置换数占全部排列数的百分比。

6-18 在集中式主存的阵列处理机中,处理单元数为 4,为了使 4×4 的二维数组 A 的各元素 a_{ij}($i=0\sim3$,$j=0\sim3$)在行、列、主/次对角线上均能实现无冲突的访问,请填出数组各元素在存储器各分体(分体号从 0 开始)中的分布情况。假设 a_{00} 已放在分体号为 3,体内地址为 $i+0$ 的位置。

第 7 章　多处理机与多计算机

计算机通常被看作一台串行机器。程序员利用程序设计语言将算法定义为指令序列，处理器按顺序执行机器指令，每条指令按顺序完成相关操作，如取指、取操作数、运算、存结果等。事实上，这种观点是不对的。计算机已经广泛实现了并行性，并通过开发并行性获得了更高的性能。在微程序级，可以同时产生多个控制信号，因此可以同时完成多个微操作，实现指令内部的并行。利用指令流水线，通过取指和执行等操作的重叠，可以同时解释执行多条指令，从而加快程序的执行。在超标量计算机中，通过设置多套执行部件，可以并行执行一道程序的多条指令，实现指令间的并行。在并行处理机中，通过设置多个处理单元，可以实现对多个数据的并行处理，实现数据处理的并行。随着计算机技术的进步和计算机成本的下降，计算机设计者们开始寻求实现更大范围的并行，通过将多个处理机互联，实现作业、任务之间的并行，以进一步提高计算机的性能和可用性。

本章主要讲述 MIMD 的多处理机基本概念、结构特点、机间互联形式，Cache 一致性、多处理机的性能以及操作系统等内容。

7.0　学习指南

1. 知识点和学习要求

- 多处理机的特点及主要技术问题。

了解多处理机定义和并行性等级。

领会多处理机的特点。

了解多处理机要解决的主要技术问题。

- 多处理机结构。

了解多处理机紧耦合和松耦合两种构形的特点。

掌握 UMA、NUMA 和 COMA 的结构及其特点。

掌握多核处理器、MPP、机群结构及其特点。

掌握各种多处理机机间互连的形式、特点、问题及适用场合。

掌握用多个小的交叉开关组成多级网络来取代大规模一级交叉开关网络的方法。

- 程序并行性。

掌握并行算法的研究思路。

对给出的表达式，能画出串行运算树和并行运算树，计算出相应的 T_1、P、T_P、S_P和E_P各值。

对给出的程序中的语句或指令，能分析其并行性。

对给出的高级语言程序，能分析任务间的并发、汇合关系，通过加配 FORK、JOIN、

GOTO 等语句，将其改造成能在多处理机上并行运行的程序，能画出其在多处理机上运行的时空图。

- 多处理机的性能。

了解任务粒度的概念。

了解任务粒度与系统性能的关系。

掌握多处理机性能的基本模型。

领会多处理机个数的增加会增大通信等辅助开销，从而影响系统性能的特点。

- 多处理机的操作系统。

了解多处理机中三类不同的操作系统的定义、特点及适用场合。

2. 重点与难点分析

本章的重点：多处理机结构及特点、程序并行性、并行任务的派生与汇合、多处理机性能。

本章的难点：并行算法的研究思路；由给出的算术表达式，通过变换得到并行性能较好的并行运算树，计算出相应的 T_1、P、T_P、S_P 和 E_P 值；对给出的高级语言程序，分析任务间的并发、汇合关系，加配 FORK、JOIN、GOTO 等语句，将其改造成能在多处理机上并行运行的程序，画出相应的时空图。

7.1 多处理机概念

7.1.1 多处理机定义

多处理是指在多个处理机上运行同一道程序或作业的不同任务，它可以是串行的，也可以是并行的，或者在多个处理机上运行相互合作的不同程序或作业。

多处理机是指由两台及以上处理机组成的计算机。各处理机拥有自己的控制部件、局部存储器，能执行各自的程序。处理机之间相互通信，协同求解大而复杂的计算，实现作业、任务、指令、数据等各个级别的并行。多处理机系统属于弗林分类法中的 MIMD 系统。

多处理机具有以下主要优点：

(1) 提高性能。多处理机可以实现作业、任务、指令、数据等各个级别的并行，可以缩短运行时间或提高任务吞吐率。

(2) 提高可靠性。某个处理机出现故障或停止工作时，可以将作业或任务调度到其他处理机完成。

(3) 减少机器功耗。各处理机可以以相对较低的频率运行，降低了处理机功耗。

(4) 提高效费比和可扩展性，降低复杂性。可以利用性能较低、价格较为便宜的处理机构建多处理机。增加处理机并将其接入已有系统，就可以扩展多处理机系统。

7.1.2 多处理机分类

根据实现并行性技术途径不同，形成了三种不同类型的多处理机：同构型多处理机，异构型多处理机和分布式多处理机。

(1) 同构型多处理机。

基于资源重复，由大量同类型或是功能相同的处理机组成。把一道程序分解为若干个相互独立的程序段或任务，分别指定给各个处理机并行地加以执行。同时提高容错能力，进而提高可靠性。

(2) 异构型多处理机。

基于时间重叠，由负责不同功能的多个专用处理机组成。将任务分解成能够串行执行的子任务，分给各个处理机按顺序完成。不同任务在时间上重叠执行。

(3) 分布式多处理机。

基于资源共享，多个处理机协作完成任务的处理。各处理机之间通过通信网络相互通信，由统一的操作系统对各个分布的软、硬资源进行统一管理。

多处理机系统中的处理机通过某种形式互联，实现进程之间的通信和同步。根据物理连接的紧密程度和交叉作用能力的强弱，将多处理机分为紧耦合系统和松耦合系统两种不同的类型。

(1) 紧耦合处理机。

紧耦合系统也称为直接耦合系统。在这种系统中，各处理机通过公共硬件资源(例如共享存储器和 I/O 系统)实现机间通信和同步。这些处理机在操作系统控制下协同求解大而复杂的计算任务。如对称多处理机(SMP)、芯片级多处理机(多核处理器)等。紧耦合多处理机中的处理机共享全局地址空间，共享存储器，处理机之间需要严格同步。为了减少访问主存冲突，主存采用模 m 多体交叉存取。同时，处理机可自带小容量局部存储器或再加上自带 Cache 存储器。传统上，将紧耦合处理机称为多处理机。

(2) 松耦合多处理机。

松耦合系统也称为间接耦合系统。多个处理机之间通过通道、通信线路或通信网络、消息传递系统实现处理机之间的通信和同步。各处理机都有一个容量较大的局部存储器，用于存放其常用的指令和数据，拥有各自的输入输出设备，并分别受各自独立操作系统管理，本身就构成了一台完整的计算机。松耦合多处理机中的处理机没有全局地址空间，无共享存储器，处理机之间的通信不需要同步。例如机群(cluster)、计算机网络、网格(grid)等。典型地，将松耦合处理机称为多计算机。多计算机适合于具有独立任务的应用，例如 Web 服务器、数据库服务器等。这些应用通常要求高可用性和高可扩展性。

7.1.3 多处理机特点和主要技术问题

多处理机属于 MIMD 系统，实现的是作业、任务之间的并行，实现的是并行性中的并发性。为此，在结构上，多个处理机要由多个指令部件分别控制，通过公共硬件或互连网络实现处理器之间的通信；在算法上，不仅能处理向量数组，还要挖掘和实现更多通用算法中隐含的并行性；在系统管理上，更多地依靠软件手段有效地解决资源分配和管理，特别是任务分配、处理机调度、进程同步和通信等。

1. 多处理机特点

与并行处理机(SIMD)相比，多处理机(MIMD)具有以下特点：

(1) 结构灵活性。

多个处理机由多个指令部件分别控制，通过公共硬件或互连网络实现处理器之间的通信。为适应多种算法，要求能实现处理机、存储器和I/O子系统之间灵活、多样的互联，同时要避免对共享资源的访问冲突，从而实现同时对多个向量或多个标量数据进行不同的处理，因此多处理机在结构上具有更大的灵活性和更强的通用性。

(2) 程序并行性。

多处理机并行性主要体现在指令外部，即表现在多个任务之间，必须综合研究算法、程序语言、编译、操作系统、指令、硬件等，从多种途径挖掘各种可能存在的并行性，因此程序并行性的识别较难。并行处理机并行性仅存在于指令内部，其并行性识别较易。

(3) 并行任务派生。

多处理机采用多指令流操作模式，一个程序中就可能存在着多个并发的程序段，因此需要由专用指令或语句显式指明各程序段的并发关系，控制它们并发执行，使一个任务执行时可派生出另一些任务与它并行执行。并行处理机由指令反映数据间能否并行计算，并启动多个处理单元并行工作。

(4) 进程同步。

多处理机实现的是作业、任务、指令、数据等各个级别的并行，同一时刻，不同处理机执行着不同的指令，进程之间的数据相关和控制依赖决定了要采取一定的进程同步策略。各进程的同步需要采取特殊措施来保证。并行处理机实现指令内数据操作的并行，受同一控制器控制，工作自然是同步的。

(5) 资源分配和调度。

多处理机执行并发任务所需要的处理机的数目是不固定的，所需资源的品质和数量变化复杂，因此必须解决好动态资源分配和任务调度问题，以获得更好的性能和更高的效率。并行处理机只需用屏蔽手段来控制实际参加并行操作的处理单元数目。

2. 主要技术问题

多处理机需要解决的主要技术问题包括：

(1) 结构灵活性和通用性。为适应多种算法，要求能实现处理机、存储器和I/O子系统之间灵活、多样的互联，同时要避免对共享资源的访问冲突。

(2) 进程之间的通信方法。进程之间可以通过共享存储器通信，也可以通过消息传输机制通信。

(3) 运行模型。可以实现数据并行，也可以实现处理并行。目前流行的共享内存模型开发标准是OpenMP。OpenMP定义了一套编译指导语句，用于指定程序的并行性、数据的共享/私有等信息，其目标是为 SMP 系统提供可移植、可扩展的开发接口。广泛使用的消息传递模型有两个：并行虚拟机（Parallel Virtual Machine，PVM）和消息传递接口（Message Passing Interface，MPI）。

（4）并行性的表达。可以由编译程序自动发现并行性，例如并行 C 或 FORTRAN 语言，也可以利用支持并行程序设计的语言，例如 HPF（High Performance FORTRAN），或者利用运行时库实现粗粒度、显式并行，例如 PBLAS（Parallel Basic Linear Algebra Subroutines），以及建立在其基础上的 LAPACK 和 ScaLAPACK。另一个著名的并行库是 PETSc。PETSc 是一套基于 MPI 的数据结构和库函数，用于解决基于偏微分方程的典型科学计算问题。另外，MATLAB 是很常用的科学计算软件。很多公司和研究机构也在进行并行化 MATLAB 的工作，如 RTExpress。

（5）算法开发。并行性明显的程序很容易实现并行，因此需要开发或设计易于将作业分解为不同的并行任务，进而实现并行处理算法。

7.2 多处理机结构

从存储器的分布和使用上看，多处理机分为共享存储器和分布式存储器两种结构。

7.2.1 共享存储器结构

各处理机通过互连网络共享存储器和 I/O 设备，并通过共享存储器相互联系。任何一个处理机对存储单元的任何修改对其他处理机都是可见的。为了减少访存冲突，存储器由多个并行的存储体组成。共享存储器多处理机结构如图 7-1 所示。存储器可以是 Cache、内存或磁盘等。

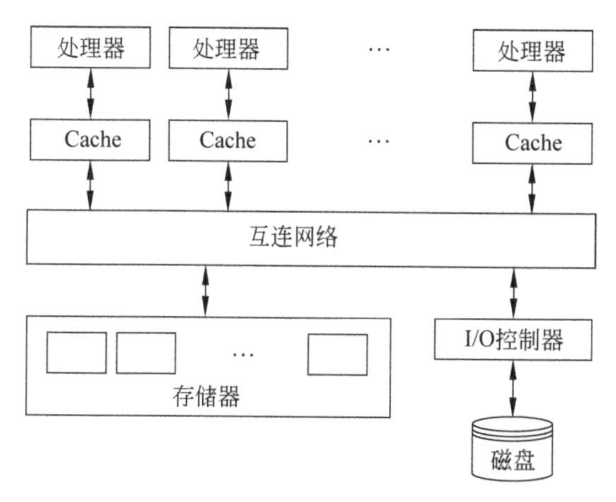

图 7-1 共享存储器多处理机结构

共享存储器结构的多处理机具有以下特点：

（1）各处理机共享存储空间，并通过对共享存储器的读/写实现相互通信。

（2）对存储单元的任何修改对其他处理机都是可见的。

(3) 存储器访问延迟低,但扩展性差。在这种系统中,通常处理机的数目有限。这主要受两方面约束:一是因采用共享存储器进行通信,所以当处理机数目增大时,将导致访问存储器冲突概率加大,使系统性能下降;二是处理机与存储器间的互连网络的带宽有限,当处理机数目增多后,互连网络将成为系统性能的瓶颈。

根据访存时间是否相同,共享存储器结构又细分为三种结构:均衡存储器访问(UMA)结构、非均衡存储器访问(NUMA)结构和仅用 Cache 存储器(COMA)结构。

1. 均衡存储器访问结构

均衡存储器访问(Uniform Memory Access,UMA)结构也被称为集中式共享存储器(Centralized Shared-Memory)结构。在均衡存储器访问结构中,各处理机通过互连网络共享一个主存储器和 I/O 设备,对存储器不同部分的访问时间相同,不同处理机对存储器的访问时间相同,访问功能相同,故这种结构的多处理机也称为对称多处理机(Symmetric Multiprocessors,SMP)。对称多处理机结构在现今的并行服务器中几乎普遍采用,并且已经越来越多地出现在桌面计算机上。IBM R50、Sun SPARC Server 1000、SGI Power Challenge、DEC Alpha 服务器 8400、曙光 1 号等都属于这种类型的机器。

均衡存储器访问多处理机结构如图 7-2 所示。

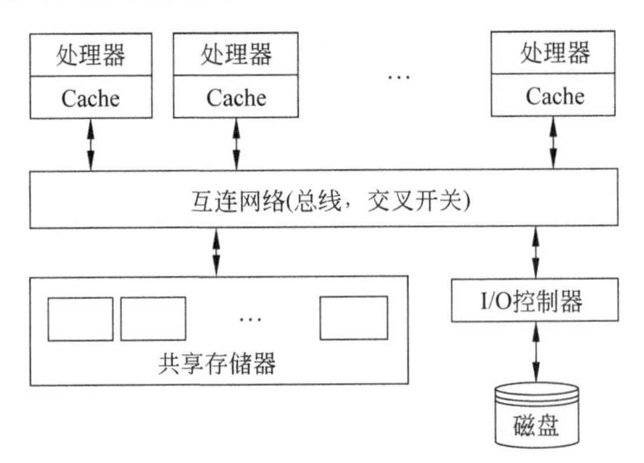

图 7-2 均衡存储器访问多处理机结构

均衡存储器访问多处理机的互连网络可以是总线、交叉开关或多级交换网络。大多数的对称多处理机采用总线连接,其结构如图 7-3 所示。

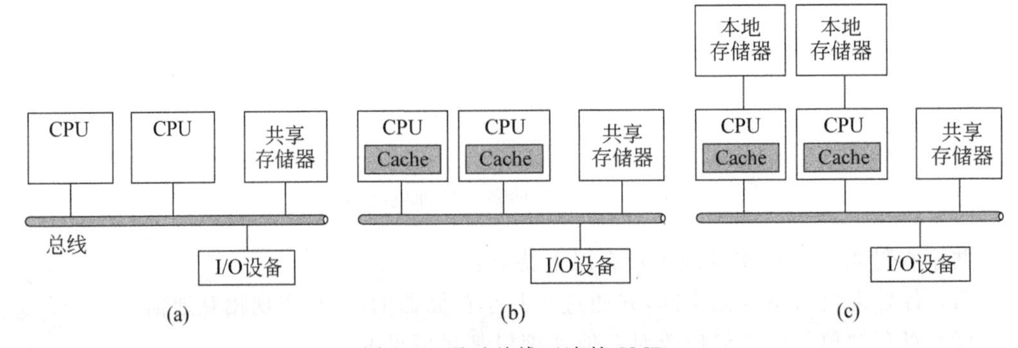

图 7-3 通过总线互连的 SMP

总线连接虽然简单，但具有以下缺点：

（1）性能受总线周期的限制；

（2）为改善性能，减少对总线的访问，需设置本地 Cache，但本地 Cache 会带来 Cache 一致性问题。

可扩展性对 SMP 来说是很重要的。SMP 的扩展存储层次结构有三种，如图 7-4 所示。

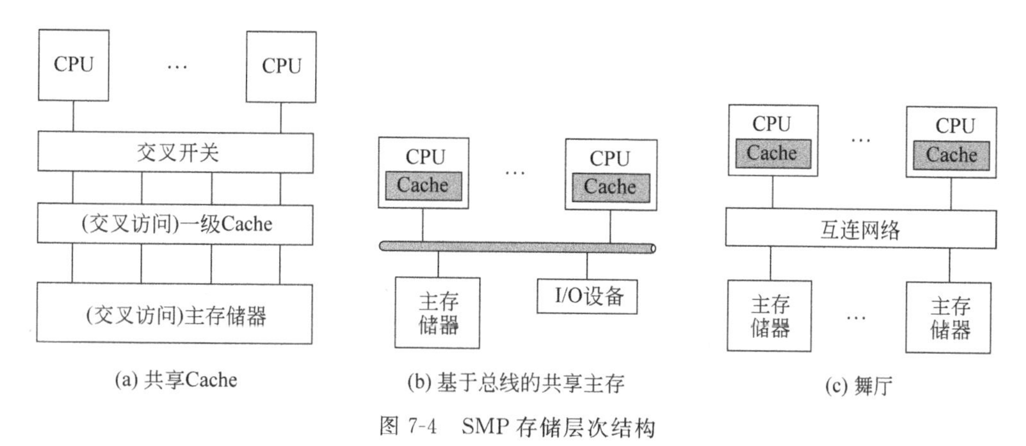

图 7-4 SMP 存储层次结构

在共享高速缓存的结构中(图 7-4(a))，互连网络位于处理器和共享的一级高速缓存之间。为了提高带宽，高速缓存和主存储器都是可以交叉存取的。在 20 世纪 80 年代中期，这种方法常用来连接一个主板上的多个处理器，现在这种方法用来实现单片多处理机(Multiprocessor-on-a-chip)。然而，当多个对称处理器同时存取共享高速缓存时，这种方法对高速缓存的带宽要求很高，另外，对高速缓存数据的存取必须通过处理器和高速缓存间的互连网络，因此，使得高速缓存存取延迟变大。所以，这种方法的可扩展性很差，只适用于机器规模很小的情况，通常只支持 2～8 个处理器。

在基于总线的共享存储器结构中(图 7-4(b))，互连网络是处理器的本地高速缓存和共享主存储器间的共享总线。这种结构广泛地应用于小规模和中等规模的多处理机中，其处理器数目通常能达到 20～30 个。现在，市场上卖的 SMP 基本上是这种形式的机器。并且在现代微处理器的设计中，对构成高速缓存一致的共享存储器也支持。例如，只要直接将几个 Intel Pentium Pro 处理器用一个共享总线连起来，不需要任何辅助逻辑就构成了一台对称多处理机。同样，基于总线的共享存储器方法的可扩展性也不是很好，主要受共享总线和存储器系统的带宽限制。

舞厅(Dancehall)结构(图 7-4(c))也把互连网络放在高速缓存和主存储器之间，但是互连网络是一个可扩放的点到点网络，主存储器被划分为许多逻辑模块，连到互连网络的不同连接点。这种结构是对称的，所有的处理器到主存储器的距离是相同的。缺点是所有对主存储器的存取要经过互连网络，当其规模较大时，主存储器存取延迟较大。

当多处理机规模较小时，均衡存储器访问多处理机十分经济。

均衡存储器访问多处理机具有以下优点。

（1）性能提高：如果能把在一个处理机上执行的程序分解为多个并行任务，那么在多处理机上执行该程序要比在单机上执行，性能会显著提高。

(2) 高可用性：由于所有处理机的功能都相同，当某个处理机出现故障时不会使这个系统宕机，只是会降低性能。

(3) 增量式增长：增加处理器即可提高系统的性能。

(4) 可扩展性好：厂商可以根据需要提供不同价格和性能的处理器。

(5) 透明：处理机对用户是透明的。由操作系统负责调度处理机上的任务对存储器和I/O设备的访问及同步。

2. 非均衡存储器访问结构

非均衡存储器访问(Non-Uniform Memory Access，NUMA)结构也称为分布式共享存储器(Distributed Shared-Memory，DSM)结构或可缩放共享存储器结构(Scalable Shared-Memory，SSM)。非均衡存储器访问多处理机结构如图7-5所示。图7-5(a)表示共享本地存储器的NUMA结构，图7-5(b)为层次式机群NUMA结构。LM表示本地存储器，GSM表示全局共享存储器，CSM表示群内共享存储器，CIN表示机群互连网络。

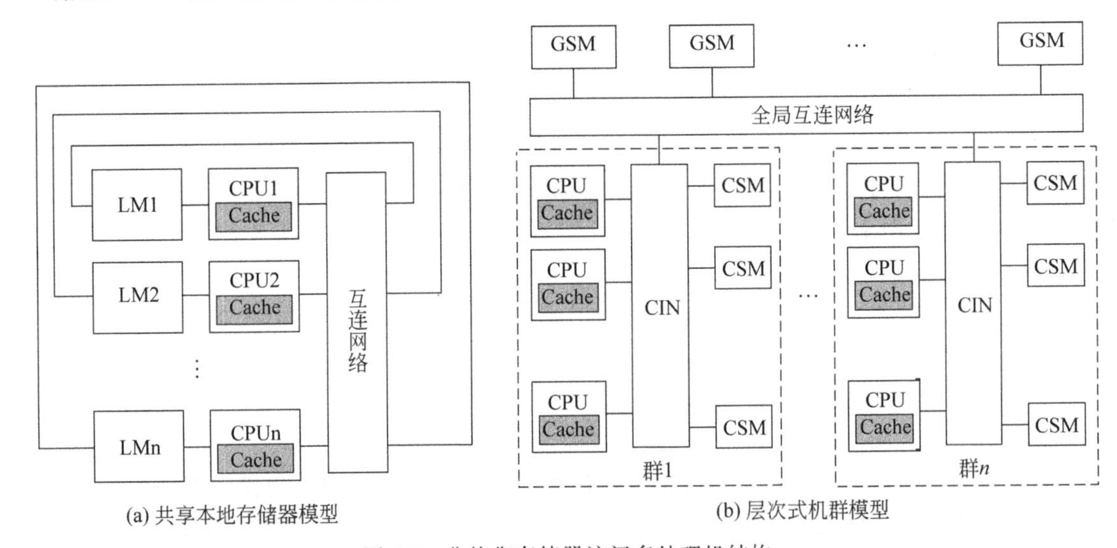

图7-5 非均衡存储器访问多处理机结构

在这种结构中，不设置物理上的共享存储器，而是将分布于各个处理机的存储器统一编址，形成一个逻辑上的统一存储空间，该空间被所有处理机共享访问。非均衡存储器结构允许处理机访问远程存储器。根据存储器位置的不同，各处理机对存储器的访问时间不相等。处理机访问本地存储器的速度较快，通过互连网络访问其他处理机上的远地存储器相对较慢。由于各处理机可以同时访问其本地存储器，因此，非均衡存储器访问结构的优点是提高了访问本地存储器带宽，降低了访问本地存储器的时间。其主要缺点是处理机之间的数据通信较为复杂，并且对软件设计提出了更高要求，以充分利用分布式存储器高带宽的优点。

NUMA多处理机提供了类似SMP的透明、统一、共享的存储空间，同时允许各处理机拥有自己独立的结构，甚至可以是SMP。Stanford DASH、Cray T3D和SGI/Cray

Origin2000 等采用了此类结构。

非均衡存储器访问多处理机主要具有以下优点：

(1) 比 SMP 扩展性好，并行程度更高，性能更好。

(2) 采用与 SMP 相同的编程模型，为 SMP 编写的程序仅需少量修改即可移植运行。

(3) 每个处理机都可以访问较大的存储空间，因此可以更高效地运行大程序。

(4) 实现数据共享时不需要移动数据。

(5) 传递包含指针的数据结构比较容易。

(6) 系统构建成本较低，利用成熟技术搭建系统。没有物理上的共享存储器，因此不需要到相应存储器的接口卡。

其主要缺点是：

(1) 如果过多地访问远程存储器，性能会下降；

(2) 对存储器的访问不透明，需要处理分页(例如哪个页面在哪个存储器中)、进程分配等。

3. ccNUMA

ccNUMA 是 Cache-coherent Non-Uniform Memory Access(高速缓存一致性非均匀存储访问)模型的缩写。在 NUMA 多处理机中，逻辑上共享的存储器在物理上是分布的。如果各处理机 Cache 内容一致，则将这种 NUMA 称为 ccNUMA。

ccNUMA 结构的多处理机实际上是将一些 SMP 机作为节点互联起来构成的并行机，这样可以改善 SMP 机的可扩展性。它的存储器在物理上是分布的，所有的局部存储器构成了共享的全局地址空间(所以实际上是一个 DSM 系统)，因此保留了 SMP 易于编程的优点。它最显著的优点是程序员无须明确地在节点上分配数据，系统的硬件和软件开始时自动在各节点分配数据。在程序运行过程中，高速缓存一致性硬件会自动地将数据移至需要它的地方。ccNUMA 注重开拓数据的局部性和增强系统的可扩展性。在实际应用中，大多数的数据访问都可在本节点内完成，网络上传输的主要是高速缓存无效性信息而不是数据。ccNUMA 和 COMA 的共同特点是它们都对高速缓存一致性提供硬件支持，而在另一种访存模型——高速缓存不一致非均匀存储访问模型(Ncc-NUMA，Non-Cache coherent Non-Uniform Memory Access)中，则没有对高速缓存的一致性提供硬件支持。

绝大多数商用 ccNUMA 多处理机系统使用基于目录的高速缓存一致性协议。

4. 仅用 Cache 存储器结构

仅用高速缓存存储器(或全高速缓存存储结构)(Cache-Only Memory Architecture，COMA)是 NUMA 的一个特例，只是将 NUMA 中的分布存储器换成了 Cache。COMA 多处理机模型如图 7-6 所示。在 COMA 多处理机中，各处理机节点上没有主存储器，没有存储层次结构，仅有 Cache，所有的高速缓存构成了全局地址空间，全部 Cache 组成了全局虚拟地址空间。对远程 Cache 的访问通过分布式 Cache 目录进行。

在 UMA、NUMA 和 COMA 结构中，进程之间的通信都通过共享地址空间进行，这

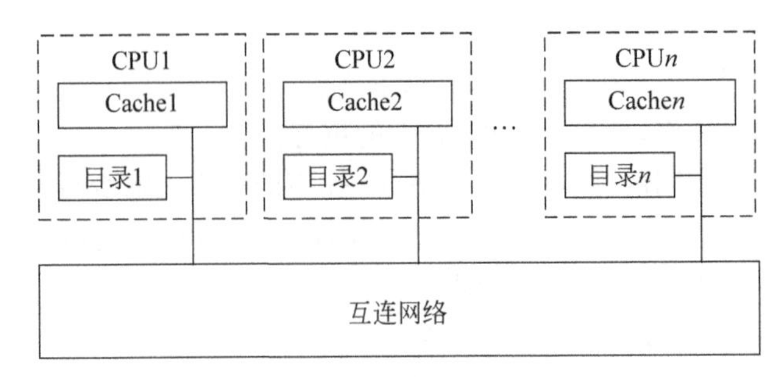

图 7-6　COMA 多处理机模型

意味着，如果具有访问权限，任何一个处理机都可以访问存储器的任何位置。

7.2.2　分布式存储器结构

分布式存储器结构也称为非远程存储访问（No-Remote Memory Access，NoRMA）模型。各处理机拥有自己的本地存储器，在本地操作系统控制下独立工作。各处理机的本地存储器是私有的，不能被其他处理机访问。各处理机借助互连网络、通过消息传递机制相互通信，实现数据共享。大规模并行处理机（MPP）、机群（cluster）等采用了这种结构。分布式存储器多处理机结构如图 7-7 所示。

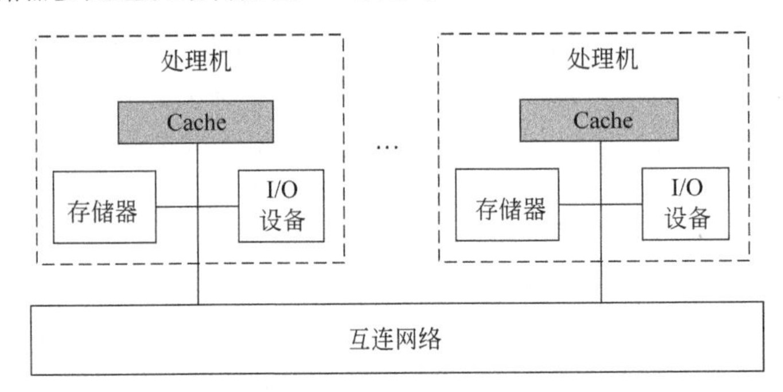

图 7-7　分布式存储器多处理机结构

分布式存储器结构的多处理机具有以下特点：

(1) 各处理机拥有自己的本地存储器，可以独立工作，访问本地存储器速度快。

(2) 各处理机的本地存储器不能被其他处理机访问。

(3) 各处理机借助互连网络、通过消息传递机制相互通信。

(4) 结构灵活，扩展性较好。

(5) 任务传输以及任务分配算法复杂，通常要设计专有算法。

(6) 处理机之间的访问延迟较大。

(7) 需要高带宽的互联。

7.2.3 大规模并行处理机

大规模并行处理机(Massively Parallel Processor,MPP)是指由几百或几千台高性能、低成本处理机组成的大规模并行计算机系统,每个处理机都有自己的私有资源,如内存、网络接口等,处理机之间以定制的高带宽、低延迟的高速互连网络互联。MPP系统大多采用分布式存储结构,所有的存储器在物理上是分布的,而且都是私有的。每个处理器能直接访问的只有本地存储器,不能直接访问其他处理器的存储器。MPP结构如图7-8所示。

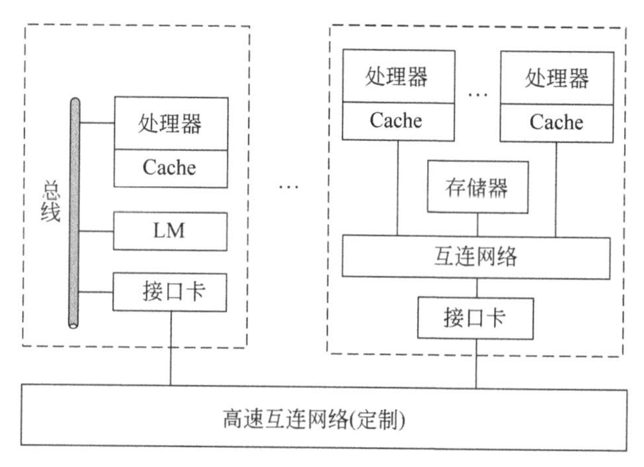

图7-8 MPP结构

MPP是一种异步的MIMD计算机,因为多个进程分布在各个处理器上,每个进程有自己独立的地址空间,进程之间以消息传递进行相互通信。

开发MPP的目的是通过大量的硬件得到高性能,所以MPP开发中的一个重要问题是系统的性能是否随着处理器数量(近似)线性地增长。为了达到这一目标,MPP采用了一系列的技术。采用分布的存储器是因为分布式的体系结构比集中式的能提供更高的带宽。在处理器数目很多的情况下,通信开销是影响系统加速比的重要因素,因此MPP使用专门设计的高带宽、低延迟互连网络。MPP包含大量的处理器等硬件,这使得系统发生故障的概率大大提高。据估计,一台有1000个处理器的MPP,每天至少有一个处理器失效,因此MPP必须使用高可用性技术,使得失效的部件不致导致整个系统的崩溃。同时,失效的处理器在失效前完成的任务能够得以保存以便其他结点能够继续进行处理。

MPP一般指的是超大型计算机系统。MPP系统中处理器数目巨大,整个系统规模庞大,许多硬件设备是专门设计制造的,开发起来比较困难,通常被视为国家综合实力的象征。同时,MPP能够提供其他并行计算机不能达到的计算能力。达到3T性能目标和解决重大挑战性课题都寄希望于MPP。

Intel Paragon、Cray T3E、Inter Option Red和我国的曙光-1000等都是这种类型的机器。Intel和美国Sandia国家实验室1997年6月研制成功的MPP系统ASCI Option Red有9216个处理器。

Option Red 是 Intel 可扩展系统公司和 Sandia 国家实验室于 1997 年 6 月完成的 MPP 系统，其峰值速度达 1.8TFLOPS。每个节点含两个 200MHz 的 Pentium Pro 处理器。所有节点中有 4536 个是计算节点，其他的是服务节点、I/O 节点、系统节点和备份节点。节点内部使用 64 位、66MHz 总线连接。计算节点和服务节点结构相同，每两个节点处于一块节点板上，I/O 和系统节点的每一个节点处于一块节点板上。每块节点板连接至一个定制的网格路由部件（Mesh Routing Component，MRC），MRC 之间通过两平面网格结构的互连网络连接。

MPP 具有以下特征：

(1) 处理节点采用商用处理器。

(2) 系统中有物理上的分布式存储器。

(3) 采用高通信带宽和低延迟的互连网络（专门设计和定制的）。

(4) 能扩放至成百上千乃至上万个处理器。

(5) 是一种异步的 MIMD 机器，程序系由多个进程组成，每个都有其私有地址空间，进程间采用传递消息相互作用。

7.2.4 机群

一种常见的可以大幅提高计算机系统性能的方法是采用机群。目前，在世界各地正在运行的超级计算机中，有许多都是采用机群技术来实现的。

1. 机群定义与结构

机群（也被称为集群）（Cluster Of Workstations 或 Network Of Workstations，COW 或 NOW）是一种计算机系统，它通过一组松散耦合的计算机软件和硬件连接起来，高度紧密地协作完成计算工作。机群由建立在一般操作系统上的并行编程环境完成系统的资源管理和相互协作，同时屏蔽各计算机及互连网络的差异，为用户和应用程序提供单一的系统映射。从外部来看，它们仅仅是一个系统，对外提供统一的服务。机群系统中的单个计算机通常称为节点，节点一般是可以单独运行的商品化计算机，如 PC、高性能工作站，甚至是一台 SMP。这些节点通常通过高速通用网络（也可以是专门设计的），如局域网或互连网络连接。

从结构和节点之间的通信方式来看，机群属于非均匀存储访问的 MIMD 型分布式存储并行计算机，主要利用消息传递方式实现各计算机之间的通信。

COW 如此吸引人是因为实验表明，它能很高效地执行一些并行任务，而且不受政策与经济条件的限制。COW 可以由那些在晚上或周末时“空闲”的 PC 或工作站组成。事实上，由台式计算机构成这样的系统无需任何额外的投资。

大规模并行处理机（MPP）可以近似地看成一个没有本地磁盘的 COW。COW 的网络接口是松耦合的，即它是接到 I/O 总线上的，而不是像 MPP 那样直接接到处理器存储总线上的。由于规模经济成本低的原因，机群系统具有比 MPP 更高的性/价比优势。机群系统继承了 MPP 系统的编程模型，更进一步加强其竞争优势。现今，MPP 和 COW 之间的界限越来越模糊。由于机群相对于 MPP 有性/价比高的优势，所以在发展可扩放并行计算机方面呼声很高。

代表性的机群系统有 IBM SP2 和曙光 3000、4000 等系列。到 2000 年年初，机群实际上已经构成了高性能计算机系统的主流。据 2003 年的统计，TOP500 中的 MPP(含 CC-NUMA)占 42%，Cluster 占 29.8%。

机群系统的典型结构如图 7-9 所示。

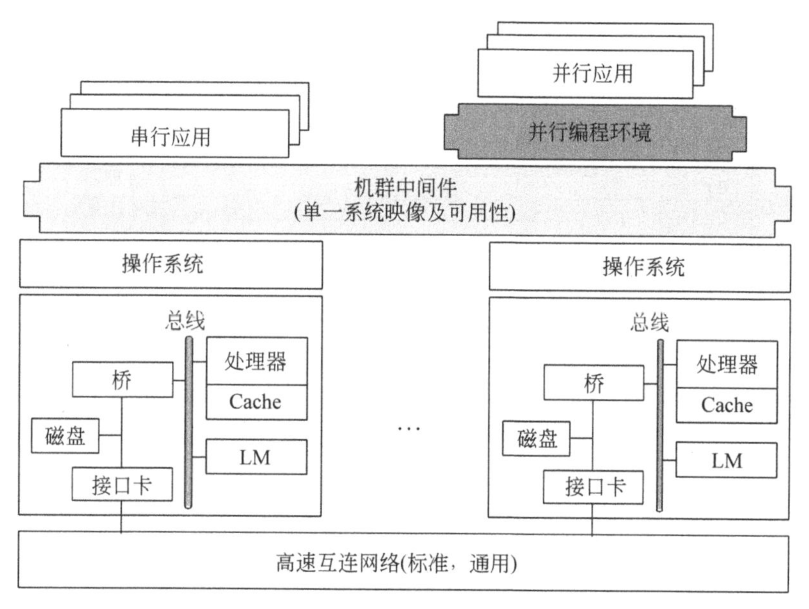

图 7-9　机群系统结构

机群中节点之间的连接有两种模型：无共享(零共享)模型和共享磁盘模型。图 7-10 显示了具有两个节点的机群无共享模型和共享磁盘模型。

无共享(零共享)模型的特点是：

(1) 利用高速链路连接节点；

(2) 无共享资源；

(3) 通过切分数据划分任务；

(4) 优点是减少了节点之间的通信，缺点是划分任务的效率较低。

共享磁盘模型的特点是：

(1) 利用高速链路连接节点；

(2) 节点共享磁盘；

(3) 优点是可以较好地实现负载均衡，缺点是事务处理复杂。

机群具有以下的优点：

(1) 高可伸缩性。机群具有很强的可伸缩性。在机群系统中，可以有多台计算机执行相同的操作。随着需求和负荷的增长，可以向机群添加更多的节点。

(2) 高可用性。高可用性是指在不需要操作者干预的情况下，防止系统发生故障或从故障中自动恢复的能力。通过把故障节点上的应用程序转移到备份节点上运行，机群

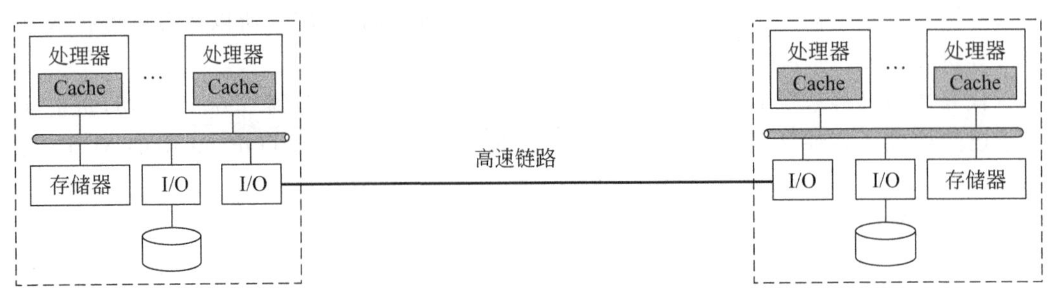

(a) 无共享(零共享)模型

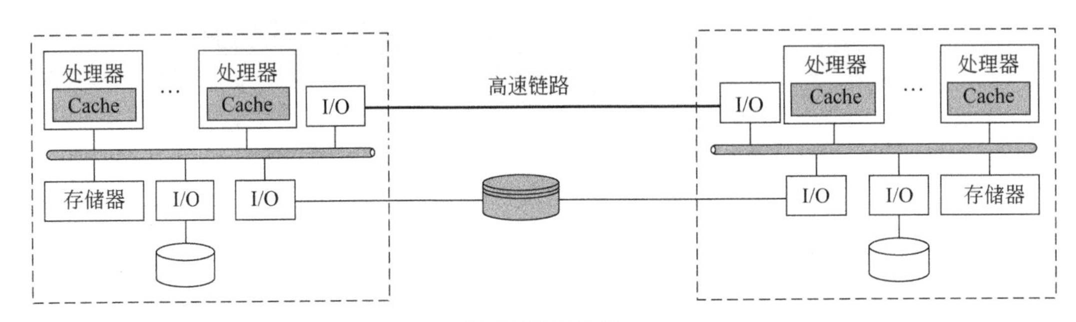

(b) 共享磁盘模型

图 7-10 机群中节点之间连接的两种模型

系统能够把正常运行时间提高到大于 99.9%,大大减少了应用程序的停机时间。

(3) 高可管理性。系统管理员可以从远程管理一个,甚至一组机群,就好像在单机系统中一样。

(4) 高性/价比。可以采用廉价的符合工业标准的硬件构造高性能的系统。

2. 机群分类

机群分为同构与异构两种,它们的区别在于组成机群系统的计算机体系结构是否相同。按功能和结构,可以将机群分成以下几类:

1) 高可用性机群

高可用性机群(High-Availability(HA) Clusters)一般是指当机群中有某个节点失效的情况下,其上的任务会自动转移到其他正常的节点上。还指可以将机群中的某节点进行离线维护后再上线,该过程并不影响整个机群的运行。

2) 负载均衡机群

负载均衡机群(Load Balancing Clusters)运行时,一般通过一个或者多个前端负载均衡器,将工作负载分发到后端的一组节点上,从而达到整个系统的高性能和高可用性。一般高可用性机群和负载均衡机群会使用类似的技术,或同时具有高可用性与负载均衡的特点。

3) 高性能计算机群

高性能计算机群(High-Performance Clusters,HPC)采用将计算任务分配到机群不同计算节点而提高计算能力，主要应用在科学计算领域。比较流行的 HPC 采用 Linux 操作系统和其他一些免费软件来完成并行运算。这种机群配置通常称为 Beowulf 机群。这类机群通常运行特定的程序，以发挥 HPC 的并行能力。这类程序一般应用特定的运行库，如专为科学计算设计的 MPI 库。

HPC 特别适合于在计算中各计算节点之间发生大量数据通信的计算作业，如一个节点的中间结果会影响到其他节点计算结果的情况。

高性能计算的分类方法很多。从并行任务之间的关系看，可以将高性能计算分为高吞吐计算(High-Throughput Computing)和分布式计算(Distributed Computing)。

有一类高性能计算，可以把它分成若干可以并行的子任务，而且各个子任务之间没有什么关联。例如在家搜寻外星人(Search for Extraterrestrial Intelligence at Home，SETI @HOME)就是这一类型应用。该项目利用 Internet 上闲置的计算资源来搜寻外星人。SETI 项目的服务器将一组数据和数据模式发给 Internet 上参加 SETI 的计算节点，计算节点在给定的数据上用给定的模式进行搜索，然后将搜索的结果发给服务器。服务器负责将从各个计算节点返回的数据汇集成完整的数据。因为这种类型应用的一个共同特征是在海量数据上搜索某些模式，所以把这类计算称为高吞吐计算。按照 Flynn 的分类，高吞吐计算属于 SIMD 的范畴。

另一类计算刚好和高吞吐计算相反，它们虽然可以给分成若干并行的子任务，但是子任务间联系很紧密，需要大量的数据交换。按照 Flynn 的分类，分布式的高性能计算属于 MIMD 的范畴。

4) 网格计算

网格计算(Grid Computing)或网格机群是一种与计算机群非常相关的技术。网格与传统机群的主要差别是网格是连接一组相关但并不信任的计算机，它的运作更像一个计算公共设施而不是一个独立的计算机。还有，网格通常比机群支持更多不同类型的计算机集合。

网格计算是针对有许多独立作业的工作任务作优化，在计算过程中作业间无须共享数据。网格主要服务于管理在独立执行工作的计算机间的作业分配。资源，如存储器，可以被所有节点共享，但作业的中间结果不会影响在其他网格节点上作业的进展。

3. 机群特点与关键技术

机群的重要界限和特征是：

(1) COW 的每一个节点都是一个完整的工作站(不包括监视器、键盘、鼠标等)，这样的节点有时叫作“无头工作站”，一个节点也可以是一台 PC 或 SMP。

(2) 各节点通过某种低成本的商品(标准)网络(如以太网、FDDI 和 ATM 开关等)互联(有的商用机群也使用定做的网络)。

(3) 各节点内总是有本地磁盘。

(4) 节点内的网络接口是松散耦合到 I/O 总线上的，而 MPP 内的网络接口是连到处理节点的存储总线上的，因而它是紧耦合式的。

(5) 一个完整的操作系统驻留在每个节点中，而 MPP 中通常只有一个微核。COW

的操作系统是工作站操作系统，如 Linux，加上一个附加的软件层，以支持单一系统映像、并行度、通信和负载平衡等。

机群系统的关键技术主要有：

1）高效的通信系统

机群一般使用通用 LAN 互连节点，如千兆位以太网。以太网分为共享式和交换式。共享式网络在轻载时具有较高性能，在重载时性能较差。交换式网络的性能则不会随着网络负载的增加而下降很多，同时具有良好的可扩展性。高速网络的应用使得影响系统性能的瓶颈从网络硬件转移到了网络软件，因此需要重新定义网络协议，优化协议的实现。

2）并行程序设计环境

随着 MPP 和机群等分布式存储结构并行系统的发展和应用，开发出了 PVM（并行虚拟机）、MPI、Express 等基于消息传递方式的并行程序设计环境，它们为并行程序设计和运行提供了整体系统和各种辅助工具。其功能包括统一的虚拟机、定义和描述通信的原语、系统资源管理、可移植性的用户编程接口和多种编程语言支持等。

并行程序开发比串行程序难度大，设计多个处理器之间的数据交换与同步，要解决数据划分、任务分配、程序调试和性能评测等问题，需要新的支持工具，如并行调试器、性能评测工具、并行化辅助工具等。

3）并行程序设计语言

并行程序设计语言是并行系统应用的基础。已有机群大多支持 FORTRAN、C 和 C++，实现的主要方法是使原有编译器链接并行函数库。

4）全局资源管理与利用

有效管理和利用机群中的所有资源是机群系统的一个重要方面。常用的 PVM、MPI 等仅提供统一的虚拟机，对资源管理的支持较弱。UC Berkeley 的 NOW 项目提出，在一般操作系统上建立一个全局 UNIX（GLUNIX）解决机群资源管理问题，包括调度、资源分配和并行文件系统等。

Linux 机群是指一类以 PC 架构计算机为机群节点，以某一版本 Linux 操作系统为机群节点操作系统的机群。由于 Linux 本身具有开放源码、稳定、支持 PC 架构等诸多优势，以及操作系统及节点机价格的因素，Linux 机群技术被认为是最具发展潜力的机群技术。

PVP（并行向量处理机）、SMP、DSM、MPP 和 COW 的异同如表 7-1 所示。

表 7-1 SMP、DSM、MPP 和 COW 的比较

属　　性	PVP	SMP	DSM	MPP	COW
结构类型	MIMD	MIMD	MIMD	MIMD	MIMD
处理器类型	专用定制	商用	商用	商用	商用
互连网络	定制交叉开关	总线、交叉开关	定制网络	定制网络	商用网络（以太网、ATM）
通信机制	共享变量	共享变量	共享变量	消息传递	消息传递

续表

属　性	PVP	SMP	DSM	MPP	COW
地址空间	单地址空间	单地址空间	单地址空间	多地址空间	多地址空间
系统存储器	集中共享	集中共享	分布共享	分布非共享	分布非共享
访存模型	UMA	UMA	NUMA	NORMA	NORMA
代表机器	Cray C-90、Cray T-90、银河 1 号	IBM R50、SGI Power、Challenge、曙光 1 号	Stanford DASH、Cray T 3D	Inter Paragon、IBM Option、White、曙光 1000/2000	Berkeley NOW、Alpha Farm、IBM SP2、曙光 3000/4000

7.3 多核处理器

多核(Multi-core)处理器也称为片上多处理机(Chip Multi-Processors,CMP)或片上多处理机系统(Multiprocessor System-on-Chip,MPSoC),是多处理机的一种特殊形式。1996 年,美国斯坦福大学首次提出了片上多处理器(CMP)思想,IBM 于 2000 年发布了世界上第一个双核处理器 POWER4,2005 年 Intel 和 AMD 多核处理器开始大规模应用,应用范围覆盖了多媒体计算、嵌入式设备、个人计算机、商用服务器和高性能计算机等众多领域。

7.3.1 多核处理器定义与结构

1. 多核处理器定义

多核处理器是指在一枚处理器中集成两个或多个独立处理单元(称为核)组成的处理器。每个核由一个独立处理器的所有组件组成,例如寄存器、ALU、流水线硬件以及控制单元、L1 指令和数据 Cache 等,可以独立运行程序指令(多指令),可以访问存储器的不同部分(多数据)。此外,在现代多核处理器上还包括 L2 Cache,某些情况下还设置了 L3 Cache。只有两个核的处理器,称为双核处理器(Dual-core Processor)。图 7-11 是一个双核处理器结构示意图。

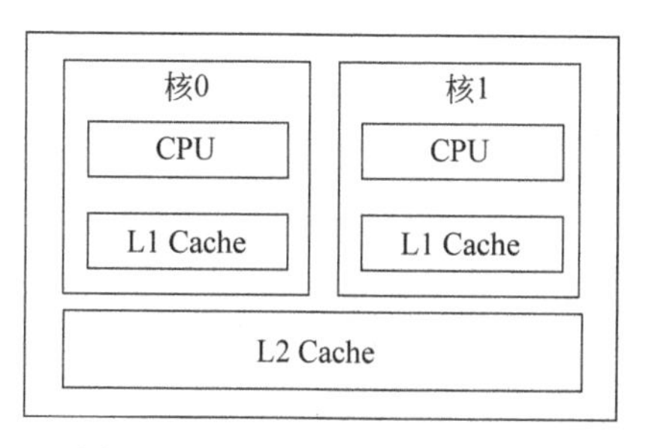

图 7-11　双核处理器结构示意图

多核处理器中的每个核可以完全独立地完成各自的工作。通过在多个核上分配工作负荷,依靠到内存和输入输出的高速片上互联以及高带宽管道对系统性能进行提升,从而能在平衡功耗的基础上极大地提高 CPU 性能。通过将多核与多线程技术结合,多个线程可以放到不同的核上同时运行,也可以放到一个核上同时运行。

多核处理器技术是 CPU 设计中的一项先进技术,已成为目前所有处理器的主流。

多核技术的开发源于工程师们认识到,通过提高单核芯片的主频和晶体管密度来提升器性能会产生过多功耗和热量，且无法带来相应的性能改善的收入的增长。发热量大以及干扰因素增加、可靠性下降等使得晶体管密度和处理器的频率越来越趋近于一个极限。摩尔本人似乎也依稀看到了"主频为王"这条路的尽头。2005 年 4 月，他曾公开表示，引领半导体市场接近 40 年的"摩尔定律"，在未来 10～20 年内可能失效。导致摩尔定律失效的原因一部分是技术，另外一部分是经济效益。

虽然多核处理器结构相对单核处理器具有结构灵活、并行度高、低功耗等诸多优势，受到业界的普遍认可，但是这种体系结构还面临诸多新问题。目前被业界普遍认可的多核处理器的九大关键技术包括核结构研究、程序执行模型、Cache 设计、核间通信技术、总线设计、操作系统设计、低功耗设计、存储器墙、可靠性及安全性设计等。这九大关键技术的研究，对提高多核处理器的性能具有重大的意义。

2. 多核处理器结构

多核处理器结构的设计主要考虑以下因素：

（1）同构还是异构。CMP 的构成分成同构和异构两类。同构 CMP 在一块芯片中集成多个相同的处理器核，同一个任务可以分配给任意一个核处理，简化了任务分配。异构 CMP 中包含不同结构的处理器核，有事务处理型的，也有计算型的。用不同类型的处理器核处理不同的任务，是异构体系结构处理器的优势所在。

核本身的结构关系到整个芯片的面积、功耗和性能。怎样继承和发展传统处理器的成果，直接影响多核的性能和实现周期。同构和异构多核处理器结构如图 7-12 所示。

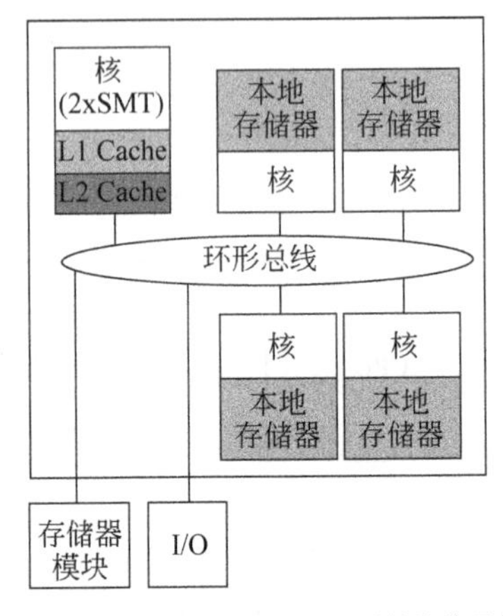

(a) 带Cache、本地存储器和环形总线的异构多核处理器结构

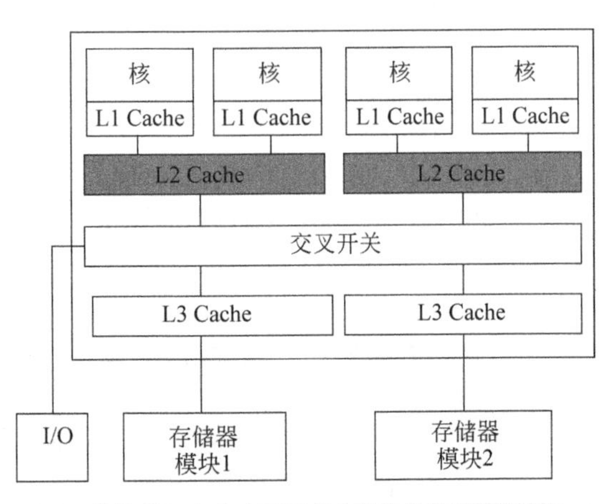

(b) 带共享Cache和交叉开关的同构多核处理器结构

图 7-12 同构和异构多核处理器结构

（2）核的数量。设置多少个核。

（3）存储器或 Cache 的设置及访问。各个核心各自拥有存储器（分布式存储器结构），还是通过 Cache 层次访问共享存储器。共享访问的 Cache 存储器有多大。

（4）核间通信技术。各 CPU 核执行的程序之间有时需要进行数据共享与同步，因此其硬件结构必须支持核间通信。高效的通信机制是 CMP 处理器高性能的重要保障，目前比较主流的片上高效通信机制有两种，一种是基于总线共享的Cache结构，另一种是基于片上的互连结构。

图7-13列出了几种多核处理器结构。当前的多核处理器典型采用SMP，通过Cache层次访问共享存储器。

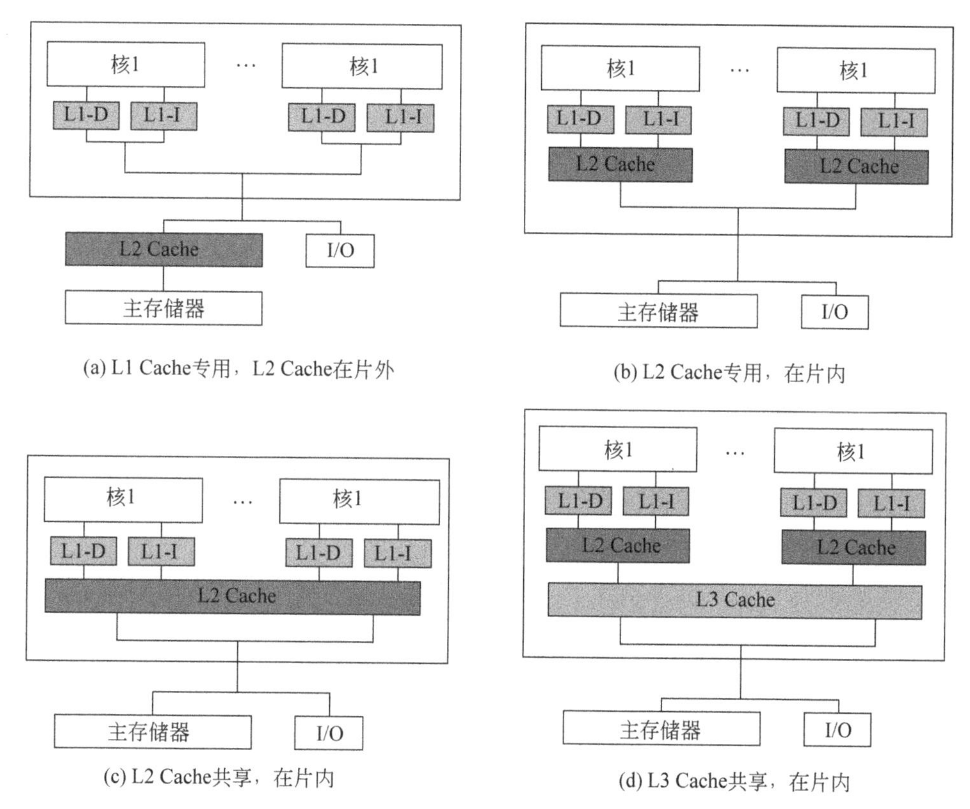

图7-13 多核处理器结构

目前，商用处理器大多以同构多核处理器为主，包括IBM公司的Power4、Power5，Sun公司的UltraSPARC Ⅳ、MAJC，ARM公司的ARM11，Nvidia公司支持CUDA的拥有上百个处理器核的各型GPU，Intel公司的Core、Core2、Xeon、Itanium、Core i7和AMD公司的Opteron、Athlon64、Barcelona等同构CMP。

7.3.2 Intel多核处理器

1. Intel Core Duo

Intel公司于2006年推出了拥有两个x86超标量处理器的双核处理器Core Duo，其结构如图7-14所示。Core Duo采用同构双核，每个核拥有专用的L1 Cache，分别为32KB的指令Cache和32KB的数据Cache，拥有独立的温度控制单元，用于管理散热，以在温度限制范围内达到最大性能。两个核共享一个2MB、8路组相联、每行64B的L2 Cache，Cache逻辑根据核的当前需要动态分配Cache空间，因此一个核有可能完全占据这个 L2 Cache。L2 Cache 使用 MESI 协议维护 L1 Cache 的一致性。通过总线接口与被称为前端总线(Front Side Bus,FSB)的外部总线连接,外部总线连接主存、I/O 控制器及其他处理器芯片。Core 2 Duo 结构与 Core Duo 非常相似,它将 L2 Cache 容量从 2MB 提升到 4MB,处理器性能有明显提高。

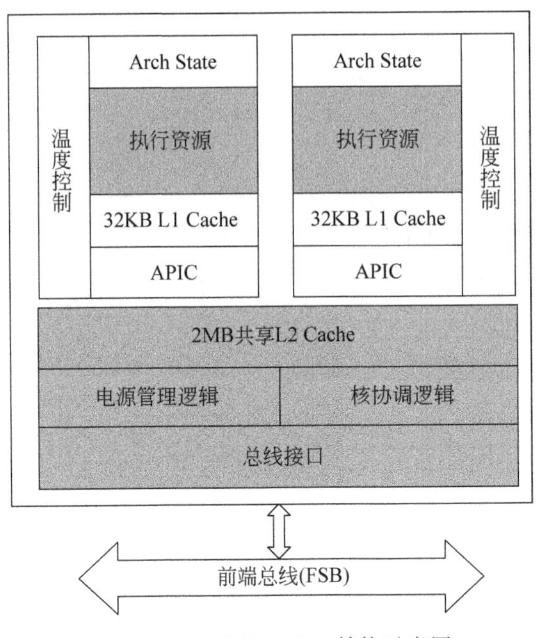

图 7-14 Intel Core Duo 结构示意图

2. Intel Core i7

Intel 公司于 2008 年推出了拥有 4 个 x86 SMT 处理器核的 4 核处理器 Core i7,其结构如图 7-15 所示。每个核拥有专用的 L2 Cache,4 个核共享 8MB 的 L3 Cache。Intel 使用了预取技术,以便高效地利用 Cache。

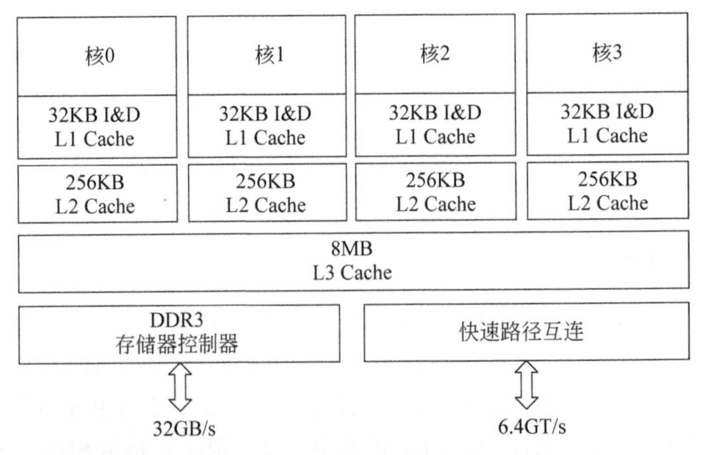

图 7-15 Intel Core i7 结构

Core i7 通过两种方法与其他芯片通信。芯片上有一个 DDR3 存储器控制器，该接口支持 3 个 8B 通道，总线宽度达到 192 位，最大可提供 32GB/s 的数据速率。有了片上存储器控制器，就不再需要前端总线了。快速路径互连(Quick Path Interconnect, QPI)是一条基于 Intel 处理器与芯片组电气互连规范的、Cache 一致的点-点链路，允许在互连的芯片之间实现高速通信。QPI 链路的速率高达 6.4GT/s。若每个传输为 16 位，则可提供 12.8GB/s 的数据速率。由于 QPI 链路是双向的，因此总数据传输率达到 25.6GB/s。

7.3.3 AMD 多核处理器

2003 年，AMD(Advanced Micro Devices)公司发布了基于 AMD64 技术的 AMD Opteron(皓龙)处理器——世界上首款同时支持 32 位计算的 64 位处理器，从而奠定了一个 64 位计算发展史上的里程碑。AMD Opteron 处理器提供了一种高度可扩展的架构，它可以为用户提供新一代的计算性能和一条从 32 位升级到 64 位计算的灵活路径。2005 年，AMD 发布了第一款双核 Opteron 处理器，区别于其他厂商将两个处理器简单集成的技术，AMD 公司早在 AMD64 技术设计之初，就将双核及多核处理器纳入设计框架，为多核计算时代定制的直连架构和超传输总线(HyperTransport)，可以在同一个芯片上直接连接两个或多个核，保证了低内存延时和缓存的一致性，避免了系统扩展带来的性能瓶颈。

1. Dual-Core Opteron

第一代双核 Opteron 处理器结构如图 7-16 所示。

在一块芯片上物理集成两个基于 K8 架构的处理器核。每个核分别拥有 64KB 的 L1 指令 Cache 和 64KB 的数据 Cache，拥有专用的、独立的 1MB L2 Cache。两个核共享系统请求队列、双通道 DDR 存储器控制器和 HyperTransport 链路。对 I/O 资源的访问由交叉开关裁决，这样每个处理器核都可以尽可能高效地直接访问存储器或 I/O，解决了前端总线系统与生俱来的性能瓶颈。在某些方面，双核 AMD Opteron 就好像是片上 SMP 一样。每个 Opteron 处理器(单核或双核)都拥有本地双通道 DDR 存储器控制器，通过 1GHz 的点-点 HyperTransport 链路直接通信。AMD 使用了称为 MOESI 的协议解决 Cache 一致性问题。MOESI 是 AMD 对 MESI 协议的改进协议，增加了一个称为“拥有者(Owner)”的状态。

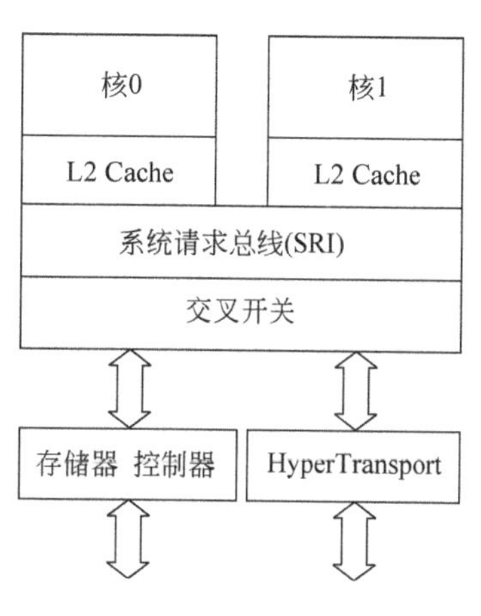

图 7-16 AMD 第一代 Dual-Core Opteron 结构

2. Quad-Core Opteron

2007年,AMD发布了第三代Opteron处理器——4核处理器,其结构如图7-17所示。每个核拥有专用128KB、2路组相联的L1 Cache(指令和数据),独立的512KB、16路组相联的L2 Cache,4个核共享2MB的L3 Cache,采用32路组相联。第三代Opteron处理器基于K10架构,K10架构是在K8(即AMD64)架构的基础上发展起来的。在K8架构中,每个核各自拥有L2 Cache,K10架构在处理器中增加L3 Cache。

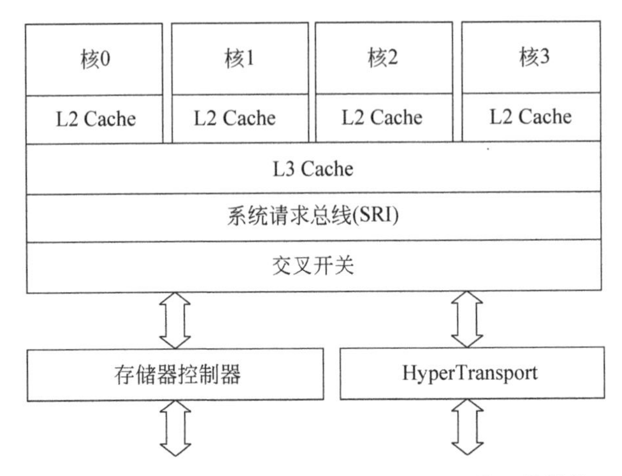

图7-17 AMD第三代Quad-core Opteron处理器结构

7.3.4 ARM多核处理器

ARM处理器在ARM11系列(例如ARM1176)中就已经导入MPCore(Multi-Processor Core)多核架构。Cortex系列,包括A5、A9和A15,都支持MPCore架构。ARM11 MPCore可综合处理器使用ARM11微架构,可实现从1个内核到4个内核的多核可扩展性,从而使具有单个宏的简单系统设计可以集成高达单个内核的4倍的性能。ARM Cortex-A9 MPCore架构示意图如图7-18所示。

每个处理器核包括以下组成部分:

(1) 一个集成的嵌入式ICE-RT逻辑,用以提供JTAG排错,以及各自的流水线、分支预判、协处理器等;

(2) 一个专用的Timer与WatchDog;

(3) 指令和数据的MMU(Memory Management Units);

(4) 提供向量浮点协处理器(Vector Floating-Point Coprocessor,VFP)支持;

(5) 支持16、32或64KB、4路组相联L1指令Cache和数据Cache,都具备对外的32位和64位接口。

多核共享8路组相联L2 Cache。L2 Cache控制器最多支持8MB的L2 Cache。多核架构通过监听控制单元(Snoop Control Unit,SCU)、通过AXI接口将1～4个Cortex-A9

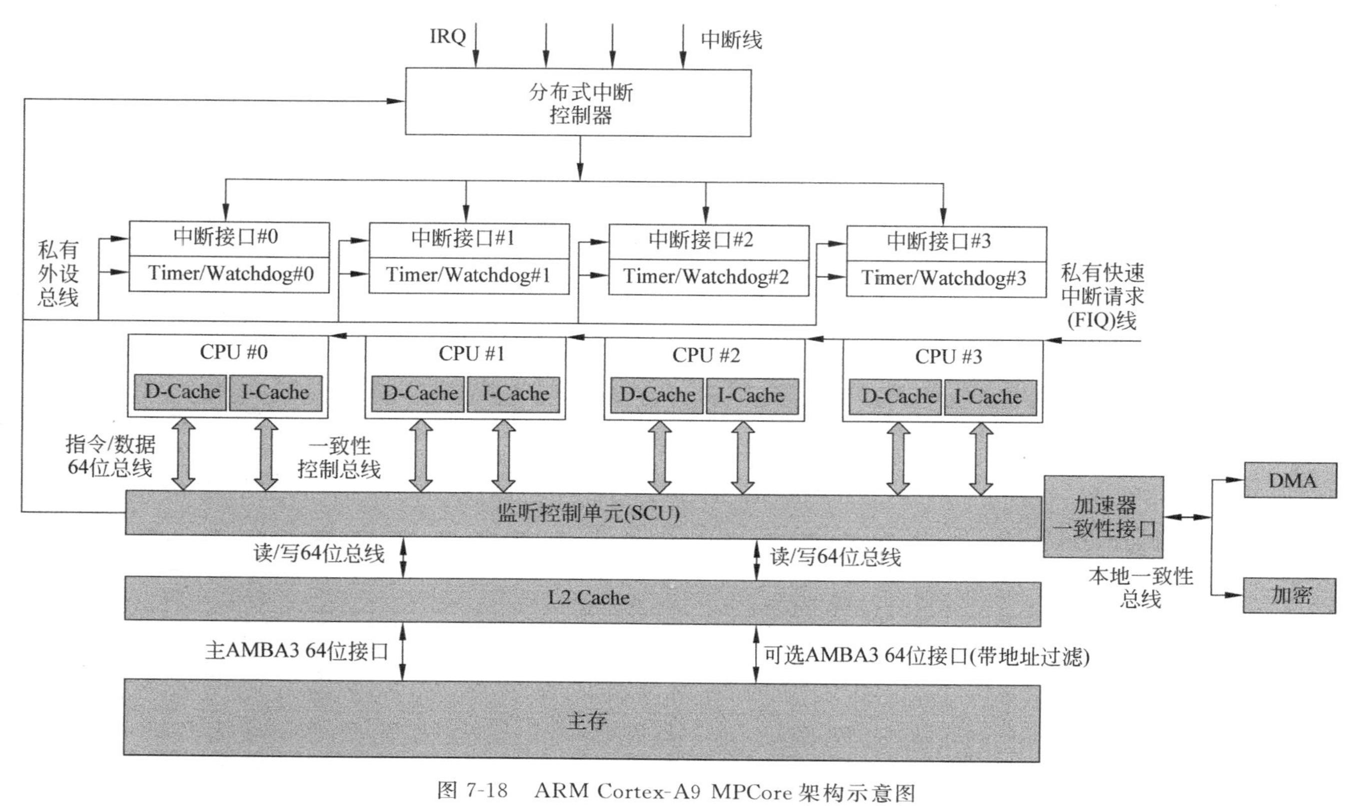

图 7-18 ARM Cortex-A9 MPCore 架构示意图

处理器核连接到存储器系统，同步每个处理器核各自的 L1 Cache 的内容，支持硬件的数据 Cache 一致性。

7.4 多处理机的多 Cache 一致性

7.4.1 存储器一致性定义

如果一道程序的任何运行结果都与按假定序列(也就是说，将所有进程发出的读写操作排成一个全序)执行的结果一样，则称多处理机存储器是一致性的。存储器一致性隐含以下两点：

(1) 写传播(Write Propagation)：一个处理器对一个位置所写入的值，最终对其他的处理器是可见的。

(2) 写串行化(Write Serialization)：对同一个位置的所有写操作(来自同一个或不同处理器)应该能串行化，也就是说，所有的处理器以相同的次序看到所有这些写操作，即任意两个处理器对同一单元的两次写，从所有处理器看来顺序都应是相同的。例如进程 P1 在进程 P3 写操作 w2 之前读取进程 P2 写操作 w1 写入的值，那么其他进程也应该先看到 w1，后看到 w2。

7.4.2 多 Cache 一致性问题的产生

Cache 是提高系统性能的一种常用手段，多处理机也广泛应用 Cache。在多处理机中，各处理机上对本地 Cache 中共享数据的修改(写入)会引起不同处理机上 Cache 内容互不相同，以及 Cache 内容与共享存储器中的内容互不相同，从而产生 Cache 一致性问题。

导致多处理机多 Cache 不一致问题的原因有 3 个：共享可写数据、进程迁移和 I/O 传输。

1. 共享可写数据引起的不一致

在共享存储器结构的多处理机中，处理机 Cache 通常缓存私有数据和共享数据。私有数据仅被该处理机使用，共享数据则被多个处理机共用。如果 Cache 缓存了私有数据，处理机对私有数据的访问就发生在本地 Cache，不仅缩短了访问时间，还降低了对存储器带宽的要求。由于没有其他处理机使用该数据，程序对该数据的读写与在单处理机系统一样。如果 Cache 缓存了共享数据，则该共享数据的副本会存在于多个处理机的本地 Cache 中。通过本地 Cache 访问该共享数据，不仅缩短了访问时间，降低了对存储器带宽的要求，还减少了由于同时访问该数据而引起的访存冲突，但缓存共享数据带来了 Cache 一致性问题。图 7-19 说明了 Cache 不一致是如何发生的。

假设共享存储器某单元 X 中的值为 100，处理机 A 和 B 的本地 Cache 分别缓存了该单元 X 中的值。当处理机 A 将 Cache 中的值修改成 200，如果采用写直达策略，即同时

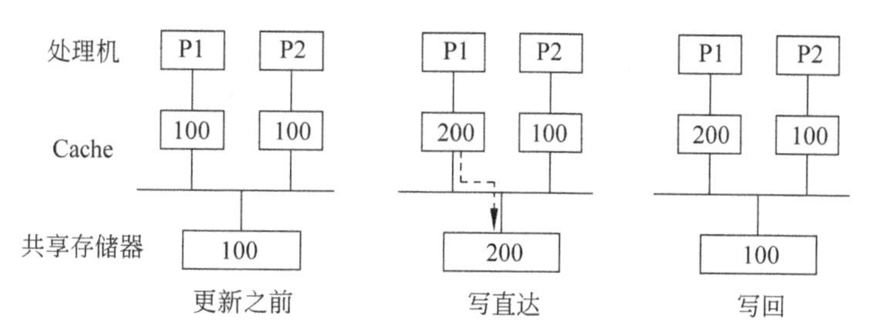

图 7-19 共享可写数据引起的 Cache 不一致

修改共享存储器中的值，这时共享存储器中对应单元的值也修改为 200。但此时处理机 B 本地 Cache 中的内容仍为 100。当处理机 B 要读取单元 X 中的值时，它读到的是本地 Cache 中的内容，与共享存储器中的值不一致。如果处理机 A 采用写回策略，即不立即修改共享存储器中的值，此时共享存储器中对应单元的值仍为 100。当处理机 B 要读取单元 X 中的值时，它读到的是 100，而不是 200，导致处理机 A 本地 Cache 的内容与共享存储器中的值不一致，与处理机 B 本地 Cache 内容也不一致。

2. 进程迁移引起的不一致

图 7-20 说明了进程迁移是如何造成 Cache 不一致的。

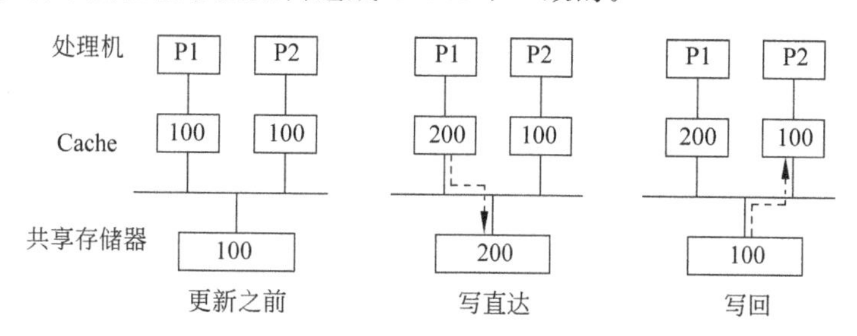

图 7-20 进程迁移引起的 Cache 不一致

处理机 A 和 B 的本地 Cache 都缓存了该单元 X 中的值，处理机 A 上的进程 P 将 Cache 中的值修改为 200，并采用写直达策略，将共享存储器中对应单元的值也修改为 200。若由于某种原因，进程 P 迁移到了处理机 B 上运行，但此时处理机 B 的本地 Cache 中的值仍为 100。

或者处理机 A 的本地 Cache 中缓存了共享存储器某单元 X 中的值，处理机 B 未缓存该共享数据。处理机 A 上的进程 P 将 Cache 中的值修改为 200，如果采用写回策略，暂时未修改共享存储器中的值，此时共享存储器中对应单元的值仍为 100。若由于某种原因，进程 P 迁移到了处理机 B 上运行，当处理机 B 要读取单元 X 中的值时，它读到的是 100，而不是 200。

3. I/O 传输引起的不一致

图 7-21 说明了 I/O 传输是如何造成 Cache 不一致的。

绕过 Cache 的 I/O 传输会造成 Cache 内容不一致。处理机 A 和 B 的本地 Cache 分

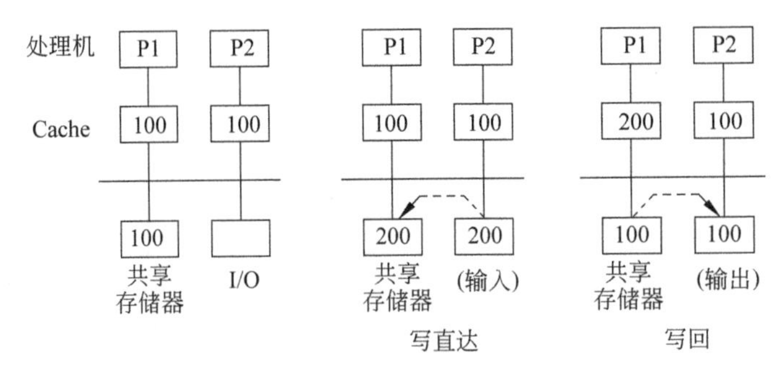

图 7-21 I/O 传输引起的 Cache 不一致

别缓存了共享存储器某单元 X 中的值。当 I/O 系统将新数据值 200 写入共享存储器单元 X 时，处理机 A 和 B 本地 Cache 中的值就会与共享存储器中的值不一致。或者，处理机 A 上的进程 P 将该 Cache 中的值修改为 200，并采用写回策略，此时共享存储器中对应单元的值仍为 100，与处理机 A 本地 Cache 的内容不一致。这时候，若 I/O 处理机请求读取单元 X 中的值，共享存储器就会把 100 传给 I/O 系统，造成 I/O 系统读取的值与 Cache 中的值不一致。

可见，在上述 3 种情况中，不论采用写直达法还是写回法，在多处理机中都可能引起 Cache 不一致问题。

7.4.3 多 Cache 一致性问题解决方法

所有 Cache 一致性问题解决方法的目标都是让最近使用的本地变量进入适当的 Cache，并允许读写，与此同时，使用某种方法维护在多个 Cache 中的共享变量的一致性。解决 Cache 一致性的方法分为两类：硬件方法和软件方法。

基于硬件的解决方法通常称为 Cache 一致性协议，即维护多处理机 Cache 一致性的协议。实现这种方法的关键是跟踪数据共享状态，在何处保存状态信息，如何组织状态信息，何处实施一致性，以及实施一致性的机制。目前主要使用两种协议：监听协议和基于目录的协议。

基于软件的方法依靠编译和操作系统解决一致性问题。由于将检测问题的开销从运行时转移到编译时，因此很有吸引力。但编译时的软件方法做出的决定通常比较保守，因此导致 Cache 利用率下降。基于编译的一致性机制对代码进行分析，确定哪些数据缓存是不安全的，并把这些数据标记出来，操作系统或硬件就不再缓存这些数据。最简单的方法是阻止共享变量的缓存，但这种方法比较保守，因为被共享的数据结构在某些时候可能是排他使用的，在其他时候可能是只读的，仅在至少一个进程可能更新且至少一个进程可能读取的时候，缓存该变量才会有问题。更有效的方法是分析代码，确定共享变量的安全期，然后由编译程序在生成的代码中插入指令，在临界期实施 Cache 一致性。

下面主要讨论监听协议和基于目录的协议。

1. 监听协议

监听协议(Snoopy Protocol)将维护 Cache 一致性的责任分散到多处理机中的所有

Cache控制器。Cache必须识别其缓存的数据何时被其他Cache共享。如果在共享数据上执行了更新操作，则必须通过广播机制（例如总线）将该更新通告给所有其他Cache。每个Cache控制器都可以"监听"网络看是否有广播通知并进行相应操作。

监听协议最适用于基于总线的共享存储器结构的多处理机，因为通过总线很容易实现广播和监听。但由于使用本地Cache的目的之一就是避免对总线的访问，所以必须注意广播和监听对总线增加的通信量不要抵消使用本地Cache所带来的好处。

使用监听协议时，有两种保持Cache一致性的方法：写无效（Write-Invalidate）和写更新（Write-Update）。

在写无效协议中，一次只能有一个写入者，但可以有多个读取者。如果要更新本地Cache中的数据，首先广播发出通知，使其他Cache中的共享数据无效，然后将Cache中的数据设置为写独占，之后处理机即可不断进行本地更新，直到其他处理机请求该数据。独占保证在写操作时，不存在该数据的可读或可写副本，在其他Cache中的该数据的副本都是无效的。

使用写更新协议时，可以有多个写入者和多个读取者。如果某个处理机要更新共享数据，则通过总线将要更新的数据分发给所有其他处理机，由包含该共享数据的Cache进行更新。写更新法又称为播写法。

写无效与写更新的区别如图7-22所示（以写直达策略为例）。

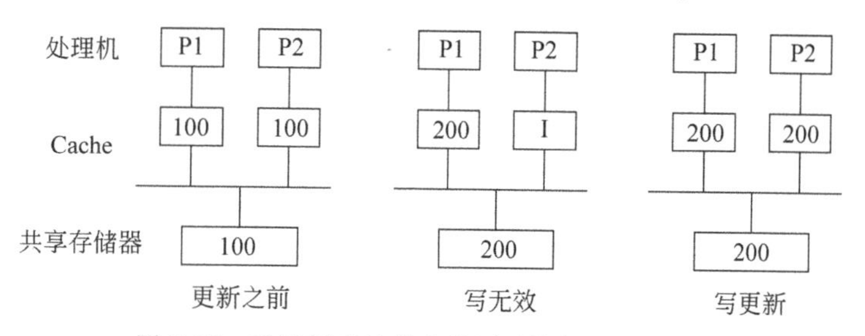

图7-22 采用写直达策略的写无效与写更新协议

监听协议的性能与本地Cache的数量和存储器的读写方法有关。有些系统实现了使用写无效和写更新机制的适应型协议。由于写更新需要通过总线将要更新的数据分发给所有其他处理机的Cache，增加了总线负担，因此较少适用。使用最为普遍的是写无效方法，例如IBM 370/168MP、IBM 3030、Intel Pentium 4和IBM PowerPC使用了该方法。由于写无效方法将Cache中共享数据的状态标记为"修改（Modified）"、"独占（Exclusive）"、"共享（Shared）"或"无效（Invalid）"，写无效协议也被称为MESI协议。下面讨论采用写无效方法如何实现Cache一致性。

（1）采用写直达策略的多Cache一致性。

在使用写直达策略的多Cache中，Cache中的数据有两种状态：有效和无效。有效表示数据正确，无效表示数据已"过时"，不能再被使用。采用写直达策略，使用写无效方法实现多Cache一致性的工作原理如图7-23所示，其状态图如图7-24所示。图中，PrRd和PrWr分别表示本地处理机对Cache某数据块的读和写操作，BusRd和BusWr分别表示其他处理机对其Cache存有相同内容的数据块的读和写操作。注意，"有效"和"无效"

指的是本地处理机 Cache 中某个数据块的状态，不是 Cache 的状态。为了叙述方便，将“Cache 中某个数据块的状态”简述为“Cache 的状态”。

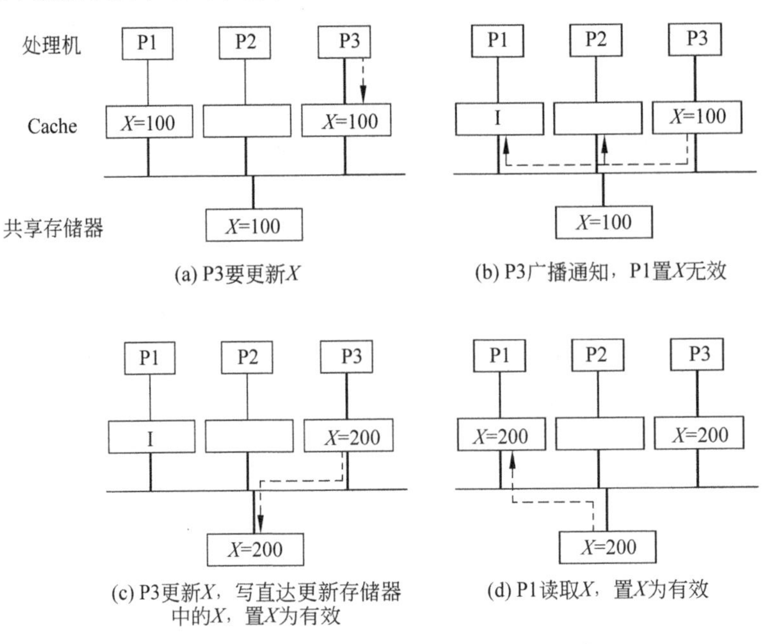

图 7-23　采用写直达策略的多 Cache 一致性工作原理

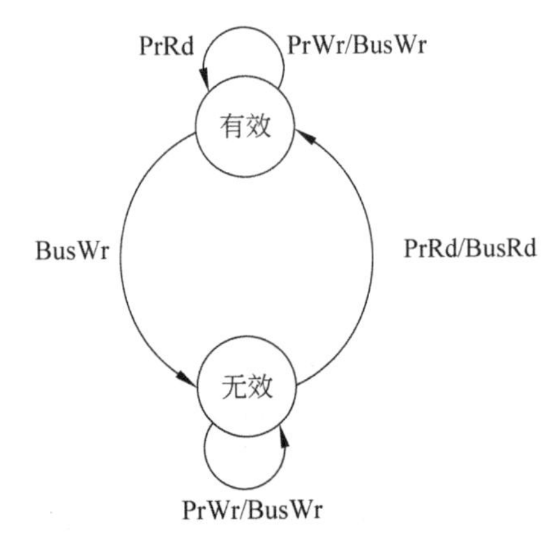

图 7-24　使用写直达策略的多 Cache 一致性状态图

（2）采用写回策略的多 Cache 一致性。

在使用写回策略的多 Cache 中，Cache 中的数据有 3 种状态：共享、独占和无效。“共享”表示 Cache 中的数据与存储器的数据相同，且可能存在于其他 Cache 中，此时的数据是只读的。“独占”表示 Cache 中的数据至少被修改过一次，且在其他 Cache 中不存在，此时的数据可写可读。“无效”表示 Cache 中的数据已“过时”，需要重新装入，其工作原理如图 7-25 所示，其状态图如图 7-26 所示。

图中，PrRd 和 PrWr 分别表示本地处理机对 Cache 某数据块的读和写操作，BusRd 和 BusWr 分别表示其他处理机对其 Cache 存有相同内容的数据块的读和写操作，

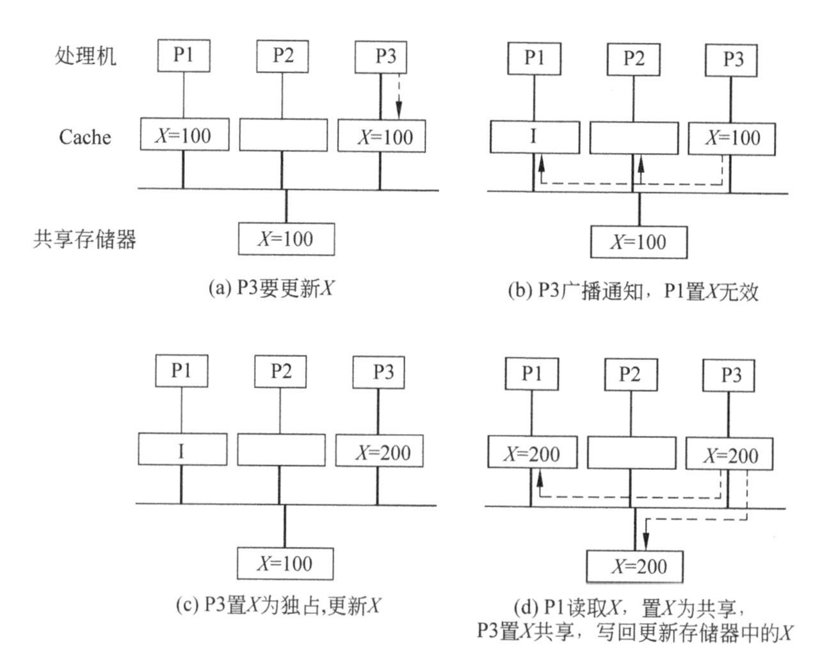

图 7-25　采用写回策略的多 Cache 工作原理

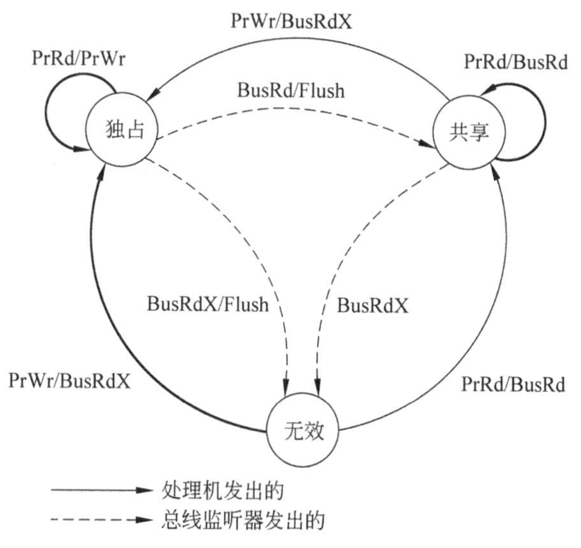

图 7-26　采用写回策略的多 Cache 一致性状态图

BusRdX 表示对非独占状态的数据块发出写操作，Flush 表示写回存储器操作。从状态图可以看出，只会有一个 Cache 中共享数据的状态为独占。如果某个 Cache 中数据的状态为独占，则其他 Cache 中的数据状态就变为无效。对于共享状态的数据，本地和远程读操作都是安全的。对于独占状态的数据，本地读、写操作都是安全的，远程读操作将引起写回动作，并将数据传递给远程处理机的 Cache，然后两个 Cache 中数据的状态变迁为共享。

2. 基于目录的协议

每当Cache失效或更新数据时，监听协议都需要与所有Cache通信。不需要设置存储Cache状态的集中式数据结构、透明、实现成本低是监听协议的主要优点，但广播方式效率不高，同时影响了其可扩展性。例如，假设有一个由4个4核CPU组成的多处理机，每个时钟可以提供一个数据，机器时钟为4GHz。根据计算，大概需要4～170GB/s的总线带宽。再有，并非所有的互连网络都支持广播，而在多级网络上实现广播功能的代价很大。所以监听协议严重限制了总线型多处理机的规模，也不适合用于非总线连接的多处理机，这样就产生了基于目录的协议(Directory-Based Protocol)。

基于目录的协议将数据的修改只通知给那些含有被修改数据副本的处理机。为此，设置了一个称为Cache目录(directory)的数据结构，记载申请了某一数据的所有处理机。当数据被更新时，就根据目录的记载，向所有其Cache中包含该数据的处理机"点对点"地发送无效信息或更新后的数据。

Cache目录的存放有两种形式：集中式和分布式。集中式将Cache目录表集中地存放在某个地方，例如在SMP上，可以将目录放在共享存储器中，或某个单序列访问设备上，如多核CPU最外面的Cache中。集中式的缺点是扩展性较差。由于在某些系统内，存储器在逻辑上是共享的，但物理上是分布的，例如DSM，因此发展出来分布式目录。分布式则将Cache目录分散存储在不同的处理机上，例如分布于各处理机的存储器内。集中式和分布式目录的存放分别如图7-27和图7-28所示。

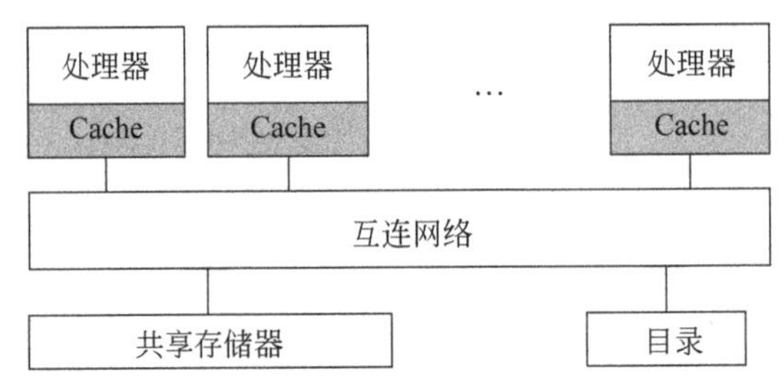

图7-27 集中式Cache目录

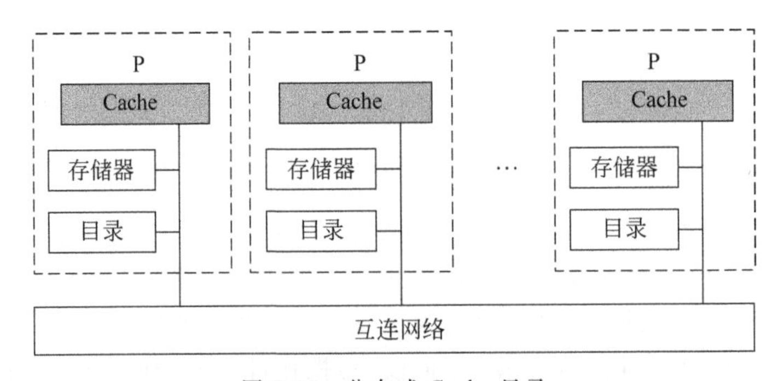

图7-28 分布式Cache目录

目录表的每一项记录一个数据块的使用情况，例如在其他处理机Cache中有无副本，是否已有处理机更新(重写)了 Cache 中的数据块等。

目录的使用很简单：当一个处理机对 Cache 数据进行更新时，根据 Cache 目录的内容，令所有其他含有该数据的处理机 Cache 的数据无效，并置重写位为“重写”。在处理机读取 Cache 数据时，如果重写位未置位，则说明该数据未被重写。此时若读失效，则从存储器中或拥有正确内容的处理机 Cache 中读入数据并修改目录，若读命中，那么直接读就可以了。

目录也有多种形式，例如全映射目录、有限目录和链式目录。

在全映射目录方案中，每个目录项中有 N 个处理机位和一个重写位。处理机位表示该位对应的处理机的 Cache 中数据块的状态(存在或不存在)。如果重写位为“1”，而且有且只有一个处理机位为“1”，则表示该处理机可以对该数据块进行修改。Cache 中的每个数据块有两个状态位，一位指示该数据块是否有效，另一位指示有效数据块是否允许写。全映射目录比较庞大。全映射目录结构如图 7-29 所示。

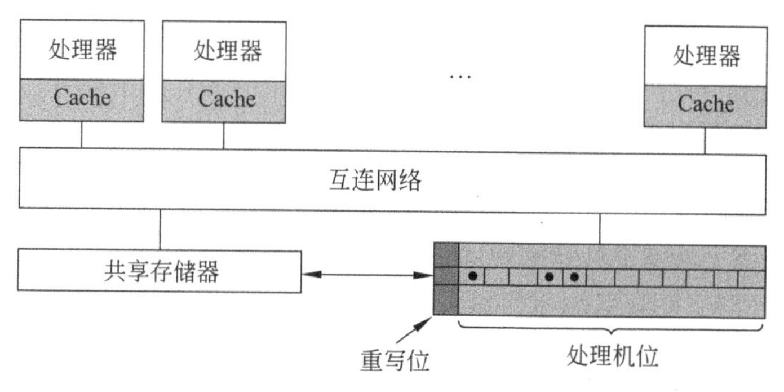

图 7-29 全映射目录结构

在有限目录方案中，限制同时含有同一数据块拷贝的 Cache 的数量。这样，当含有某一数据块的 Cache 数目已达限制数量，但仍有 Cache 申请该数据块时，就需要从已经含有该数据的 Cache 中“驱逐”出一个。因此有限目录需要相应的“驱逐策略”。

在链式目录方案中，在处理器申请数据块时将含有同一数据块的处理器用指针形成一个链表。通过该链表就可以找到所有含有该数据块的处理器。有限目录和链式目录更能适应处理器较多的场合，亦即有更好的扩展性。

7.5 多处理机的机间互连形式

互连网络是并行计算机的核心。多处理机的机间互联要求在满足高速率、低成本的条件下，实现各种复杂、无规则的互联而不发生冲突，且具有良好的可扩展性。多处理机的互联一般采用总线、环型、交叉开关或多端口存储器、多级网络等形式。有关互连网络的内容已在第 6 章介绍过了，这里就不再详细介绍。

1. 总线型

总线形式对机数少的多处理机来说具有结构简单、成本低、可扩充性好的优点，但总线的性能和可靠性严重受物理因素制约。总线形式需要使用相应的总线控制机构和总线仲裁算法来解决总线的访问冲突。常用的仲裁算法有静态优先级、固定时间片、动态优先级和先来先服务等。

2. 环型

环型互联形式采用点点连接,允许持有令牌的处理机向环上发送信息,信息经环型网络不断地向下一台处理机传递。环型互联的控制简单,非常适合高带宽的光纤通信,但环中的信息传输延迟较大。

3. 交叉开关

交叉开关形式用纵横开关阵列将横向的处理机 P 及 I/O 通道与纵向的存储器模块 M 连接起来,如图 7-30 所示。总线数等于相连的模块数($n+i+m$),且 $m \geqslant i+n$。交叉开关形式具有扩充性好,系统流量大的特点,适合于处理机数较多的场合。

4. 多级交叉开关

交叉开关的每个交叉点都是一套开关,不仅要有多路转接逻辑,还要有处理访问存储器模块冲突的仲裁硬件,故整个交叉开关阵列是非常复杂的。

为了克服单级大规模交叉开关硬件量太大、成本过高的缺点,可通过用多个较小规模的交叉开关"串联"和"并联",构成多级交叉开关网络,以取代单级的大规模交叉开关。图 7-31 是用 3×3 的交叉开关组成的 9×9 的二级交叉开关网络,使设备量由原来的 81 个减少到 54 个。这实际上是用 3×3 的交叉开关模块构成 $3^2 \times 3^2$ 的交叉开关网络。其中,指数 2 为互连网络的级数。

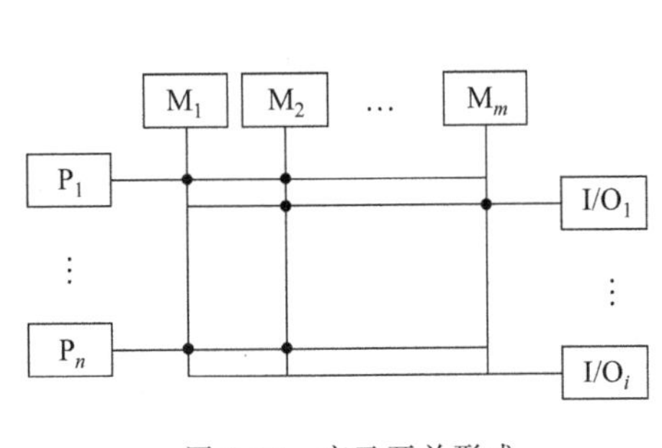

图 7-30 交叉开关形式

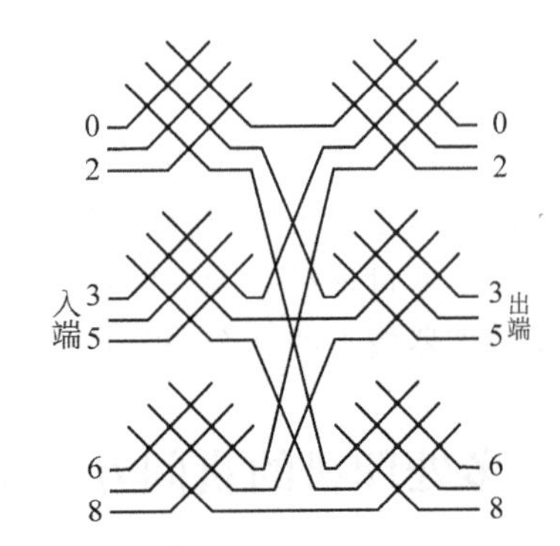

图 7-31 用 3×3 的交叉开关模块构成 9×9 的两级交叉开关网络

推广到一般,当单级互连网络入、出数不同的时候,可用 n 级 $a \times b$ 的交叉开关模块组成一个 $a^n \times b^n$ 的交叉开关的开关网络,即 Delta 网。

5. 多端口存储器

多端口存储器形式是将分布于交叉开关阵列中的控制、转移和优先级仲裁逻辑分别转移到相应的存储器模块接口中,允许通过任何一个端口写存储器,通过多个端口同时寻址和读存储器,如图7-32所示。它适合于处理机个数少的多处理机场合。

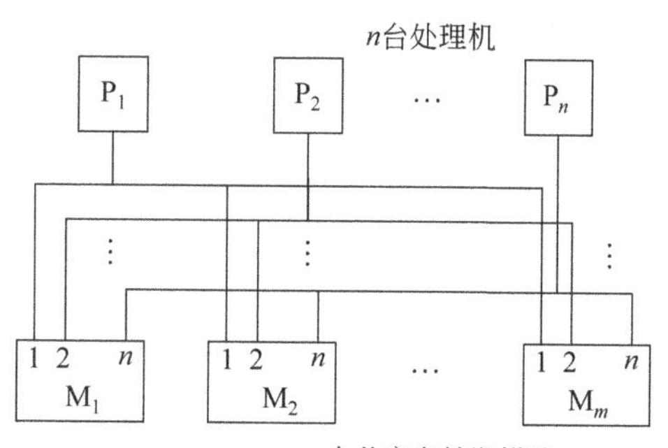

图7-32 多端口存储器形式

7.6 程序并行性

7.6.1 并行算法

简单地说,算法就是求解问题的方法和步骤。并行算法就是用多台处理机联合求解问题的方法和步骤。并行算法与串行算法最大的不同之处在于,并行算法不仅要考虑问题本身,而且还要考虑所使用的并行模型,网络连接等。

1. 并行算法分类

根据运算的基本对象的不同,可以将并行算法分为数值并行算法(数值计算)和非数值并行算法(符号计算)。这两种算法也不是截然分开的,如在数值计算的过程中会用到查找、匹配等非数值计算的成分,当然,非数值计算中也一般会用到数值计算的方法。

根据进程之间的依赖关系,可以分为同步并行算法(步调一致)、异步并行算法(步调、进展互不相同)和纯并行算法(各部分之间没有关系)。对于同步并行,任务的各部分是同步向前推进的,有一个全局的时钟来控制各部分的步伐。对于异步并行,各部分的步伐是互不相同的,它们根据计算过程的不同阶段决定等待、继续或终止。纯并行是最理想的情况,各部分之间可以尽可能快地向前推进,不需要任何同步或等待。

根据并行计算任务的大小,可以分为粗粒度并行、中粒度并行和细粒度并行。并行的粒度越小,就有可能开发更多的并行性,提高并行度,但是通信次数和通信量就增加很多。

并行算法分为多机并行和多线程并行。无论什么样的并行计算方式,其终极目的都是为了有效利用多机多核的计算能力,并能灵活满足各种需求。

并行算法是提高计算机并行性能的关键。并行算法依赖一个简单事实:独立的计算可同时执行。所谓独立计算是指其每个结果只出现一次的计算。

建立并行算法的一种普遍原则是反复将每一计算分裂成具有同等复杂性的两个独立部分,称为递推倍增法。将各部分之间的关联用节点组成的树来描述。提高并行性就是用交换律、结合律、分配律对树进行变换。增大树中每一层的节点数(增大各处理机可并行运行的过程数),降低树的高度(降低多处理机运算的级数)。

2. 并行算法评价

评价并行算法性能的参数有:

P,可以并行处理的处理机数;

T_P,P 台处理机运算的级数,也就是树高;

S_P,加速比,单处理机顺序运算的级数 T_1 与 P 台处理机并行运算的级数 T_P 之比;

E_P,效率(P 台处理机的设备利用率),$E_P = S_P/P$。

在多处理机上,好的并行算法应当是以提高系统的速度性能为前提的,再在此基础上尽可能地提高系统的效率。就是说,首先应尽量降低树高 T_P,在 T_P 相同时,再尽量减少 P,以尽可能地提高效率 E_P。

并行算法作为一门学科,首先研究的是并行计算模型。并行计算模型是算法设计者与体系结构研究者之间的一个桥梁,是并行算法设计和分析的基础。

目前并行计算类型逐渐汇聚于两类:用于 SMP 和 DSW 的共享变量的单地址空间模型和用于机群和 MPP 的消息传递的多地址空间模型。

7.6.2 程序段间的相关性分析

任务间能否并行,除了算法外,还依赖于程序的结构。程序段中各类数据的相关是限制程序并行的重要因素。

在多处理机上,各处理机的程序段并行是异步的,因此,程序段之间必然会出现类似于流水线异步流动时的"先写后读"、"先读后写"、"写-写"相关,在此分别称为"数据相关"、"数据反相关"、"数据输出相关"。设 P_i 和 P_j 程序段都是一条语句,相关如下:

1) 数据相关

例如:

$$P_i \quad A = B + D$$
$$P_j \quad C = A * B$$

相当于流水中发生的"先写后读"相关,可以顺序串行,不能并行,在特殊情况下可以交换串行。

2) 数据反相关

例如:

$$P_i \quad C = A + E$$
$$P_j \quad A = B + D$$

相当于流水中发生的"先读后写"相关,可以顺序串行,不能交换串行,在特殊情况下可以并行。

3) 数据输出相关

例如:

$$P_i \quad A = B + D$$
$$P_j \quad A = C + E$$

相当于流水中发生的"写-写"相关，可以顺序串行，不能交换串行，在特殊情况下可以并行。

4）相互交换

除去上述3种相关外，如果两个程序段之间同时具有"先写后读"和"先读后写"相关，以交换数据为目的时，则必须并行，且要求读和写完全同步，不允许顺序串行和交换串行。例如：

$$P_i \quad A = B$$
$$P_j \quad B = A$$

5）无相关或仅有源数据相关

如果两个程序段之间不存在任何一种数据相关或仅有源数据相同时，可以并行、顺序串行或交换串行。例如：

$$P_i \quad A = B + C$$
$$P_j \quad D = B * E$$

综上所述，两个程序段之间的相关性分析列于表7-2中。

表7-2 两个程序段之间的相关性分析

执　行	数据相关	数据反相关	数据输出相关	相互交换	无相关
顺序串行	√	√	√	×	√
交换串行	有条件	×	×	×	√
并行	×	有条件	有条件	√(完全同步)	√

7.6.3 并行程序设计语言

为了加强程序并行性的识别能力，有必要在程序语言中增加能明确表示并发进程的成分，这就是并行程序设计语言。

并行程序在多处理机上运行，需要用控制机构管理并行任务的派生和汇合。并行任务的派生就是使一个任务在执行的同时，能派生出与之并行的另一个或多个任务，分配到不同的处理机上去运行。待这些任务在先后不同时刻全部完成之后再汇合，运行后继的新任务。后继新任务如果又是可并行执行的多个任务，又可以再派生。在多处理机上，让派生和汇合反复地进行，直至整个程序全部结束运行为止。

并行任务的派生和汇合通常用软件手段控制，例如，在程序语言中用FORK语句派生并行任务，用JOIN语句对多个并发任务汇合。

FORK语句的形式为FORK m，其中 m 为新进程开始的标号。执行FORK m 语句时，派生出标号为 m 开始的新进程。与FORK语句相配合，每个并发进程的终端语句JOIN的形式为JOIN n，其中 n 为已派生出的并发进程个数。JOIN语句附有一个计数器,其初始值为0,每执行一条JOIN语句,计数器的值加1,若计数器等于n,表明n个并发进程全部执行完毕,可以继续执行后继语句。

在多处理机系统中,处理机的数目多少是不会影响程序的编写的,所编写的并行程序可以在机数不同的多处理机系统上通用。

根据底层的内存结构,并行编程可以分为以下3种程序设计类型:

(1) 共享内存模型:多个线程或进程同时运行。它们共享同一内存资源,每个线程或进程都可以访问该内存的任何地方。例如openMP就是采用共享内存模型。

(2) 分布式内存模型:多个独立处理节点同时工作,每个处理节点都有一个本地的私有内存空间。执行程序的进程可以直接访问其私有内存空间。若一个进程需要访问另一个处理节点处的私有空间,则此进程需要以发送信息给该进程来进行访问。MPI就是采用分布式内存模型。

(3) 分布式共享内存模型:整个内存空间被分为共有空间和私有空间。每个线程可以访问所有的共有空间,并且每个线程都有自己独立的私有空间。Unified Parallel C就是采用分割全局地址空间模型。

7.7 多处理机的性能

使用多处理机的主要目的是为了用多处理机并发执行多个任务来提高解题速度。当多处理机以峰值速度运行时,所有处理机都在工作,没有一台处理机处于空闲状态。这种情况下,多处理机中的N台处理机对系统的性能都有贡献,系统的处理速度随着N的增加而增加。但实际上,峰值性能是很难达到的。为了用多处理机并发执行多个任务来提高解题速度,不得不增加辅助开销,用于并行性的检测,并行任务的派生和汇合,处理机间的通信、同步,系统控制和调度等。引起性能下降的原因主要是:

(1) 由于处理机之间通信而产生的延迟;

(2) 一台处理机与其他处理机同步所需的开销;

(3) 当没有足够多的任务时,一台或多台处理机处于空闲状态;

(4) 由于一台或多台处理机执行无用的工作;

(5) 系统控制和操作调度所需的开销。

此外,任务粒度的大小,会显著影响多处理机的性能和效率。任务粒度过小,辅助开销大,系统效率低;任务粒度过大,并行度低,性能不会很高。因此,要合理选择任务粒度大小,并尽可能使其均匀,还要采取措施减少辅助开销,同时为用户提供良好的编程环境,减轻编程的难度。

衡量任务粒度大小的一个尺度是程序用于有效计算的执行时间R与处理机间通信等辅助开销时间C的比值R/C。在粗粒度并行的情况下,R/C比值比较大,每个单位计算只需要少量的通信。在细粒度并行情况下,R/C比值比较小,每个单位计算有很大的通信量和其他的开销。

只有R/C值较大时,开发并行性才有好处。为获得最佳性能,应对并行性和额外开销大小进行权衡,也要与应用问题的粒度适配。

通常，细粒度并行性需要许多台处理机，而粗粒度并行性只需较少台数的处理机。细粒度并行性的基本原理是把一个程序尽可能地分解成能并行执行的小任务。在极端情况下，一个小任务只完成一个操作。通常，一个小任务包含几条指令。

下面将介绍性能模型。为了简化模型，忽略了系统中的同步和竞争。由于这些忽略会使预测的性能比系统实际性能好一些。在大多数情况下，可以采用增大任务粒度来弥补由于以上忽略而造成的影响。

7.7.1 基本模型

假设有一个包含 M 个任务的应用程序，希望在一个由 N 台处理机组成的系统上以最快的速度执行这个程序。为了简单起见，先考虑一个仅有两台处理机的系统，然后再逐步增加处理机数目。为了模拟性能，需要用公式表示执行时间和额外开销。

先承认下面两个假设是成立的，以获得初步结论，然后放宽假设，观察性能如何变化。

(1) 每个任务的执行时间为 R 个单位。

(2) 当两个任务不在同一台处理机上时，其通信所需的额外开销为 C 个单位时间；当两个任务在同一台处理机上时，通信所需的额外开销为 0。

一个应用程序在两台处理机系统上运行有多种分配方法，可以把全部任务都分配给一台处理机而另一台空闲，这种分配方法的通信开销最小，但没有利用并行性。也可以按各种不同比例将任务分配给两台处理机，那么总处理时间是执行时间和额外开销时间之和。用 C 表示用于通信的时间，其实它还包括系统所有其他的额外开销。

在某些情况下，系统的额外开销的操作可以与计算过程重叠进行，例如处理机在执行指令的同时能通过 I/O 接口进行通信。当然并不是所有的额外开销都可以被屏蔽掉的，例如处理机在访问共享数据或通信通路时可能会发生竞争，处理机在等待同步信号期间处于空闲状态等。因此，假设一部分额外开销的操作会增加总处理时间。在这种情况下，可以用下列等式表示一个程序的总处理时间：

$$\text{总处理时间} = R_{\max}(M-K, K) + C(M-K)K \qquad (7.1)$$

式(7.1)表示总处理时间是两个时间的和：一个是执行时间，另一个是用于通信和其他额外开销的时间。对两台处理机系统来说，执行时间取两台处理机执行时间较大的一个。因此当把 K 个任务分配给一台处理机，剩下的$(M-K)$个任务分配给另一台处理机时，执行时间取 $R(M-K)$和 RK 中较大的一个。称 K 为任务分配参数。第二项表示额外开销时间与通信次数成正比例关系。通信次数与任务分配方法有关。从式(7.1)可知，第一项是 K 的线性函数，第二项是 K 的二次函数。

从式(7.1)可知，总处理时间是 K 的函数，那么其最小值是多少呢？也就是说，任务如何分配才能获得最小的总处理时间？可以采用如图 7-33 所示的图解法来求最小处理时间。

对于该模型的结论是：当 $R/C<M/2$ 时，把所有任务分配给同一台处理机能使总处理时间最小；当 $R/C>M/2$ 时，把任务平均地分配给两台处理机能使总处理时间最小。也就是说，使任务分配参数 $K=0$ 或 $K=M/2$。当 M 为奇数时，应使 K 尽可能接近 $M/2$。

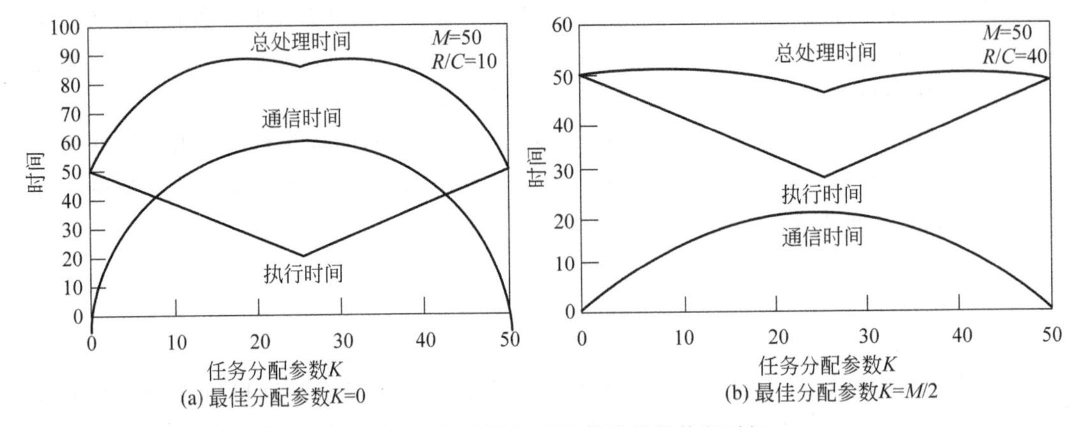

图 7-33　两种不同 R/C 比值的并行执行时间

图 7-33 的横坐标是任务分配参数 K，纵坐标是总处理时间。图 7-33(a)和图 7-33(b)分别表示 R/C 小于 $M/2$ 和 R/C 大于 $M/2$ 时任务分配参数 K 与总处理时间的关系。式(7.1)的第一项执行时间是分段线性的，在图 7-33 中这一项看起来好像字母 V，它对称于 $K=M/2$。图 7-33(a)中，由于二次曲线 $K(M-K)$ 的开口朝下，叠加一个线性项后开口仍朝下，所以最小值一定在区间 $0\leqslant K\leqslant M/2$ 的端点处，即 $K=0$(或 $K=M$)时为最小值。图 7-33(b)中，当分段线性项与二次函数项叠加后，在 $K=M/2$ 处为最小值。

7.7.2　N 台处理机系统的基本模型

现在讨论有 N 台处理机系统的基本模型。在这种情况下，将 K_i 个任务分配给第 i 台处理机。式(7.1)可推广为

$$\text{总处理时间} = R_{\max}(K_i) + \frac{C}{2}\sum_i K(M-K_i)$$

$$= R_{\max}(K_i) + \frac{C}{2}(M^2 - \sum_i K_i^2) \tag{7.2}$$

从式(7.2)的第一项求出 N 台处理机中的最大执行时间，第二项计算出 K_i 与 $(M-K_i)$ 任务之间两两任务通信的开销时间。与式(7.1)相同，第二项是关于 K 的二次函数。

如果分析式(7.1)的理由对式(7.2)也成立，那么可以预计式(7.2)的最小值仍在某种极端分配情况，而实际情况也的确如此。即或者将所有的任务都集中在一台处理机上，或者将任务平均分配给所有处理机。所谓平均是指如果 M 是 N 的倍数，则每台处理机分得 M/N 个任务，否则除一台处理机外其他处理机分得 M/N 个任务，那一台处理机分得剩余的任务。这种分配并不一定使 N 台处理机都分得任务。例如，有 19 个任务和 6 台处理机，分配方法可以是：4 台处理机每台分得 4 个任务，第五台处理机分得 3 个任务，而第六台处理机什么也没有分到。

为了说明平均分配能使程序的总处理时间最小，假定 K_1 为分配任务中的最大值，根据式(7.2)，可以发现，通过对两台任务数小于 K_1 的处理机重新分配，使额外开销降低。假设 K_2、K_3 满足 $K_1>K_2\geqslant K_3\geqslant 1$，将第 3 台处理机的某项任务移到第 2 台处理机，式(7.2)

第一项的值保持不变，因为这一移动并不影响最大任务数，而第二项的值减少 $C(K_2-K_3+1)$，可见这种分配会有更好的性能。可以重复这一过程，直到除一台处理机外，其他处理机上的任务数都小于最大值为止。

和式(7.1)一样，式(7.2)也有一个决定采用平均分配还是采用集中分配的临界值，并且式(7.2)和式(7.1)的两个临界值完全一致，即当 $R/C>M/2$ 时采用平均分配方法，当 $R/C<M/2$ 时采用集中分配方法。任务均分给 N 台处理机和任务集中在一台处理机，其总处理时间的差可以由下式表示：

$$\text{总处理时间差}=\frac{RM}{N}+\frac{CM^2}{2}-\frac{CM^2}{2N}-RM \tag{7.3}$$

式中前3项是平均分配时的总处理时间，后一项是所有任务集中于一台处理机时的总处理时间。为了简单起见，假设 M 为 N 的倍数。为了计算决定采用平均分配法还是采用集中分配法的临界值，使式(7.3)等于0，约去 M 后，分别以 R 和 C 为系数进行合并，再约去 $(1-1/N)$，等式则变为

$$\frac{CM}{2}-R=0 \tag{7.4}$$

或

$$\frac{R}{C}=\frac{M}{2} \tag{7.5}$$

这就说明，如果 R/C 比临界值 $M/2$ 大，将任务平均分配给尽可能多的处理机进行处理能获得最短处理时间。另外，如果 R/C 比临界值 $M/2$ 小，即使有很多台处理机可供使用，也不可能比用一台处理机处理全部任务来得快。后一种情况需要很大的额外开销。除非额外开销低于总处理时间的某个百分比，否则并行执行不可能得到什么好处。如果本模型能够反映并行算法和并行系统结构，那么控制额外开销是保证并行性成功的绝对条件。

尽管上面分析的着眼点是性能而不是成本，但 R/C 比值的大小决定了采用哪种分配方法能使并行系统有价格优势。即使 R/C 值足够大能保证高并行性，其性能还会由于式(7.2)中的第二项而降低。并行系统的加速比是一个计算问题在一台处理机上运行时间与在并行系统上运行时间(即式(7.2)的总处理时间)的比值，可近似如下：

$$\begin{aligned}\text{加速比}&=\frac{RM}{\frac{RM}{N}+\frac{CM^2}{2}-\frac{CM}{2N}}=\frac{R}{\frac{R}{N}+\frac{CM(1-1/N)}{2}}\\&=\frac{\frac{RN}{C}}{\frac{R}{C}+\frac{M(N-1)}{2}}\end{aligned} \tag{7.6}$$

如果分母中的第一项远远大于第二项，即 M、N 较小，R/C 较大，那么加速比与 N 成正比例。如果处理机台数 N 很大，则分母主要由第二项决定，那么加速比与 R/CM 成正比例，而不依赖于处理机的台数了。因此，随着 N 增大，加速比趋近于一个常数。这时如果再增加处理机，所提高的性能小得可以忽略，只会增加系统的成本。即使随着处理机增加，系统的性能有所改善，与所增加的成本相比也是不值得的。所以处理机的台数不应超

过由成本与 R/C 比值函数所决定的极大值。

该模型说明了任务粒度与额外开销如何影响多处理机系统的性能，同时也指出了降低额外开销与合理选择粒度的重要性。然而它仅是一个模型，无论如何不能包括所有的实际应用问题。

可以发现，无论哪种模型，R/C 的大小总起着关键作用。从前面的讨论已经知道，如果存在最优的解决问题方法，那么极端分配方法是最好的方法，即 R/C 比值决定使用所有可以使用的处理机或只使用一台处理机。而对某些模型，这种极端分配方法并不一定是最好的方法。这类模型的最佳方法可能是将作业分配给部分处理机而不是全部处理机，因为使用过多的处理机只会降低性能和增加额外开销。在一般情况下，作业并不一定要平均分配才能获得最佳性能。

7.8 多处理机的操作系统

操作系统(Operating System,OS)是管理和控制计算机硬件与软件资源的计算机程序，其主要功能包括管理计算机系统的硬件、软件及数据资源，控制程序运行，改善人机界面，为其他应用软件提供支持等，使计算机系统所有资源最大限度地发挥作用等。

从广义上说，多处理机操作系统就是由多台计算机协同工作来完成所要求任务的操作系统，负责处理机分配、进程调度、同步和通信、存储系统管理、文件系统与I/O设备管理、故障管理与恢复等。

多处理机操作系统有主从型、各自独立型和浮动型3类。

7.8.1 主从型操作系统

主从式(master-slave)操作系统由一台主处理机记录、控制其他从处理机的状态，并分配任务给从处理机，采取集中控制。系统硬件比较简单，程序一般不必是可重入的，实现方便。但是，主处理机一旦出故障，容易使系统瘫痪。如果主处理机工作负荷太重，会影响整个系统的性能。主从型适合于工作负荷固定，从处理机能力明显低于主处理机，或由功能相差很大的处理机组成的异构型多处理机系统。

主从式操作系统有以下特点：

(1) 操作系统程序在一台处理机上运行。如果从处理机需要主处理机提供服务，则向主处理机发出请求，主处理机接受请求并提供服务。不一定要求把整个管理程序都编写成可重入的程序代码，因为只有一个处理机在使用它，但有些公用例程必须是可重入的才行。

(2) 由于只有一个处理机访问执行表，所以不存在管理表格存取冲突和访问阻塞问题。

(3) 当主处理机故障时很容易引起整个系统的崩溃。如果主处理机不是固定设计的，管理员可从其他处理机中选一个作为新主处理机并重新启动系统。

(4) 任务分配不当容易使部分从处理机闲置而导致系统效率下降。

(5) 用于工作负载不是太重或由功能相差很大的处理机组成的非对称系统。

(6) 系统由一个主处理机加上若干从处理机组成，硬件和软件结构相对简单，但灵活行差。

7.8.2 各自独立型操作系统

各自独立型操作系统也称为独立监督式操作系统。各自独立型操作系统将控制功能分散到多台处理机上，由它们共同来完成。在这种类型中，每一个处理机均有各自的管理程序(核心)。采用各自独立型操作系统的多处理机系统有IBM370/158等。

某个处理机发生故障，不会引起整个系统瘫痪。但是，这种操作系统的实现较复杂，进程调度的复杂性和开销加大，某台处理机发生故障难以恢复，各处理机负荷较难均衡。各自独立型适用于松耦合多处理机系统。

各自独立型操作系统具有以下特点：

(1) 每个处理机将按自身的需要及分配给它的任务的需要来执行各种管理功能，这就是所谓的独立性。

(2) 由于有好几个处理机在执行管理程序，因此管理程序的代码必须是可重入的，或者为每个处理机装入专用的管理程序副本。

(3) 因为每个处理机都有其专用的管理程序，故访问公用表格的冲突较少，阻塞情况自然也就较少，系统的效率就高。但冲突仲裁机构仍然是需要的。

(4) 每个处理相对独立，因此一台处理机出现故障不会引起整个系统崩溃。但是，要想补救故障造成的损害或重新执行故障机未完成的工作非常困难。

(5) 每个处理机都有专用的I/O设备和文件等。

(6) 这类操作系统适合于松耦合多处理机体系，因为每个处理机均有一个局部存储器用来存放管理程序副本，存储冗余太多，利用率不高。

(7) 实现处理机负载平衡更困难。

7.8.3 浮动型操作系统

浮动型操作系统是介于主从型和各自独立型之间的一种折中方式，它适用于紧耦合的同构型多处理机系统。

在浮动型操作系统中，每次只有一台处理机作为执行全面管理功能的“主处理机”，但根据需要，“主处理机”是可浮动的，即从一台切换到另一台处理机。这是最复杂、最有效、最灵活的一种多处理机操作系统，常用于对称多处理机系统。浮动型操作系统适用于紧耦合多处理机体系。采用这种操作系统的多处理机系统有IBM 3081上运行的MVS、VM以及C•mmp上运行的Hydra等。

浮动型操作系统具有以下特点：

(1) 每次只有一台处理机作为执行全面管理功能的“主处理机”，但容许数台处理机同时执行同一个管理服务子程序。因此，多数管理程序代码必须是可重入的。

(2) 根据需要,“主处理机”是可浮动的,即从一台切换到另一台处理机。这样,即使执行管理功能的主处理机故障,系统也能照样运行下去。

(3) 一些非专门的操作(如 I/O 中断)可送给那些在特定时段内最不忙的处理机执行,使系统的负载达到较好的平衡。

(4) 服务请求冲突可通过优先权办法解决,对共享资源的访问冲突用互斥方法解决。

(5) 系统内的处理机采用处理机集合概念进行管理,其中每一台处理机都可用于控制任一台 I/O 设备和访问任一存储块。这种管理方式对处理机是透明的,并且有很高的可靠性和相当大的灵活行。

习 题 7

7-1 多处理机有哪些基本特点?多处理机着重解决哪些技术问题?

7-2 根据存储器分布和使用情况,多处理机有哪两种不同结构?请画出 UMA、NUMA 和 COMA 的结构框图。

7-3 什么是大规模并行处理机?其主要特点是什么?

7-4 什么是 SMP?其主要特点是什么?

7-5 什么是机群?其主要特点是什么?与 MPP 相比,有哪些优点?

7-6 什么是多核处理器?多核处理器结构的设计主要考虑哪些因素?

7-7 解决多处理机多 Cache 一致性问题有哪些方法?叙述它们的优缺点。

7-8 试比较三种类型的多处理机操作系统。

7-9 假设有两个处理器,处理机 A 的速度是处理器 B 的两倍,参考性能模型公式(7.1),问如何分配任务以达到最优性能?

7-10 在多处理机上求解 $x=a(b+c(d+e))+f(g+hl)$。利用减少树高的办法来加速运算,要求

① 画出在 3 台处理机上并行运算的树状流程图;

② 求 $P=3$ 时,运算级数 T_P,单处理机串行级数 T_1,加速比 S_P 和效率 E_P 的值。

7-11 有表达式 $A*(B+C(D+EF))+GHD$ 在多处理机上进行运算,要求利用减少树高的办法加速运算。

① 画出并行算法的树状流程图;

② 确定处理机数 P 及运算级数 T_P、加速比 S_P 和效率 E_P 的值。

7-12 求 A1,A2,…,A8 的累加程序如下:

```
S1  A1=A1+A2
S2  A3=A3+A4
S3  A5=A5+A6
S4  A7=A7+A8
S5  A1=A1+A3
S6  A5=A5+A7
S7  A1=A1+A5
```

（1）写出用 FOEK、JOIN 语句表示其并行任务的派生和汇合关系的程序。

（2）画出该程序在有 3 台处理机的系统上运行的时间关系示意图。

（3）画出该程序在有两台处理机的系统上运行的时间关系示意图。

7-13 在串行单处理机上有程序如下，右边列出相应语句的执行时间：

```
S1  D=5C        5Δt
S2  G=E/F       6Δt
S3  J=H+I       4Δt
S4  X=G+J       4Δt
S5  C=AB        5Δt
S6  Y=CX        5Δt
```

① 用 FORK、JOIN、GOTO 语句将其改写成可在 3 台处理机上并行执行的程序。

② 画出改写的并行程序在 3 台处理机上执行的时空图，并标出全部完成的时间。设 FORK、JOIN、GOTO 语句执行均需要 0.5Δt 的时间，开始时，只有 CPU1 在工作。

7-14 分别画出 4×9 的一级交叉开关以及用 2×3 的交叉开关组成的 4×9 的 Delta 网络，比较一下交叉开关设备量的多少。

7-15 分别确定在下列各计算机系统中，计算点积 $S=\sum_{i=1}^{8}a_ib_i$ 所需要的时间（尽可能给出时空图示意）：

（1）通用 PE 串行 SISD 系统；

（2）具有一个加法器和乘法器的多功能并行流水 SISD 系统；

（3）有 8 个 PE 的 SIMD 系统；

（4）有 8 个处理机的 MIMD 系统。

设访存取指和取数的时间可以忽略不计；加法和乘法分别需要 2 拍和 4 拍；在 SIMD 和 MIMD 系统中，处理器或处理机之间每进行一次数据传输的时间为 1 拍，在 SISD 的串行或流水系统中都可以忽略不计。在 SIMD 系统中，PE 之间采用线性环型互连拓扑，即每个 PE 与其左右两个相邻的 PE 直接相连，而在 MIMD 系统中，每个处理机都和其他处理机有直接通路。

参考文献

[1] 李学干. 计算机系统的体系结构. 北京：清华大学出版社，2006.

[2] 郑纬民，汤志忠. 计算机系统结构. 北京：清华大学出版社，2001.

[3] John L Hennessy，David A Patterson. 计算机系统结构——量化研究方法(第三版). 郑纬民，汤志忠，汪东升，译. 北京：电子工业出版社，2004.

[4] John L Hennessy，David A Patterson. Computer Architecture：A Quantitative Approach，5 Ed.，San Francisco：Morgan Kaufmann Publishers，2007.

[5] 张晨曦. 计算机系统结构教程. 北京：清华大学出版社，2009.

[6] 蒋本珊. 计算机系统结构自学辅导. 北京：清华大学出版社，2003.

[7] Andrew N Sloss，Dominic Symes，Chris Wright. ARM 嵌入式系统开发：软件设计与优化. 沈建华，译. 北京：北京航空航天大学出版社，2005.

[8] [美] 帕特森(David A Patterson)，亨尼西(John L Hennessy). 计算机组成与设计：硬件/软件接口(英文版・第 4 版・ARM 版). 北京：机械工业出版社，2010.

[9] [美] 斯托林斯(William Stallings). 计算机组成与体系结构：性能设计(第 8 版)(中文版). 彭蔓蔓，等，译. 北京：机械工业出版社，2011.

[10] [美] 斯托林斯(William Stallings). 计算机组成与体系结构：性能设计(第 8 版)(英文版). 北京：电子工业出版社，2012.